中国城市规划学会学术成果

小城镇治理与转型发展

彭震伟　主编

同济大学出版社·上海

图书在版编目(CIP)数据

小城镇治理与转型发展/彭震伟主编. -- 上海：
同济大学出版社,2023.9
ISBN 978-7-5765-0223-7

Ⅰ.①小… Ⅱ.①彭… Ⅲ.①小城镇—城市规划—中
国—文集 Ⅳ.①TU984.2-53

中国版本图书馆 CIP 数据核字(2022)第 077582 号

小城镇治理与转型发展

主编 彭震伟

责任编辑 张 翠 **特约编辑** 翁 晗 **责任校对** 徐春莲 **封面设计** 陈益平

出版发行	同济大学出版社　　　www.tongjipress.com.cn
	(地址:上海市四平路 1239 号　邮编:200092　电话:021-65985622)
经　销	全国各地新华书店
制　作	南京月叶图文制作有限公司
印　刷	启东市人民印刷有限公司
开　本	700 mm×1000 mm　1/16
印　张	30
字　数	600 000
版　次	2023 年 9 月第 1 版
印　次	2023 年 9 月第 1 次印刷
书　号	ISBN 978-7-5765-0223-7

定　价　138.00 元

会 议 背 景

2019 年 11 月,党的十九届四中全会提出"推进国家治理体系和治理能力现代化",这对兼具城乡二元特征的小城镇而言是新挑战,也是新机遇。与此同时,席卷全球的新冠肺炎疫情正在重塑全球劳动分工体系,小城镇需要及时调整方向,转型发展,以适应新时期的新环境。

基于上述背景,为探讨当前小城镇规划建设管理与转型发展理念的创新方向和路径,中国城市规划学会小城镇规划学术委员会以"小城镇治理与转型发展"为主题,于 2020 年 12 月 19 日在线召开 2020 年中国城市规划学会小城镇规划学术委员会年会。

会 议 主 题

年会主题：小城镇治理与转型发展

具体议题：

(一) 国家治理现代化下的小城镇规划建设管理创新

(二) 小城镇转型发展理念创新与实践

(三) 乡镇级国土空间规划探索

(四) 小城镇韧性发展与规划

(五) 健康安全视角下的小城镇规划

(六) 小城镇的高质量发展

(七) 小城镇的特色化发展

(八) 小城镇与城乡融合发展

(九) 小城镇发展与乡村振兴战略

(十) 小城镇规划方法和技术探索

(十一) 其他议题

举 办 单 位

主办单位：中国城市规划学会小城镇规划学术委员会

协办单位：同济大学城市建设干部培训中心、《小城镇建设》
　　　　　　杂志

编 委 会

序

自改革开放以来,我国特有的城乡二元结构特征,为广大农村地区的小城镇发展营造了良好的社会经济环境与政策环境,农村地区全面改革发展,释放出了大量农村剩余劳动力,并开始了以小城镇作为吸纳农村剩余劳动力的主要路径的乡村城镇化发展模式。由于我国地域辽阔,人口众多,在长期的城乡二元结构特征下完全释放农村剩余劳动力需要一个较长的过程,因此,这种以小城镇发展作为主要推动的城镇化模式始终是我国城镇化发展的重要路径与政策导向之一。

然而,与这些政策预期相比,我国小城镇发展的实际成效并不显著,主要表现在小城镇的人口集聚程度不高甚至出现人口流失,经济规模偏小、特色经济不突出且集聚产业的能力严重不足,基本公共服务缺失,服务功能弱、质量不高,基础设施建设滞后,基层社会治理力量薄弱,治理能力不足,没有发挥政策预期的带动农村地区经济社会发展的作用。党的"十九大"报告提出,当前我国的社会主要矛盾是人民日益增长的美好生活需要与不平衡不充分的发展之间的矛盾,这一社会主要矛盾的概括及其在我国广大乡村地区的表现充分体现出在国家新型城镇化战略下小城镇转型发展的必要性和迫切性。

2019年11月,党的十九届四中全会发布《中共中央关于坚持和完善中国特色社会主义制度、推进国家治理体系和治理能力现代化若干重大问题的决定》,聚集国家发展的长远目标,在国家制度和制度执行层面进行了全面的顶层设计。我国全面建成社会主义现代化强国的两步走战略,也充分体现出在国家制度和制度执行上的目标要求,即从2020年到2035年基本实现社会主义现代化,国家治理体系和治理能力现代化基本实现,现代社会治理格局基本形成;从2035年到本世纪中叶把我国建成富强民主文明和谐美丽的社会主义现代化强国,实现国家治理体系和治理能力现代化。

对我国新型城镇化战略下的小城镇发展而言,实现小城镇的善治与转型发展既是新挑战,也是新机遇。小城镇在城乡发展中保障和改善民生、在基本公共服务体系建设中基础性作用的发挥,是新型城镇化的必然要求,也是坚持人民至上、实现城乡融合发展和共同富裕的目标追求。要引导小城镇的特色化发展,就要强化功能,增强产业和人口集聚能力,健全小城镇充分与高质量就业的促进机制,完善统筹城乡及可持续的基本养老保险制度、基本医疗保险制度等社会保障体系。同时,统一的国土空间规划体系的建立,强化了城乡空间要素的统筹和小城镇发展的资源环境约束,必须按照新发展理念,加强大中小城市和小城镇在功能与空间上的统筹协调联动、促进网络化与特色化发展。

2020 年中国城市规划学会小城镇规划学术委员会年会结合国家治理与转型发展的变革背景,以"小城镇治理与转型发展"为主题开展研讨和交流。会议邀请多位业内知名专家、学者共同探讨当前小城镇规划建设管理与转型发展理念的创新方向和路径,分享了我国各个地域的实践探索,在线通过直播参加会议的人数高达 15 000 人次。年会共有应征投稿的论文 152 篇,经过国内小城镇发展与规划领域专家的严格审查,遴选出 29 篇具有较高学术质量的优秀论文,收入本论文集中,分为小城镇转型发展理念创新与实践、小城镇建设治理模式创新与实践、乡镇级国土空间规划探索、小城镇韧性发展与规划、城乡融合发展与乡村振兴战略五大主题。这些优秀论文均聚焦小城镇的转型发展与治理模式研究和实践,其中既有小城镇发展理念转型和建设治理模式的创新与实践探索,也有不同地区乡镇级国土空间规划编制技术与方法的实践探讨,还有鉴于 2020 年新冠疫情的背景对城乡韧性发展与融合发展等议题的探讨。我们衷心希望年会聚焦的"小城镇治理与转型发展"主题的研讨和本论文集的出版,能为我国小城镇在新发展背景下的发展思路转换与创新提供一些可借鉴的经验,并希望能够引起学术界与实践界更深入的研究与交流。

彭震伟

中国城市规划学会小城镇规划学术委员会　主任委员
同济大学建筑与城市规划学院　教授　博士生导师
2021 年 10 月

CONTENTS

序

一、小城镇转型发展理念创新与实践

二、小城镇建设治理模式创新与实践

三、乡镇级国土空间规划探索

四、小城镇韧性发展与规划

五、城乡融合发展与乡村振兴战略

一、小城镇转型发展理念创新与实践

运河流域乡村三生空间重构路径研究
——以河北沧州南霞口镇为例*

曾　鹏　吴思慧

（天津大学建筑学院）

【摘要】　中国大运河的成功申遗为运河流域乡村地区的振兴发展带来机遇，与此同时，运河流域乡村发展困境和振兴需求也成为社会多方关注的重点。运河流域广袤的乡村地区拥有独特的绿色生态和文化历史，是三生空间相互交融、相互关联及相互依托的地域。但长期的城乡二元体制下，运河流域乡村出现生态环境恶化、传统农业衰退、青壮劳力流失等乡村发展问题，亟需进行乡村空间重构路径研究。基于此，本文分析总结运河流域乡村三生空间的现状特征，针对乡村三生空间发展的现实困境与发展要求，提出通过科学划定生态保护红线、构建生态廊道、严控污染排放优化生态空间，通过优化居民点布局、完善公服配套优化生活空间，通过规模化生产、发展运河特色产业的方式优化生产空间，通过协调融合乡村三生空间引导乡村振兴。同时选取镇域乡村进行实例分析，以期为更大范围运河流域乡村三生空间的重构优化提供有益参考。

【关键词】　运河流域　乡村　三生空间　空间重构　南霞口镇

1　引言

　　长期以来，我国城乡二元体制下的乡村地区出现了生态空间环境恶化、

---

* 本文原载于《小城镇建设》2021年第6期。
基金项目：国家自然科学基金面上项目"城镇化政策演进与京津冀乡村空间网络变迁的响应机制研究"（编号：5197081614）。

生产空间缺乏动力、生活空间品质低下等问题。为此,2012 年党的十八大报告提出"促进生产空间集约高效、生活空间宜居适度、生态空间山清水秀"的发展目标[1];2015 年《生态文明体制改革总体方案》进一步明确"划定生产空间、生活空间、生态空间,明确城镇建设区、工业区、农村居民点等的开发边界"[1];2017 年党的十九大报告中提出"实施乡村振兴战略",确立了"产业兴旺、生态宜居、乡风文明、治理有效、生活富裕"的总体发展思路[2]。同时,新的国土空间规划体系也提出了"从全域角度出发"和"在生产、融合发展的背景下,如何科学评价和重构优化乡村三生空间、实现高质量的乡村振兴",成为社会多方关注的重点。

2014 年,中国大运河的成功申遗,给运河流域乡村振兴带来了重要机遇。但是,当前我国运河流域仍广泛存在着日益严峻的生态环境恶化、传统农业衰退、青壮劳力流失等乡村空间发展问题。在此背景下,科学分析运河流域乡村三生空间现状特征、发展要求,提出重构路径,将对于运河流域乡村生态文明建设、乡村振兴具有重要意义。近年来,城乡规划学、社会学等不同学科领域的学者围绕大运河文化建设与乡村振兴融合发展[3]、乡村三生空间评价[4]、乡村空间重构策略[5-6]等方面,开展了较为系统的研究。其中,大运河流域乡村振兴的研究多采用定性的分析方法,提出宏观的振兴策略,忽视了定量研究的准确性,以及振兴策略的针对性。同时,相关研究指出,镇域尺度的乡村空间单元是乡村振兴的主体[7],针对镇域空间尺度的研究对乡村的发展更具有导向性[8]。鉴于此,本文拟从镇域乡村空间入手展开实例分析,以期为更大范围运河流域乡村三生空间的重构优化提供有益参考。

2 运河流域乡村三生空间内涵解读

乡村是人与自然、社会经过长期互动联系形成的地域空间系统[7],是一定地域内生产空间、生活空间和生态空间叠置而成的空间聚合体[9]。乡村三生空间落实到土地上,体现了土地利用方式与乡村物质环境之间存在的多元复合功能[10]。京杭大运河始建于春秋时期,距今已有 2 500 多年的历史,全长约 1 794 千米,除流经很多城市外,还流经广袤的乡村地域。运河流域乡村拥有不同朝代、丰富多样的运河古迹、古树、古巷、古传说等文化资源[11]，同时拥有独特的生态环境，是三生空间相互交融、相互关联及相互依托的地域[7]。通过解读运河流域乡村空间独特的功能内涵，下文进而划分了运河流域乡村三生空间（表1）。

表1　运河流域乡村三生空间功能内涵及分类

运河流域乡村空间功能内涵	对应用地类型	空间类型
生态功能：拥有独特自然基础的大运河、河岸林木、水库及草地，具有水土保持、调节气候等功能	河流水面、草地、乔木林地、水工建筑用地、水库水面	生态空间
生活功能：拥有独特运河文化底蕴的建筑、古迹、聚落，提供各种生活保障和娱乐等	住宅用地、机关团体新闻出版用地、商业服务业设施用地、广场用地、城镇村道路用地、交通服务场站用地、公路用地、铁路用地、科教文卫用地	生活空间
生产功能：农业、工业生产及以运河文化展示为主的服务业，提供产品和服务等	采矿用地、工业用地、物流仓储用地、公用设施用地、果园、旱地、坑塘水面、设施农用地、水浇地	生产空间

3　运河流域乡村三生空间的现状特征与重构模式

运河流域广袤的乡村地区拥有独特的绿色生态和文化历史[11]。大运河文化带的建设带动了乡村运河文化产业的发展，同时对于运河流域的生态环境提出了更高的要求。随着乡村振兴战略的有序推进，需要深入分析运河流域乡村三生空间特征与现状问题，思考如何在保护运河生态文化资源的基础上充分利用其优势，将乡村生产、生活、生态空间有机融合，实现运河流域的乡村振兴。

3.1　现状特征

3.1.1　运河环境有待修复，生态空间缺乏统筹

由于现代交通系统的完善，大运河的漕运功能几乎消失。水资源较为欠缺的部分河段已经枯竭，有些地区甚至将河道填平，重新耕地或者修建

5

房屋[12]。由于缺乏有效管控,污染性较强的工厂在运河沿线也有落地,运河水质堪忧,生态环境亟需修复;同时,运河地带乡村存在垃圾堆放、水污染等环境问题[13]。实地调研访谈中,笔者发现村民普遍对运河周边环境不太满意。"山水林田湖草"生命共同体体现了生态空间的整体性和全域性。目前,运河流域乡村生态空间的营造和保护仍停留在单个村庄层面,将乡村生态空间修复等同于提升村庄绿化水平,生态空间缺乏区域统筹。

3.1.2 公共服务配套设施有待完善,生活空间缺乏活力

公共服务设施是大运河文化带建设的基础,也是提升乡村生活品质的关键。在快速城镇化进程中,城乡差距日益显著,运河流域乡村难以形成功能齐全的公共服务设施体系。乡村缺乏基本的医疗卫生、商业服务设施。公服配套的不完善,一定程度导致了运河流域农村人口外流,空心化、老龄化、人才匮乏等问题凸显[13]。作为线性活态文化遗产,大运河碎片化保护现象突出,一些物质文化遗产缺乏及时保护修缮,一些具有地方特色的民间技艺存在濒临失传的风险。同时,乡村留守村民的文化程度普遍较低,对运河文化资源的保护和利用意识较为薄弱,生活空间缺乏活力。

3.1.3 一二三产有待融合,生产空间集聚程度低

运河流域乡村依托广袤的农田发展第一产业,但多为农民个体生产,效益较低;第二产业以中小型企业的形式发展,分布较为零散、缺乏规模效应,且在一定程度上对污水处理等基础设施造成了浪费;第三产业则以乡村旅游模式为依托,但存在风格雷同、盲目跟风、缺乏文化内涵等问题,文化生态资源活化利用的形式和途径单一。总体而言,第一、第二产业发展缺乏规模效应;第三产业缺乏对于大运河文脉的挖掘,运河文化传承利用质量不高;同时一二、一三产业融合较弱,创造性转化和创新性发展不足,生产空间集聚程度低。

3.2 发展要求

运河流域既是生态文化长廊,也是重要经济动脉。按照真实性、完整性保护要求和大运河活态遗产特点,坚持保护治理优先,统筹生态环境修复、文化遗产保护修缮和人居条件优化,强化顶层设计。在实现保护要求的前提下,合理利用文化生态资源,促进文化旅游及相关产业高质量发展。

3.2.1　生态空间：严格管控污染排放，建设绿色生态廊道

划定大运河两岸各1 000米范围内为自然生态空间，严控新增非公益建设用地，在严格保护耕地的基础上，实施滨河防护林生态屏障工程，加强植被绿化。划定大运河两岸各2 000米范围内为核心监控区，实行负面清单准入管理，制定禁止和限制发展产业目录，强化准入管理和底线约束。划设水资源开发利用红线和水功能区限制纳污红线，加强大运河及相关重要河段入河排污口综合整治和监督管理，加强生态空间管控。

3.2.2　生活空间：完善乡村公共服务设施，营造运河文化家园

重点改善乡村交通条件，实现运河流域乡村与大运河风景道的直接通达，加强通信、垃圾和清洁能源利用等基础设施建设；合理布局教育、文化等公共服务设施；同时，积极推动大运河文化公园建设，展示中国大运河最原真、最古朴、最自然的历史风貌。注重将运河传统文化与现代文明相结合，营造运河文化家园。

3.2.3　生产空间：强化文化传承利用，推动相关产业融合

提出优化供给、聚集带动、培育品牌的要求，建设带动性强、品牌效应大的旅游项目。完善旅游产品和服务标准体系，同步提升与其紧密相关的餐饮、住宿、娱乐等相关业态服务品质。深入挖掘地域文化资源，促进与大运河文化相关联的创意设计等特色文化产业发展，打造文化产业园区。

3.3　重构模式

运河流域乡村三生空间是一个多种因素相互关联、各种要素协作制约的地域共同体[6]。只有从区域角度出发，梳理大运河流域乡村三生空间特点和发展要求，统筹考虑三生空间，才能更好地实现乡村振兴。乡镇是我国行政体系的最末端，也是我国城乡联结的基础单元[7]。由此，本文将镇域乡村作为运河流域乡村空间重构的基础单元，从镇域视角重建运河流域乡村三生空间协同发展的模式（图1）。

在生态空间方面，科学划定生态保护红线、严控污染排放、构建网络化的生态空间，为乡村提供生态基底；在生活空间方面，优化乡村居民点空间布局，构建完善且具有运河特色的公共服务配套体系，传承运河生态文化，为乡村提供舒适的居住空间；在生产空间方面，实现园区化工业绿色生产、

发展运河文化产业,通过乡村三生空间协同、融合发展,带动运河流域的乡村振兴。

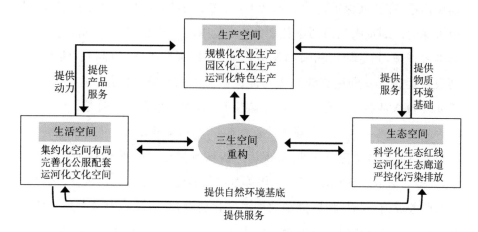

图1 运河流域乡村三生空间重构模式示意图

4 乡村振兴战略下运河流域乡村三生空间重构路径

针对运河流域乡村三生空间现状特征及发展要求,构建运河流域乡村三生空间综合评价体系,对乡村三生空间进行科学性的综合评价。依据评价结果,提出针对性的运河流域乡村三生空间重构策略,探索运河流域乡村三生空间的重构路径(图2)。

4.1 研究区概况

南霞口镇位于河北省沧州市东光县西北部,总面积90.67平方千米。京杭大运河紧邻镇域西侧,观州湖水库位于镇域南部,宣惠河从境内穿过,镇域生态空间独特,全域农用地和果园面积65.21平方千米,占全域总面积的71.92%,堡北工业区位于镇域北部。境内有105国道纵穿南北,县道辛霞公路横贯东西,对外交通便利。辖54个行政村,其中鹿林张为镇政府驻地。2018年,全镇域乡村总户数11 259户,乡村总人口41 304人。

从三生空间分布来看,乡村生活空间分布较为零散,呈现"东北密,西南疏"的格局;乡村生产空间围绕生活空间广泛分布,主要为农业生产空间;乡

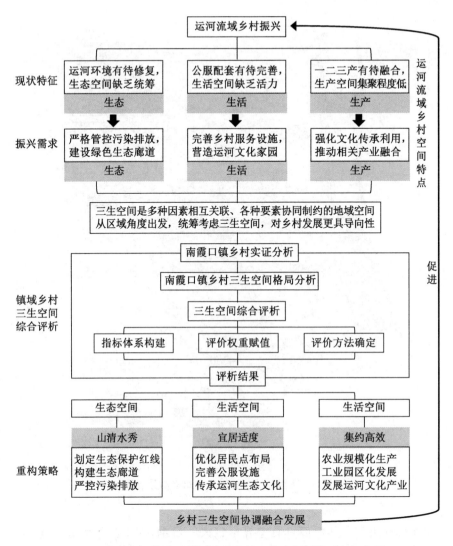

图2　乡村振兴战略下运河流域乡村三生空间重构路径框架图

村生态空间主要分布在大运河东部沿岸、观州湖水库以及主要交通干道两侧(图3)。

4.2　南霞口镇乡村三生空间综合评析

4.2.1　评价指标体系构建

以南霞口镇54个行政村为研究单元,构建三生空间综合评价体系(表2)。采用层次分析法来确定各指标权重。乡村三生空间综合评价体系

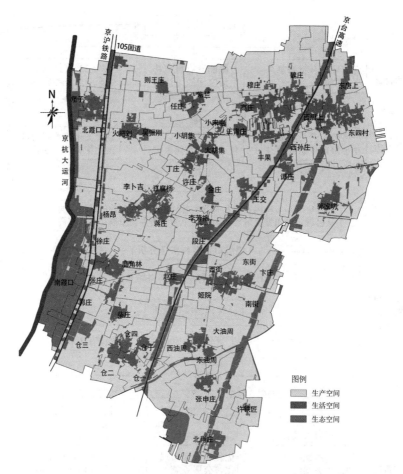

图3 南霞口镇乡村三生空间格局分析图

的多指标性决定了其数值具有差异性较大的量纲,为了消除因此产生的屏蔽效应,对数据进行标准化处理,标准化公式如下:

$$Y_i = \frac{P_i - P_{\min}}{P_{\max} - P_{\min}} \qquad (1)$$

$$Y_i = \frac{P_{\max} - P_i}{P_{\max} - P_{\min}} \qquad (2)$$

式中　Y_i——第 i 个评价指标经过标准化后的指标数值;

　　　P_i——指标的原始值;

$P_{\max}$——指标的最大值；

$P_{\min}$——指标的最小值。

正向指标采用公式（1）进行标准化处理，负向指标采用公式（2）进行标准化处理。

同时，采用多目标线性加权函数法计算南霞口镇乡村三生空间综合评价分值，指标分值越高，代表指标层越优，公式如下：

$$O = \sum_{i=1}^{n} Y_i Q_i \times 100 \tag{3}$$

式中　O——综合评价得分值；

　　　Y_i——指标标准化分值；

　　　Q_i——指标 i 的权重；

　　　n——该评价体系所包括的项目个数。

表2　南霞口镇乡村三生空间综合评价指标体系

目标层	准则层	权重	指标层	权重	属性	数据获取
南霞口镇乡村三生空间综合评价	生态空间	0.204 6	林木覆盖率	0.065 7	正	林地面积/行政区面积
			草地覆盖率	0.030 7	正	草地面积/行政区面积
			水域覆盖率	0.040 4	正	水域面积/行政区面积
			运河河道长度	0.043 3	正	土地利用现状图获取
			距离运河的距离	0.024 5	负	土地利用现状图获取
	生活空间	0.392 1	离镇区距离	0.062 7	负	土地利用现状图获取
			离主要道路距离	0.027 4	负	土地利用现状图获取
			道路网密度	0.031 1	正	城镇村道路长度/行政区面积
			人口密度	0.033 9	正	常住人口数量/行政区面积
			居民点面积	0.033 9	正	土地利用现状图获取
			居民点分散度	0.042 7	负	居民点数量/行政村面积
			商业服务业设施覆盖率	0.061 2	正	商业服务业设施用地面积/行政区面积

目标层	准则层	权重	指标层	权重	属性	数据获取
南霞口镇乡村三生空间综合评价	生活空间	0.398 0	科教文卫设施覆盖率	0.077 9	正	科教文卫用地面积/行政区面积
			文化遗产数量	0.021 3	正	实地调研获取
	生态空间	0.397 4	耕地面积	0.046 0	正	土地利用现状图获取
			果园面积	0.065 9	正	土地利用现状图获取
			坑塘水面面积	0.026 3	正	土地利用现状图获取
			设施农用地面积	0.044 4	正	土地利用现状图获取
			采矿用地面积	0.018 7	正	土地利用现状图获取
			工业用地面积	0.059 3	正	土地利用现状图获取
			物流仓储用地面积	0.068 4	正	土地利用现状图获取
			旅游景点数量	0.068 4	正	实地调研获取

4.2.2 乡村三生空间评析结果

根据以上构建的乡村三生空间综合评价指标体系,采用南霞口镇 2018 年土地利用现状数据、2018 年统计年鉴及实地调研数据,对南霞口镇乡村三生空间进行评价。评价结果显示,南霞口镇乡村综合评价分值处于 9.48～35.91 之间,平均值为 20.48,总体分值较低,表明乡村三生空间存在发展较差、不均衡的现象(图 4,表 3)。综合发展弱的李芳袍、高庄等村,位于镇域中部及北部,距离重要交通干道较远且居民点面积较小;综合发展较弱的仓三、则王庄等 25 个村庄主要分布于镇域北部及西南部,多为与其他行政单元交界的村庄;综合发展较强的鹿角林、火把刘等村庄主要分布在镇区附近及主要交通干线两侧,且居民点面积较大;综合发展强的南霞口、北霞口等村庄,主要分布于大运河东侧且拥有一定的产业基础(图 5)。

(1)生态空间

南霞口镇乡村生态空间评价分值处于 1.48～14.78,生态空间发展弱的村庄包括段庄、鹿角林等,主要分布在镇区周边及距离运河较远的中北部,林草地面积极少,生态空间破碎化;发展强的堡子、南霞口等主要位于大运河和观州湖水库旁,水域面积大,林木、草地面积相对充足,生态空间连通性

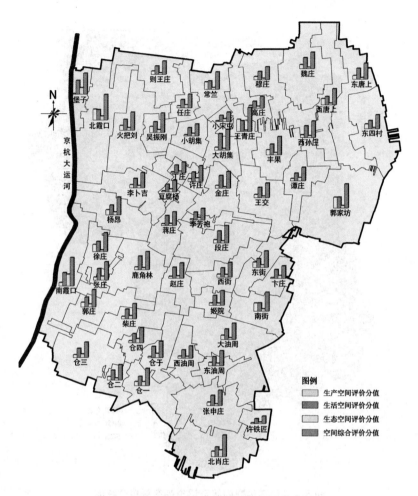

图例
生产空间评价分值
生活空间评价分值
生态空间评价分值
空间综合评价分值

图 4 南霞口镇乡村三生空间综合评价分析图

表 3 南霞口镇乡村三生空间分级

评价等级	生产空间		生活空间		生态空间		三生综合评价	
	指标值	村庄个数(个)	指标值	村庄个数	指标值	村庄个数(个)	指标值	村庄个数
强	>10.5	3	>16	5	>6	3	>27	5
较强	5.5~10.5	12	13~16	15	4~6	8	21~27	15
较弱	2.5~5.5	27	11~13	18	2.6~4	21	16~21	25
弱	0~2.5	12	6~11	16	1~2.6	22	9~16	9

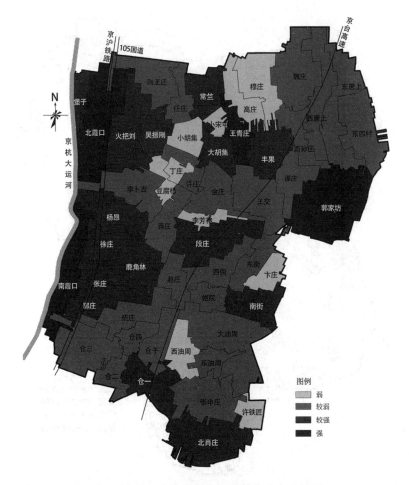

图5　乡村三生空间综合评价等级分布分析图

较好。南霞口镇拥有大运河、观州湖水库、宣惠河,水资源较丰富,但是林木和草地分布较少、连通性差、较为零散且不成体系(图6)。

（2）生活空间

南霞口镇乡村生活空间评价分值处于 6.26～20.63 之间,穆庄村、东四村等生活空间发展弱的村庄零散分布于南霞口镇北部和东部,这些村庄距离镇区、重要交通干道较远,缺乏服务设施且居民点较小;发展强的村庄包括鹿角林、南霞口等,主要位于自然条件好的大运河旁、服务设施齐全的镇区周边及交通便捷的道路两侧。总体而言,镇区周边及主要交通干线两侧

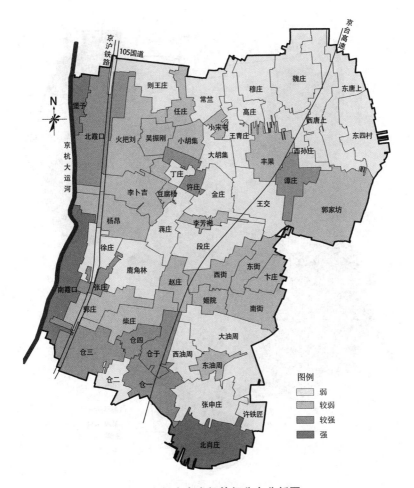

图6 乡村生态空间等级分布分析图

的乡村,由于拥有完善的公服配套设施及便利的交通,生活空间发展较好,其他区域的乡村生活空间亟需重构(图7)。

(3)生产空间

南霞口镇乡村生产空间评价分值处于0.85~15.27之间,整体发展水平较差。豆腐杨、丁庄等生产空间发展弱的村庄,主要分布在镇域中部,这类村庄以农业生产为主,且人均耕地面积少,农业现代化水平不高;北霞口、郭家坊等发展强的村庄,零星散布在工业园区周边,拥有一定的产业基础。规整平坦的农田、一定的工业基础,以及大运河生态文化底蕴为南霞口镇乡村

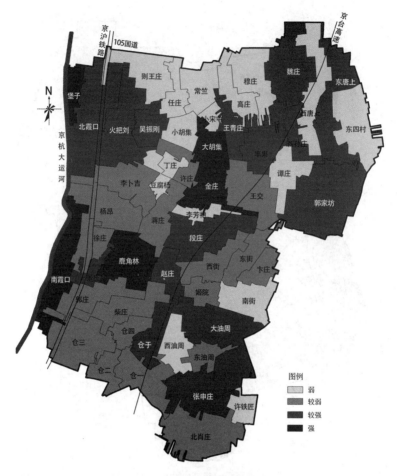

图7 乡村生活空间等级分布分析图

生产空间发展奠定了良好基础,但农业生产机械化程度低、工业生产分布零散、运河文化利用水平较低成了乡村生产空间发展的最大限制因素(图8)。

4.3 南霞口镇乡村三生空间重构策略

4.3.1 生态空间重构——水秀林茂

通过上文对乡村生态空间的分析,发现生态空间集中分布在大运河沿岸、观州湖水库周边及主要交通干道两侧。生态空间破碎化明显,连通性较差,尤其在距离运河较远的中北部乡村,林草地分布较少,生态空间亟需修复。对此,从区域角度出发,通过科学划定生态保护红线、构建生态廊道、修

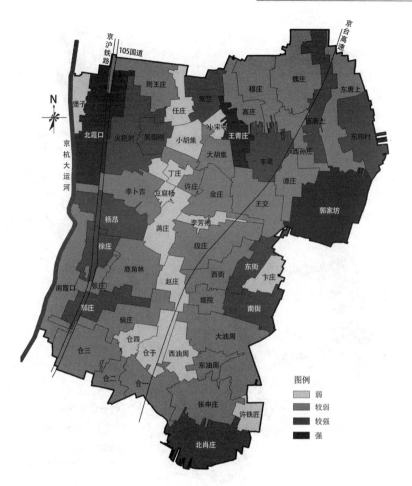

图8 乡村生产空间等级分布分析图

复弱生态空间、严控污染排放,能够实现南霞口镇乡村生态网络空间的优化(图9)。

(1)科学划定大运河、观州湖水库的生态保护红线,加强对于重要生态要素的保护力度。

(2)依托大运河、重要的交通要道,构建5条南北纵横的生态廊道,增强运河生态要素的渗透及生态空间的连通性,实现生态空间网络化。保护并修复沿线林草地,建设运河沿岸重要生态涵养空间。

(3)针对段庄、鹿角林等生态空间发展弱的区域,开展生态要素补植,加强生态修复力度。

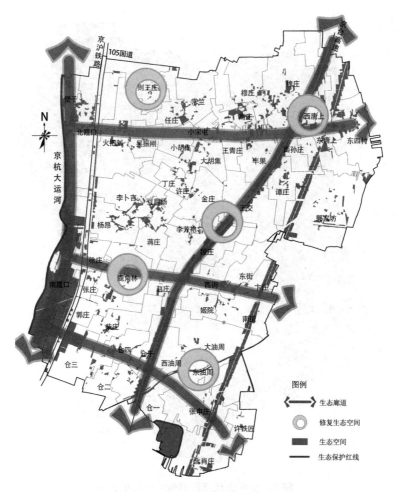

图9 南霞口镇乡村生态空间重构示意图

（4）彻查大运河沿线工业企业、农田、农村生活污水入河情况，加强污水监管与处理力度。

4.3.2 生活空间重构——宜居适度

通过上文对生活空间的分析，发现生活空间发展较弱的乡村均为居民点较小、距离镇区较远且缺乏公共服务设施的乡村。对此，采取居民点整治优化、完善公共服务设施配置等措施优化生活空间。将乡村划分为4种类型：城郊融合型、集聚提升型、特色保护型及保留改善型[14]（图10，表4）。城郊融合型包括鹿角林、张庄等距离镇区较近、发展较强的乡村，主要分布

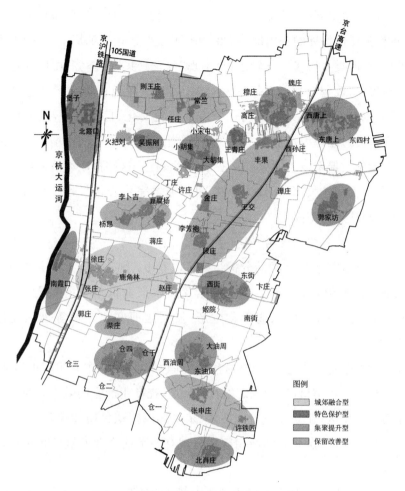

图10 南霞口镇乡村生活空间重构示意图

表4 南霞口镇乡村生活空间重构

类型	村庄名称	村庄个数(个)
城郊融合型	鹿角林、张庄、徐庄、赵庄、郭庄	5
集聚提升型	大油周、西油周、东油周、仓于、仓一、仓二、仓三、仓四、丁庄、豆腐杨、许庄、西街、东街、南街、卞庄、姬院、西唐上、东唐上、小胡集、大胡集、任庄、小宋屯、常竺、高庄、穆庄、西孙庄	26
特色保护型	南霞口、北霞口、堡子、北肖庄、郭家坊、吴振刚、王青庄	7
保留改善型	张申庄、火把刘、李芳袍、许铁匠、蒋庄、柴庄、谭庄、则王庄、杨昂、段庄、金庄、王交、魏庄、东四村、丰果、李卜吉	16

在南霞口镇镇区周围,区位优势明显,交通便捷,基础设施、公服设施较为完善,可作为城镇发展的备用地。集聚提升型主要包括东油周、东街等发展较弱的乡村,此类乡村居民点较小,且呈现"两三聚集"的态势,可以通过整治优化居民点、改善公服设施,建设宜居中心村。特色保护型村庄包括南霞口、吴振刚等,可以通过保护村庄特有的历史文化、自然资源,提升村庄品质。在这类村庄建设过程中,尽量遵循传统格局和尺度,同时增加相应的文化配套设施。保留改善型包括魏庄等 16 个村庄,这些村庄经济发展水平一般、居民点面积较大、分布较为分散,可以通过完善公共服务设施与交通条件,改善村庄生活空间。

4.3.3 生产空间重构——集约高效

从上文乡村生产空间的分析结果可以看出,南霞口镇乡村生产空间存在农业生产低效化、工业生产零散化及文旅产业低端化等问题。对此,可以采取划分生产分区、规模化生产、发展运河文化产业等措施优化生产空间。

(1)重点发展设施农业、观光农业等特色农业,以基本农田保护为基础,并以土地整治为契机,进行规模化农业生产,提高生产空间效率。对于中部耕地资源集中区,建立高质量保护区;东南部以棉花种植和粮食生产为主,开展规模化生产;东北部和西南部依托现有的采摘产业发展特色种植和观光采摘。

(2)将镇域内零散分布的作坊式小型企业迁至工业园区,力求规模效益最大化。升级改造原有的机械制造产业,充分发展软件设计、文化创意设计等新型互联网创新产业,带动周边村庄的生产空间发展(图11)。

(3)充分利用建设大运河旅游文化带的契机,营建集观赏游玩、采摘学习、文化展示于一体的休闲旅游产业;基于南霞口桑葚等特色水果产业,规划农业文化体验基地;基于吴振刚村古代军事文化基础,营建东吴文创体验园,发挥运河文化最大效应。

4.3.4 三生空间协调发展优化策略

除了乡村"生态、生活、生产"单一空间的内部重塑之余,还需要协调乡村三生空间融合发展,增强乡村三生空间的功能耦合与互动联系,这样有

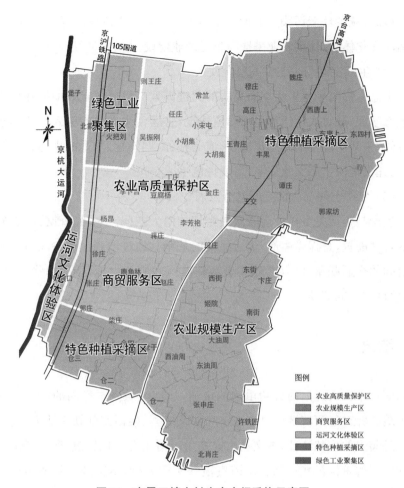

图11 南霞口镇乡村生产空间重构示意图

助于达成乡村地域空间的综合效益最大化[15],更好实现运河流域乡村振兴。

(1) 生产空间与生态空间融合发展

生态文明建设是运河流域乡村可持续发展的根本大计,协调好开发与保护的关系是实现运河流域乡村发展的关键[15]。对于运河流域乡村工业生产空间,进行集约布局及生态管控,同时探索运河生态功能与文化、休闲旅游、健康养生等生产功能的深度融合[16]。南霞口镇工业生产空间采用园区集约建设,在园区外围建设防护绿带等生态空间,隔离净化生产空间,严控污染排放,减少环境污染。同时充分利用大运河、特色果园等生态空间,进行运河文化体验、休闲农业采摘等第三产业建设。

(2) 生活空间与生态空间融合发展

生态是提高乡村生活空间品质的关键因素。以居民点外围的林草空间为生态基底,通过大运河等生态廊道建设,将运河生态要素引入生活空间内部,增添生活空间中的生态斑块,形成完整的、网络化、均衡的生态系统。同时,依托大运河生态文化底蕴,发展特色生活空间。

(3) 生产空间与生活空间融合发展

生产与生活是乡村社会联系最密切的两大空间。乡村基础公共服务设施的合理配置,是保障生产、生活品质的基础。通过增强生产空间与生活空间之间的交通联系,可以共建共享基础设施和服务设施建设,加强人才、资金、信息之间的流动[17]。

5 结语

面对中国大运河的成功申遗的机遇,运河流域乡村空间的振兴发展刻不容缓。针对运河流域乡村生态空间缺乏统筹、生活空间缺乏活力、生产空间缺乏集聚的现状特征,本文提出依托大运河生态文化底蕴,促进三生空间协同发展的重构模式。结合南霞口镇的实例分析,本文进一步证实运河流域广袤的乡村三生空间发展中存在着不均衡的现象并从"生态—生活—生产"三方面提出乡村空间重构策略,通过科学划定生态保护红线、构建生态廊道、严控污染排放来优化生态空间,通过优化居民点布局、完善公服配套进行生活空间优化,通过规模化生产、发展运河特色产业的方式来优化生产空间,通过协调融合乡村三生空间,引导乡村振兴。

本文从镇域乡村空间入手展开运河流域乡村三生空间重构路径的初步探索,以期为更大范围运河流域乡村三生空间的重构优化提供有益参考。由于数据资料获取中存在的局限性,文中选取的评价指标可能不够全面,评价体系的构建及乡村三生空间重构策略有待进一步完善和深入。

参 考 文 献

[1] 刘志超.新型空间规划体系下的县级"三生空间"布局与"三线"划定[J].规划师，2019,35(5)：27-31.

[2] 朴佳子.乡村振兴战略下村庄"三生空间"规划探索与实践[J].北京规划建设,2019(4)：85-88.

[3] 宋春花,王伟.运河文化遗产与美丽乡村建设融合分析[J].农村经济与科技,2020,31(16)：219-220.

[4] 谭敏,陈浮,张敏,等.基于"三生"空间的乡村综合评析及重构路径研究——以徐州市姚集镇为例[J].江苏农业科学,2018,46(4)：302-307.

[5] 梁肇宏,范建红,雷汝林.基于空间生产的乡村"三生空间"演变及重构策略研究——以顺德杏坛北七乡为例[J].现代城市研究,2020(7)：17-24.

[6] 武联,余侃华,鱼晓惠,等.秦巴山区典型乡村"三生空间"振兴路径探究——以商洛市花园村乡村振兴规划为例[J].规划师,2019,35(21)：45-51.

[7] 曾鹏,朱柳慧,蔡良娃.基于三生空间网络的京津冀地区镇域乡村振兴路径[J].规划师,2019,35(15)：60-66.

[8] 杨俊,张鹏,李争.乡村"三生"空间综合评价与空间优化研究[J].国土资源科技管理,2019,36(4)：117-130.

[9] 扈万泰,王力国,舒沐晖.城乡规划编制中的"三生空间"划定思考[J].城市规划,2016,40(5)：21-26,53.

[10] 刘丰华.基于"三生空间"协调的西安市乡村空间布局优化研究[D].西安：长安大学,2019.

[11] 钱振华.大运河文化带建设与乡村振兴融合发展探路[J].江苏农村经济,2020(5)：62-63.

[12] 宋春花,王伟,牟楠.新时期运河文化建设与乡村振兴探讨[J].农村经济与科技,2020,31(10)：249-250.

[13] 沈孟樱,王逸菲.乡村振兴战略下运河地带新农村建设困境研究[J].农村实用技术,2020(4)：3-4.

[14] 李裕瑞,卜长利,曹智,等.面向乡村振兴战略的村庄分类方法与实证研究[J].自然资源学报,2020,35(2)：243-256.

[15] 曾鹏,任晓桐,李晋轩.空间治理背景下乡村发展路径的转型与创新[J].小城镇建

设,2020,38(8):5-11.

[16] 龙花楼,屠爽爽.论乡村重构[J].地理学报,2017,72(4):563-576.

[17] 张红娟,李玉曼.北方平原地区"三生空间"评价及优化策略研究[J].规划师,2019,35(10):18-24.

分区研究方法在小城镇群型大城市战略制定中的应用

——以保定市新型城镇化战略制定为例

李继军　王楚涵　韩俊宇

（上海同济城市规划设计研究院有限公司）

【摘要】　在制定城市发展战略时，规划师往往会从经济、社会、环境等多个角度提出综合战略或对策。但对大城市来说，尤其是具有多个小城镇的城市，由于现状基础和区位条件的分异，往往不宜采用普适性的发展战略指导发展，而需要制定因地制宜的分区政策。本文以位于京津冀世界级城市群特殊政策区位的小城镇群型城市河北省保定市为例，以"保定市新型城镇化专题研究"项目为依托，通过分析识别保定市城镇化的发展现状和动力特征，得出保定市小城镇群分区特征明显的初步结论。在此基础上，提取分区要素，构建符合保定市城镇化分区特征的分区体系，最后基于分异化的城镇化特点、需求与机遇，针对性地提出分区分层的城镇化战略。

【关键词】　新型城镇化　分区研究　小城镇群　保定市

1　引言

新时期国土空间规划体系建立在分区分类的编制思想和原则基础上，通过对城市不同地区的各类要素进行识别可以快速了解城市特征，并因地制宜地制定城市发展战略，本文为从传统城市规划思维向国土空间规划语境转变提供了一个切入点。同时，在城镇化进程快速推进的今天，大城市发展大多进入平稳期，而小城镇正逐步成为突显城镇化闪光点和氛围活跃的平台。本文利用分区研究方法精准识别小城镇的要素特征,在分区语境内探讨跨行政边界的协同发展与特色发展策略,既避免"一刀切"问题又精准施策,对高质量发展背景下小城镇型大城市及区域小城镇群(圈)的战略制定进行了探索。

2 研究背景与方法

2.1 研究背景

保定市毗邻京津,地跨太行山东麓、冀中平原西部,现下辖 5 个区、3 个县级市、15 个县(包含雄安 3 县),是一个由众多小城镇群组成的行政单元。一方面从地理区位来看,保定市可区分为山区、山前地区和平原地区,过渡的自然地理条件导致了各个区县的基础发展条件不同。另一方面从政策区位来看,保定市接受北京非首都功能的疏解和雄安新区建立的辐射,各个区县受外部区域环境变化和政策的影响程度不一,空间上被划分为多个政策板块。自然环境和政策区域环境在空间上的分异特点使保定各个区县面临着发展基础、未来机遇的不一致,这种差异性必然直接影响未来发展战略的选择。对于此类大城市乃至特大城市来说,只有充分考虑地区条件,制定因地制宜的分区战略,才能促进地区社会经济健康稳定发展,推动整个区域发展水平稳步提升[1-2]。

自国家新型城镇化战略实施以来,尤其是伴随京津冀协同发展战略的深入推进,保定按照新型城镇化和城乡统筹发展的要求[3-4],进行了一系列探索和实践。城镇化是城市发展的缩影,从城镇化的特征与战略上可以反映城市发展的主要问题和战略方向[4-5]。为研究分区体系划分依据及分区战略制定方法,本文选取保定市新型城镇化研究项目开展研究,以保定市域为对象,从研究保定市的城镇化特征出发,构建针对保定市城镇化特点的分区体系,并因地制宜地提出各个分区的城镇化战略,从而实现分区研究方法在小城镇群型大城市战略制定方面的实践,为有类似条件的城市提供参考。

2.2 研究方法与技术路线

国土空间分区一般以地域分异规律为理论基础,确定不同的分区理念和方法准则,共同形成分区原则并以此指导分区指标选取、等级系统和方法体系建立[6]。以往城镇化分区研究通常建基于城镇化现状特征的差异性[7],但本文研究对象政策区位多样,具有明显特殊性。因此本文的分区依据除城镇化现状特征外,亦参考城镇化动力特征。保定市各个区县的城镇化基础条件和发展动力各异,面临的机遇和挑战也各有不同,呈明显分区特征的城镇化要素包括:①现状要素,城镇化率、城镇人口、城镇化阶段;②动力要素,工业化动力、基础条件动力、政策动力(图1)。本文将逐一梳理以上要素,赋予各个要素在各区县的指标数值,形成各个要素的强度分区,借由空间叠置分析等判断特征相似区域,以此作为城镇化特征分区参考。此外,本文还通过各区县常规指标的聚类分析对分区结果进行校正调整,最终形成保定市城镇化的分区体系,并总结各分区特征。

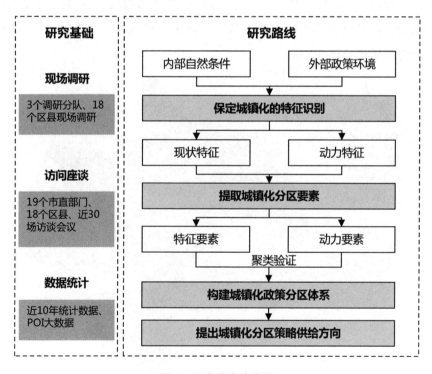

图1 研究技术路线图

3 保定市城镇化的特征要素识别与分区体系构建

3.1 城镇化现状特征

3.1.1 城镇化率与城镇人口特征

2017 年,保定市(不含雄安三县与定州市)年末全市常住人口 936 万人,其中城镇人口 482.5 万人,城镇化率达 51.5%。保定市城镇化率的空间分异明显,中心城区城镇化率最高,北部地区和南部地区次之,西部地区城镇化率最低。各地区内也呈现相似的城镇化率特征(图 2)。城镇人口多集聚于平原地区,即中心城区、北部、南部及环雄地区。中心城区、北部地区的城镇人口增速已经逐渐趋缓,而有一定特色产业基础的高阳、定兴、清苑等地吸引能力相对较强,城镇人口增长快。西部山区城镇人口集聚少,但近年出现缓慢的增长趋势(图 3)。

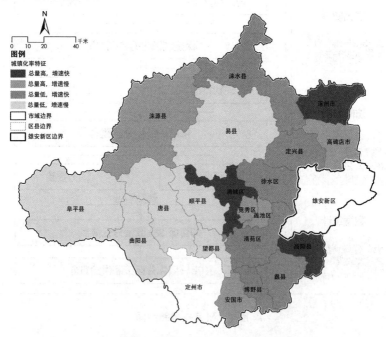

图 2 保定市城镇化率特征值分区示意图

资料来源:作者根据保定市统计局、POI 数据采集、调研踏勘资料自绘

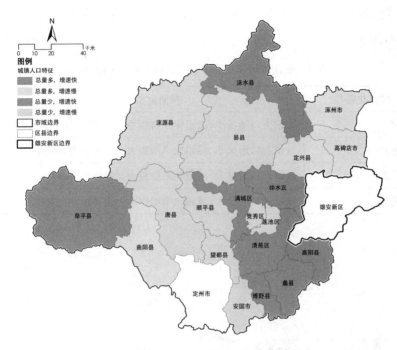

图3 保定市城镇人口特征值分区示意图

资料来源：作者根据保定市统计局、POI数据采集、调研踏勘资料自绘

3.1.2 城镇化发展阶段特征

按照以城镇化率衡量的城镇化阶段划分，保定市各区县均处在30%～70%的中期加速阶段，但此划分方法过于简略，无法看出当地区县的特色差异，因此本研究以2014—2016年保定市城镇人口的年均增量和城镇化率的年均增幅对各个区县进行矩阵划分（表1）。通过划分可以发现，保定市各区县城镇化发展阶段差异较大，且空间分异特征明显：①中心城区总体已处于城镇化中后期阶段，但内部有所分化，其中主城区处于城镇化后期阶段，需要更高能级动力引领；清苑区动力相对充足，处于城镇化中后期阶段；满城区稳定向好，仍处于城镇化前中期阶段；徐水区遭遇发展瓶颈，仍处于城镇化前中期阶段；②环雄地区、南部地区大部分处于城镇化中期阶段，其中高阳、博野城镇化增速显著；③北部地区的定兴、涿州城镇化动力相对充足，城镇化增速和城镇人口吸引力均较高，处于城镇化中后期阶段；高碑店处于增长瓶颈阶段，亟需实现增长动力的优化提质；④西部普遍存在城镇吸引力不

足问题,如顺平、易县、涞水、阜平等,大部分处于城镇化前期和前中期阶段(图4,图5)。

表1　保定市城镇化分阶段判断因素及特征描述表

城镇化阶段	判断因素及特征
前期	城镇人口增量小、城镇化率增幅小。需要提升动力能级
前中期	城镇人口增量小、城镇化率增幅大。需要动力升级维持
中后期	城镇人口增量大、城镇化率增幅大。需要动力维持
后期	城镇人口增量大、城镇化率增幅小。需要新动力刺激

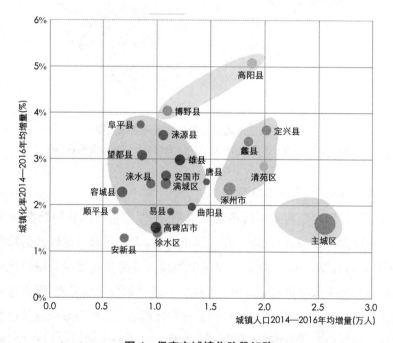

图4　保定市城镇化阶段矩阵

资料来源:作者根据保定市统计局、POI数据采集、调研踏勘资料自绘

3.2　城镇化动力特征

3.2.1　工业化动力特征

工业化是影响地区城镇化发展的重要因素,探究工业化与城镇化的互动关系,可以对地区城镇化动力及工业带动效应强度作出评价。对比

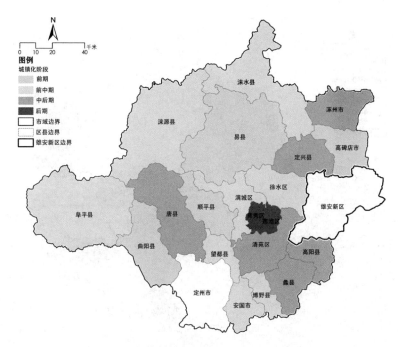

图5 保定市城镇化阶段特征值分区示意图

资料来源：作者根据保定市统计局、POI 数据采集、调研踏勘资料自绘

2005—2010 年和 2010—2016 年两个时间段内城镇人口份额与工业总产值份额增减的耦合情况，可以判断各个区县工业化与城镇化的相互作用。如工业份额与城镇人口增减耦合则存在带动作用（均上升则带动作用强，均下降则带动作用弱），如工业份额与城镇人口不耦合则两者相互促进关系不明显。通过对比可以发现如下特征：①中心城区、东部地区的工业化与城镇化关系强，但发展陷入瓶颈期，需从传统工业化驱动转化为创新工业化驱动；②北部地区及环雄地区、南部地区仍将经历工业化带动城镇化大幅增长阶段，其中定兴、安国、易县、涿州等地的工业化对城镇化推动作用日益显著，曲阳、望都、易县等工业化与城镇化均呈现弱带动的特征；③西部地区工业化对城镇化带动不明显，未来非城镇化或成为主要带动力（图6）。

3.2.2 基础条件动力特征

本文所考虑的基础条件包含公共服务设施、基础设施和城镇风貌，在此三方面表现突出的城镇对外吸引能力较强，一定程度上能够促进自身城镇

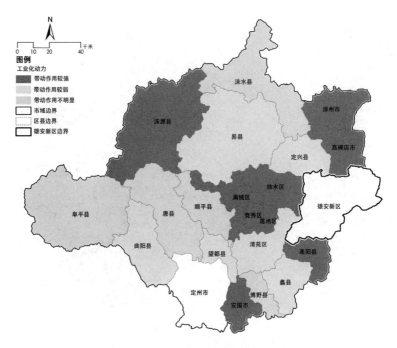

图6 保定市城镇化与工业化相互作用特征值分区示意图

资料来源：作者根据保定市统计局、POI数据采集、调研踏勘资料自绘

人口的增长,尤其是高素质城镇人口的增长,从而提高城镇化发展的速度和质量。从公共服务设施和基础设施方面来看,中心城区、北部地区、雄安与环雄地区、南部地区除县城基础设施集聚外,在乡镇也形成了诸多聚集点。而位于西部地区的涞水、涞源、易县、阜平等地乡镇级别的基础设施明显稀疏(图7)。从城镇风貌方面来看,北部地区和环雄地区城镇风貌较好;西部地区如阜平、涞源等地区改善空间大。综合以上三项指标,计算公共服务设施和基础设施密度,结合城镇风貌的基本评分,将保定市各区县的基础条件动力按强弱关系划分为若干分区(图8)。

3.2.3 政策动力特征

保定市所在区域面临着雄安新区建立、北京非首都核心功能疏解、京津冀协同等几大历史契机,既是机遇又是挑战。首先,北京非首都核心功能向保定市诸多区县(北部区县、主城区等)疏解带来了承接首都产业转移的机会,雄安新区的建立则为周边(环雄区县)带来众多产业升级转型机遇和新

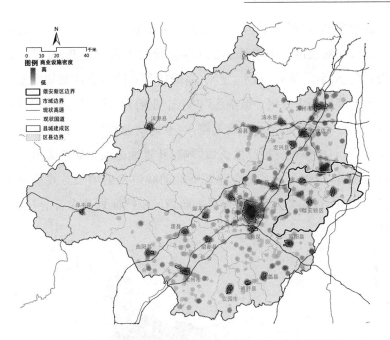

图 7　保定市各区县公共服务设施(商业 POI)分布示意图

资料来源：作者根据保定市统计局、POI 数据采集、调研踏勘资料自绘

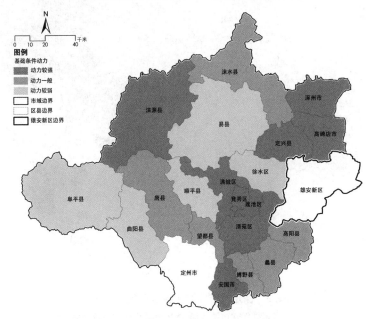

图 8　保定市基础条件特征值分区示意图

资料来源：作者根据保定市统计局、POI 数据采集、调研踏勘资料自绘

兴产业的发展动力,促进了相关区县的城镇化发展;其次,在抓住机遇的同时也要合理应对挑战。由于雄安新区建立导致周边建设开发冻结(影响较大的地区包括高阳、清苑、徐水、定兴、高碑店等),同时京津冀协同发展战略对保定市的环保要求升级、"散乱污"中小企业治理、雄安周边环保管控严重等管理约束使众多乡镇企业陆续关停,对本地就业影响大,部分区县出现人口外流现象,对城镇化进程产生负面影响,环雄地区负面影响尤其突出。对这些区域而言,依赖自身乡镇企业发展推动城镇化的增长方式或将难以为继。基于政策动力,将保定市各区县的政策区位特征划分为若干分区(图9,图10)。

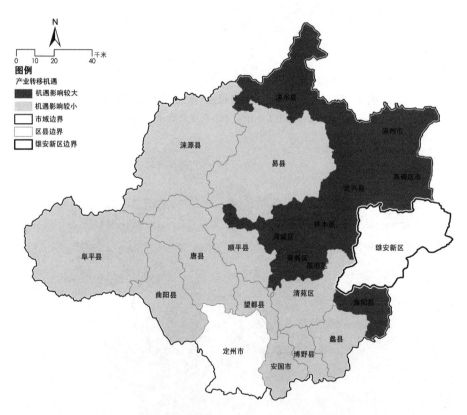

图9 保定市产业政策区位分区示意图

资料来源:作者根据保定市统计局、POI数据采集、调研踏勘资料自绘

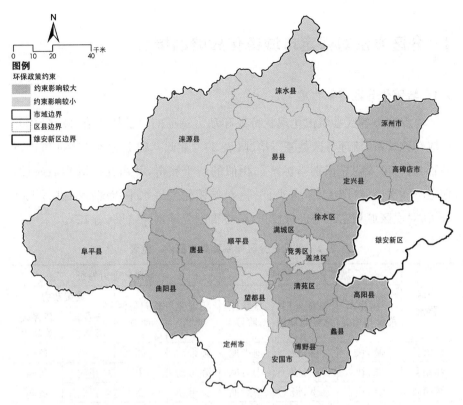

图 10 保定市环保政策区位分区示意图

资料来源：作者根据保定市统计局、POI 数据采集、调研踏勘资料自绘

3.3 小结

　　基于以上城镇化特征,不难得出保定市城镇化空间分异的初步结论,进一步确定了保定市内部的各个小城镇群需要制定分区引导的必要性。结合多个特征来看,可以发现某些区域具有明显相似性,如西部山区的城镇大多城镇化率较低、城镇人口增长慢、遇到城镇化的动力瓶颈且缺乏政策动力刺激;再如北部邻京城镇则大多城镇化率较高、城镇人口增长快、工业化持续促进城镇化且即将受到北京非首都功能疏解的政策红利影响等。因此,下节将对各区县特征进行综合讨论,识别特征相似分区,并从分区差异性出发提出相应的分区发展策略。

4 分区方法对保定市城镇化战略的指引

4.1 城镇化分区体系构建

将保定市各区县城镇化现状特征和动力特征的要素特征值进行量化并形成对比关系,梳理各区县基本情况(表2)。在此基础上对各个特征值进行叠置分析,可以明显识别指标特征相似的若干簇群,并由此提取相似属性,划定不同次区域(图11)。与此同时,对城镇化发展水平传统指标进行聚类分析,对次区域划定结果进行校正,最终得到分区划定结果(图12)。

表2 各区县分区体系要素特征值一览表

分区要素	城镇化现状特征			城镇化动力特征			
	城镇化率总量与增速	城镇人口总量与增速	城镇化阶段	工业化动力	基础条件动力	政策动力	
						产业转移动力	环保政策动力
满城区	高,快	多,快	前中期	强带动	高	正向	负向
高阳县	高,快	少,快	中后期	强带动	中	正向	负向
涿州市	高,快	多,慢	中后期	强带动	高	正向	负向
主城区	高,慢	多,慢	后期	强带动	高	正向	—
高碑店市	高,慢	多,慢	前期	强带动	高	正向	负向
安国市	高,慢	少,慢	前中期	强带动	高	—	—
涞源县	高,慢	少,慢	前中期	强带动	高	—	—
徐水区	低,快	多,快	前中期	强带动	低	正向	负向
清苑区	低,快	多,快	中后期	弱带动	高	—	负向
定兴县	低,快	多,慢	中后期	弱带动	高	正向	负向
蠡县	低,快	多,快	中后期	弱带动	中		负向
望都县	低,慢	少,慢	前中期	弱带动	中		
易县	低,慢	少,慢	前期	弱带动	低		
曲阳县	低,慢	多,慢	前期	弱带动	低		负向
博野县	低,快	少,快	前中期	不明显	中		负向
涞水县	低,快	少,快	前中期	不明显	中	正向	
唐县	低,慢	少,慢	中后期	不明显	中		负向
顺平县	低,慢	少,慢	前期	不明显	低		
阜平县	低,慢	少,快	前中期	不明显	低	—	—

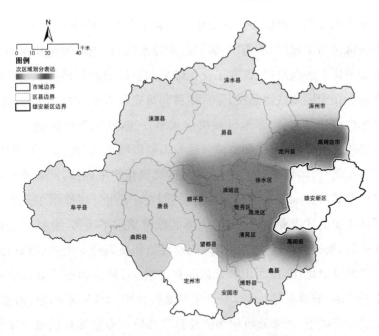

图 11 保定市特征值叠合分区示意图

资料来源：作者根据保定市统计局、POI 数据采集、调研踏勘资料自绘

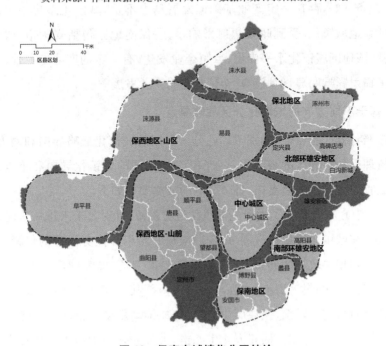

图 12 保定市城镇化分区结论

资料来源：作者根据保定市统计局、POI 数据采集、调研踏勘资料自绘

37

保定市内部的小城镇按照城镇化特征和动力类型可分为以下7个分区：①中心城区包括主城区、清苑区、满城区和徐水区，该地区城镇化水平发达，已进入城镇化发展新阶段，需要工业化转型和新旧动能转换的双重刺激，未来发展重点在于提高城镇品质，受京津冀和雄安政策辐射影响大；②保北地区包括涿州市和涞水县，该地区城镇化水平发达，基础条件优越，工业化仍然是城镇化的重要动力，受到京津冀政策辐射影响大；③北部环雄安地区包括高碑店市（含白沟新城）、定兴县，该地区城镇化水平较高，产业专业性强，京津冀产业转移和雄安新区建立为下一阶段城镇化发展提供了重要动力；④南部环雄安地区主要为高阳县，该地区城镇化水平尚可，乡镇条件好，产业专业性强，雄安新区建立促进当地产业转型和新兴产业植入，推动传统城镇化与就地城镇化；⑤保西山区地区包括涞源县、易县和阜平县，该地区城镇化水平较弱，城镇条件一般，工业化对城镇化带动作用不明显，城镇化动力有待进一步明晰，未来城镇化多依托自身其他产业发展和精准政策供给；⑥保西山前地区包括顺平县、望都县、唐县和曲阳县，该地区城镇化水平尚可，乡镇条件好，存在一定产业基础但发展动力不足，城镇化多集中表现为乡镇的就地城镇化，受到政策辐射影响小；⑦保南地区包括安国市、博野县和蠡县，该地区城镇化水平尚可，乡镇企业发达，有一定的产业专业性，受相关政策辐射影响明显，但城镇化多依托自身产业发展[8]。

4.2 基于不同方向的城镇化分区战略要点

按照各分区的特征，分别明确各分区不同的城镇化战略导向和动力，进一步梳理得到各分区的城镇化重点（表3）。不同的城镇化导向和重点需要因地制宜的城镇化战略支撑，各个分区的战略要点如下。

（1）中心城区集中了大量的城镇化优势资源，针对其未来进一步增加的城镇人口和城镇化质量提升需求，今后应进一步引导优势资源的集聚，通过政府主导和相关政策倾斜，构建中心城区要素市场，加大创新资源、产业资源、金融资源等的集聚力度，加强与保定市内部其他区县和保定市以外其他城市的交通与信息联系，抓住历史契机，迅速推动新动力带动下的经济发展和城市规模增长。同时，构建人才生态链，加强人才吸纳能力。通过出台差异化的人才政策，营造充满活力、富有效率的人才制度环境。完善和提升城市功能配套,提高交通、基础设施建设等的服务能力,积极发展多样化服务业,打造宜居生活环境,引导各层次人口集聚。

(2)保北地区产业基础好,政策环境优越,应加快产业结构升级,调整经济增长模式,有针对性地接受同类产业转移,扩大产业集群规模。在产业对接上,搭建多类产业转移平台,积极对接北京。打造产业园区、产业小镇、产业社区等多类型的承接载体。从产业类型上,发展高新技术产业和高附加值的加工制造业,培育多个经济增长点,促进人口集聚[9]。保北地区还应逐步改变依赖招商引资调整业态的"输血移植"模式,成立产业联盟,形成本地研发、本地孵化、本地生产的"自发造血"模式。最后通过提升功能配套,保障就业人口安置,优化人才发展环境,以吸引更多人才进入保北地区,服务产业,活化城镇,提升城镇化质量。

(3)北部环雄安地区通过对接雄安,借力雄安新区,因而需要从服务能力和产业引进方面进行提升和转型,从而促进城镇化发展。重点提升综合服务能力,包括区域交通、商贸物流、商务会展、科技研发、文化旅游、医疗、教育等;此外还包括产业服务能力提升,积极融入雄安产业链,加快商贸物流、商务会展、科技成果转化等服务功能塑造。

(4)南部环雄安地区多为有特色的乡镇,因此下一轮发展中,仍应该保持该地区的产业特色,从自身提升出发,做专业产业中心,引导本地就业和外来人口流入,以特色产业的发展带动城镇和邻近村镇相应配套产业的发展[10]。南部地区毗邻雄安的区位也使其必须承担服务雄安的功能,从商贸物流、商务会展到人才公寓、商业设施,都应配备齐全。

(5)保南地区镇级经济发达,乡镇是其未来城镇化的首要发力点。因此,需要重点引导城镇向镇一级发展,加大对镇一级行政单位基础设施和服务设施的供应,引导城镇人口向乡镇地区发展,促进乡镇的就地城镇化。同时,在保证基础设施和公共服务设施供应的前提下,加快镇一级相关企业的转型升级,打造具有就业功能的社区,促进产城融合、产城一体。同时保持自身优势,引进相关人才,促进产业升级。

(6)保西山区地区的快速城镇化需求强烈,应当走集中型城镇化道路,将城镇化重点放在现有县城的改造和择优发展重点镇上,形成一批辐射带动的中心城镇。利用西部山区良好的生态地缘优势,积极发展乡村旅游等旅游服务业、旅游产品加工制造业、特色农产品加工制造业等产业,形成城乡产业衔接,围绕旅游业促进城乡融合。同时,针对当地旅游业开发的进一步需求,城镇既需要保证长居居民的日常生活,还要做好应对旅游带来的大量游客产生的短期公共服务设施需求,做好设施与政策应对,打造特色民宿、酒店等,塑造当地品牌。此外,还要注重城镇社区建设和城镇品质提升,塑造良好的城镇形象,增加城镇就业岗位,吸引人口集聚。从原有农业发展的角度,贯彻工业产业化,在县域内形成"公司 + 农户 + 基地"的组织形式,结合当地资源适度开发特色产业,促进就业,吸引人口。

表3　保定市各分区城镇化动力及重点

分区	包含区县	城镇化动力	城镇化重点
中心城区	中心城区	集聚高端服务业、高端制造业、知识经济等产业;承接产业转移;打造品质城区、优化公共服务	提高城镇化质量、城镇人口集聚
保北地区	涞水县、涿州市	承接产业转移,发展高端制造业、知识经济;打造品质城区,优化基础设施	提高城镇化质量、城镇人口集聚
北部环雄地区	定兴县、高碑店市	承接产业转移,与雄安联动,发展高端制造业、现代服务业	提高城镇化质量、城镇人口集聚
南部环雄地区	高阳县	升级自身优势产业,与雄安联动,做雄安周边的专业中心与服务中心	就地城镇化、城镇人口集聚
保西山区地区	阜平县、涞源县、易县	解决扶贫问题,政策倾向发展现代农业与旅游业,促进当地人口就地就业;优化基础设施与公共服务	就地城镇化、异地城镇化
保西山前地区	唐县、曲阳县、望都县、顺平县	鼓励发展特色产业,优化基础设施与公共服务	城镇人口集聚
保南地区	安国市、博野县、蠡县	鼓励发展乡镇企业和自身优势产业,优化城乡不同级别的基础设施与公共服务	就地城镇化、城镇人口集聚

（7）保西山前地区主要将以城镇建设和产业集聚来完成人口的集聚。应保持自身的产业优势，注重与保北地区、环雄地区和中心城区的区域协同联动，共同打造产业带，并突出自身特色，促进产业升级。优化县城、镇区目前的基础设施和公共服务设施，并对城镇面貌进行改善，促进农村转移人口市民化。随着产业集群规模扩大，城镇内部就业岗位和公共服务设施供给增加，对人口形成吸引力，从而加快城镇影响区域内人口的集聚。

4.3 分区政策供给框架

为了促进城镇化的进一步合理实施，应基于城镇化的分区发展战略要点为各个分区制定适应发展的政策。城市发展政策框架下一般包括规划与土地、财税与金融、产业、人才、政府权限和改革支持六方面[11]。针对保定市的分区特征，各地未来的发展倾向与趋势也各有不同，因此，在相关政策的需求方面，各个分区的政策需求也有所倾向。如即将迎来人口大规模增长的中心城区亟需规划与土地政策的放开、产业政策的引导和相关人才政策的放松等，而西部山区则需要财税金融政策的支撑及相关产业政策的优化等（表4）。

表4　保定市城镇化分区政策框架示意表

次区域	规划与土地	财税与金融	产业	人才	政府权限	改革支持
中心城区	✓		✓	✓		✓
保北地区			✓	✓		✓
北部环雄地区	✓			✓	✓	
南部环雄地区	✓		✓		✓	
保南地区				✓		✓
保西山区地区		✓	✓			
保西山前地区		✓	✓	✓		✓

5 创新与思考

5.1 小城镇型大城市战略制定的分区思维应用

本文以保定市为主要研究对象，是由于保定市是位于特殊政策区位的、自然地理环境多样的、具有多个小城镇的大型城市,有一定的代表性和示范性。对于此类大型城市来说,在制定城市战略时,需要根据实际情况充分体现分区思维。本文中的新型城镇化分区为分区思维提供了一个思路方向,即可以通过城镇化的特征来进行城镇的战略分区。延伸之,还可以利用产业发展阶段的相似性、产业类型的相似性或产业发展困局的相似性来进行战略分区,此外生态环境的敏感度、开发强度等也是战略分区的思路。新时期的国土空间规划以分区分类为主要的编制思路和原则,以城市特征进行分级分层分类是可以迅速由传统城市规划向国土空间规划转变的切入点,未来也必将在国土空间规划的相关研究中看到分区思维的充分应用。

5.2 关于大型城市新型城镇化的思考

本文以新型城镇化为切入点,对保定市的城镇化特征与动力进行研究,并形成最终的分区战略。总结研究经验来看,小城镇群型大城市的新型城镇化战略应当主要从以下几个方面进行考虑:首先梳理当地发展实际情况,找准城镇化动力,厘清内部基础与外部机遇,尤其是特殊政策区的城市需要对政策进行解读与应用;其次是创新城镇化思维,应用多种城镇化模式促进本地的城镇化,既要促进农村人口市民化,又要对有条件的乡村进行就地城镇化,还要对基础较弱的贫困村进行异地城镇化[12];再次是城镇化水平的评价标准不应只是城镇化率,而是更全面更全域的城镇化,比如在城市、县城、城镇、农村四个层级中评价基础设施、公共服务设施的普及率与质量,再如评价产业结构、资源环境、人口素质等。

6 结语

与以往研究相比,本文在两方面作出了创新和改进。第一是以往的城镇化分区研究多基于省域层面的地级市,以更宏观尺度的大城市群为研究对象,而本文尝试在地级市内部进行分区,以小城镇群为研究对象;第二是不同于既往大部分依托城镇化的现状发展水平的城镇化分区研究,本文增加了城镇化动力特征研究,从而使分区城镇化路径指引更加客观合理。但本文由于基础资料收集不全、实际项目周期需要、相关参考理论较少等客观原因,在评价指标选取方面仍然存在一定遗漏,其框架的科学性也值得商榷,有待于未来的进一步研究和探析。

参 考 文 献

［1］季辰晔,翟国方.分区城镇化路径研究——以安徽省为例[J].江西农业学报,2011,23(6):164-166,170.

［2］金贵,王占岐,姚小薇,等.国土空间分区的概念与方法探讨[J].中国土地科学,2013,27(5):48-53.

［3］国务院发展研究中心课题组.中国新型城镇化:道路、模式和政策[M].北京:中国发展出版社,2014.

［4］何立峰,胡祖才.国家新型城镇化报告2017[M].北京:中国计划出版社,2018.

［5］李晓江,尹强,张娟,等.《中国城镇化道路、模式与政策》研究报告综述[J].城市规划学刊,2014(2):1-14.

［6］文雯,史怀昱,石会娟.陕西省分区城镇化路径研究[J].城市发展研究,2014,21(12):88-96.

［7］郑德高,闫岩,朱郁郁.分层城镇化和分区城镇化:模式、动力与发展策略[J].城市规划学刊,2013(6):26-32.

［8］杨安琪,谭妙萌.京津冀协同发展下的冀中南县域城镇化特点初探[J].小城镇建设,2017,35(1):14-22.

［9］陈侃侃,朱烈建.新型城镇化视角下的浙江省小城镇转型发展路径研究[J].小城镇建设,2016,34(2):28-31.

［10］刘彦随,杨忍.中国县域城镇化的空间特征与形成机理[J].地理学报,2012,67(8):1011-1020.

［11］蒋晓岚,程必定.我国新型城镇化发展阶段性特征与发展趋势研究[J].区域经济评论,2013(2):130-135.

［12］黄亚平,陈瞻,谢来荣.新型城镇化背景下异地城镇化的特征及趋势[J].城市发展研究,2011,18(8):11-16.

陕西省小城镇的有机更新规划模式研究

——以蒲城县城关镇为例[*]

李晶[1,2]　蔡忠原[3]　周宏伟[1]

（1 陕西师范大学西北历史环境与经济社会发展研究院　2 西安工程
大学城市规划与市政工程学院　3 西安建筑科技大学建筑学院）

【摘要】 城市有机更新是国内外常见的一种改造城市建成区环境的手段。针对国内小城镇面临的普遍问题，借鉴国内外有机更新理论及实现模式，本文提出基于国土空间规划体系，提升城市文化及原生性的有机更新模式。本文选取陕西省蒲城县城关镇为实证对象，进行理论模式的验证与应用，最终目的是恢复城市地域文化生活习俗，重塑小城镇地缘交往空间，塑造具备精神空间承载的内聚型公共空间。

【关键词】 有机更新模式　文化空间营造　陕西省蒲城县　小城镇

1　引言

我国从"十三五"时期就进入存量式的发展时代，在资源环境有限的前提条件下进行城市、城镇与乡村的发展，出现了有机更新模式、社区的微更新模式、乡村的微景观改造模式等，上海、四川都相继出台与城市更新有关的条例，这些都是在寻求新时代背景下高质量发展的路径。

---

* 基金项目：国家重点研发计划课题(2019YFD1100901)；西安市 2020 年度社会科学规划基金项目(JG179)；西安市科技局 2020 年软科学项目(20RKX0020)；西安建筑科技大学 2019 年度新型城镇化专项研究基金(一般项目)；2019 年度西安工程大学哲学社会科学研究项目(2019ZXSK02)。

中国欠发达地区的小城镇依然存在"前店后宅、下店上宅"的商住混合型区域,这些区域多位于小城镇的中心地段,却因基础设施配套不足、公共空间短缺、建筑私搭乱建严重等问题成为中心地段的"棚户区"。目前针对此类区域的改造方式或者是推翻重建,忽略了小城镇历史人文价值;或者是进行沿街立面改造,而内部区域仍未改变,忽略了与周边区域的发展融合。基于此,本文以陕西省渭南市蒲城县城关镇中心地段为例,探索一种既结合现状又区别于以往的有机更新模式,从而促进小城镇中心地段的现代发展,使中心地段与外围融合共生。

2 文化导向下城市有机更新理性辨析

2.1 相关概念辨识

2.1.1 有机更新

有机更新是针对建成区提出的,在建成区内对现有城市空间和城市功能进行环境整治和空间优化,从而达到功能完善、人居环境品质优越、文化活动丰富等目的。有机更新一词最初由吴良镛院士引入国内的专业领域,他认为,城市内部从区域到局部建筑,所有系统都犹如生物体一样存在一定的秩序性联系。城市、小城镇需要适宜的城市空间、街道尺度与建筑尺度,在城市的动态发展中寻求物质空间与城市的匹配关系,才能做到局部环境与整体环境相一致。

2.1.2 城市组织

城市组织英文为 Urban Tissues,由日本城市规划与建筑师布野修司教授提出。他认为,城市是具有生命体特征的有机体。生命组织是由结构相似的细胞组合而成[1],城市组织是将城市空间内构成要素进行类型划分与归类,包括城市区域、城市分区、城市单元、城市邻里、城市住宅、住宅内部空间,通过不同人口规模的需求进行空间组合和聚集。空间组织与人口聚集规模相关,当区域承载的人口逐步增加时,人地关系也随之转变,区域的尺度与区域内的设施配套也会变化。人口聚集的方式制约和影响着城市及城市空间(图 1)。

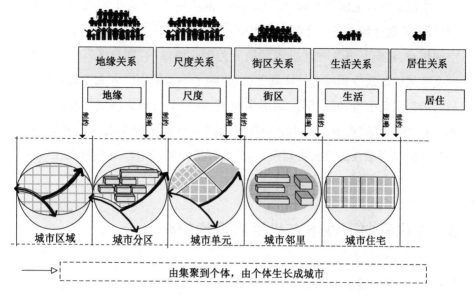

地缘关系　尺度关系　街区关系　生活关系　居住关系

地缘　　尺度　　街区　　生活　　居住

城市区域　　城市分区　　城市单元　　城市邻里　　城市住宅

由集聚到个体，由个体生长成城市

图 1　城市组织构成要素与相互关系

2.1.3　文化空间

文化空间是将文化具象化并赋予其物质形态的空间[2]，是某个时间节点民众集会或节庆的场所、某个传统文化的纪念地点①。党的十九大报告中提出文化自信，这是中国特色社会主义的"第四个自信"，标志着文化大繁荣背景下的空间营建迎来高潮[3]。公共文化空间、城市文化空间与社区文化空间共同构成城市地方文化的空间系统，实现突出文化品种保护与各种文化品种保护相结合[4]。

2.2　关系思辨

2.2.1　城市组织、文化空间与有机更新互动机制

1. 文化空间是城市组织的内生动力

城市组织单元慢慢聚集与成长，聚集过程伴随着空间单元逐步变大、人口增加、功能丰富。城市组织内生性的关键在于人口及其关系的变化，文化空间则是人口及其关系变化的空间承载，也是城市组织的精神场所。因此文化空间是促进城市组织演化的动力，也是邻里单位中生活交往空间、城市

---

① 资料来源：中国非物质文化遗产网.http://www.ihchina.cn/index.html.

单元中街区中心空间、城市分区中公共文化中心的核心要素。

2．城市组织是城市更新的补充

1942 年，学者伊利尔·沙里宁(Eliel Saarinen)在《城市：它的发展、衰败与未来》(*The City：Its Growth，Its Decay，Its Future*)一书中提出"有机的城市生长"，这是一种从有机生命体视角下提出的"适应性的改变"(Adaptive Change)，能够充分适应现状的复杂性，这称为"有机秩序理论"[5]。城市有机更新是针对城市局部地区且不适应当下及整体发展时，对其进行的必要优化和改造，从而促进地区活力的手段。改造包括对建筑物等实体的改造，和对生态、空间、文化、游憩等方面的改造[6]。城市有机更新的模式包括重建(Redevelopment)、复修(Rehabilitation)、活化(Revitalization)和文物保护(Heritage Preservation)。城市组织概念与有机更新理论本质是相同的，将城市看成有机生命体。因此面对生命体的成长和发展，必须在尊重发展规律的前提下进行优化和进化。城市更新必须局部适应整体，最终促进整体协调。

3．文化空间是城市有机更新价值诉求

有机更新注重城市文化的延续，城市原真性则是由文化空间体现。而延续性是通过地方特色保护/改善、开放空间可达性、非住宅发展对不断变化需求的适应性等因素体系来体现[7]。其中"地方特色保护/改善"是城市更新中最为重要的指标。保留地方特色最为直接的手段是保留文化空间、文化场所。直接保留可以降低小城镇开发的建设成本，保留更多原住民与原真性，为小城镇后续发展提供更多的人口红利，这也是实现经济与社会双重价值的体现。

2.2.2　有机更新的城市案例

1．英国模式

英国从政策层面制定了与城市更新相关的法律条例，例如《城市文明法》《地方政府规划和土地法案》。针对地区实现更新计划时会出台具体的实施方案，例如针对科文特花园更新出台《科文特花园行动计划》《科文特花园保护与管理指南》《商业用途规划指南补充说明》，这些管理指南和行动计划都是针对科文特花园地区中城市历史建筑及其建筑肌理，在开发的过程中对建筑日常的修缮、公共文化空间的重塑、日常业态的引入作出了细致有效的指导。

1980 年英国颁布企业区制度,此制度适用于复兴潜力较大、基础发展较好且目前经济衰退的工业区。从 1981 至 1996 年的 15 年间共筛选出 15 个企业区。这些区域在更新改造中可享受优惠政策,例如对建筑进行改建、扩建、改造所涉及的建设费的税收进行免除,用于经营性活动的营业税予以免除,用于继续发展工业的营业税与培训税予以免除等。同时简化规划审批、报批的程序,放宽土地使用的条件。在 2011 年之后相继又批准了 20 多个企业区。

2. 美国模式

美国在更新改造中所使用的政策手段是容积率的奖励。例如 1969 年纽约市面临办公建筑开发热潮,政府为避免百老汇地区受到地产开发的影响,要求在区域内进行办公建筑开发时,要增设 20%附加容积率的强制性配套指标用于剧院的建设。虽然这个奖励政策是自愿性的,但在市场和政策共同引导下共有 5 个剧场建成,这种政策手段加强了歌剧院地区的特色。

城市更新会受建设资金的影响,而美国城市更新资金主要由地方政府与联邦政府共同承担。政府所承担的资金主要用于更新过程中工程建设,其中联邦政府承担三分之二,地方政府承担三分之一。例如俄亥俄州的滨水项目,联邦政府承担 1 200 万美元用于公园的建设与城市街道的改造,地方政府投资 180 万美元用于公园内部的道路与绿化建设。

3. 上海模式

上海市在 2015 年颁布《上海市城市更新实施办法》,2018 年颁布《上海市旧住房拆除重建项目实施管理办法》,2020 年成立上海市城市更新中心。这些政策的颁布与机构的成立说明上海非常重视城市的更新。上海的城市更新模式是基于"城—镇—村"的全域尺度进行"保护—改建—新建",推行城市风貌管控计划、生活休闲计划、完善社区计划等。其中保护是针对历史建筑采取原真性保护,改建是针对具有一定价值又不能改变建筑立面的建筑,可根据所需改变的建筑性质进行一定程度的改建(图 2)。新建是围绕保护、改建区域进行建筑的新建,建筑风貌需要整体协调统一。经过多次的城市更新再开发,上海市出现各种规模、不同类型、多样布局的城市空间形态。

图2 上海市延安西路1262号原美军海军俱乐部更新前后对比照片

4. 成都模式

2020年4月《成都市城市有机更新实施办法》出台,办法中强调要降低拆除、增加改造的工作量,将"少拆多改"与保留改建相结合。以城市更新项目为抓手,将棚户区改造、老旧社区改造与城市更新结合。对原有建筑进行空间再造和功能转换,尽可能原风貌保留特色建筑。将新业态融入其中,培育新的功能需求,并融合传统活动,在有序更新中续接城市文脉,使之满足现代社会生活需求,既保留历史价值,又凸显现实意义,实现城市环境和功能品质综合提升。

3 有机更新模式下小城镇活化

3.1 西部小城镇发展困境

据国家统计局相关数据,截至2017年年底我国各级城市共697个,县城单位共1 544个,建制镇约为18 000个,行政村规模为10万个[8]。随着中央城市工作会议的召开和中共中央、国务院印发《关于进一步加强城市规划建设管理工作的若干意见》中提出城市建筑贪大、媚洋、乱象丛生、特色缺失等问题,小城镇面临的建设空间与城镇特色不匹配等问题,也逐渐引发人们的关注。以蒲城县为例,天际线近景、远景的居住建筑都以 33 层居住建筑为主,造成天际线单调的问题。同时蒲城县普遍存在建筑体量过大、超宽建筑数量较多、空间尺度与小城镇特征不匹配等问题。

3.2 西部小城镇有机更新规划模式

3.2.1 有机更新规划模式

中国的城市有很多具有历史价值和历史记忆的片区,不能因商业开发被无知地破坏掉[9]。针对西部小城镇普遍存在的问题,以国土空间规划对城市的总体定位为前提,以尊重总体城市设计或城市风貌规划为原则,解析城市精神、城市性格及城市文化特征,"营造文化涵养空间—改造社区居住空间—建造绿色宜居空间"的有机更新模式才能建成(图 3)。有机更新规划模式能够综合考量城市改造的建设成本与经济效益,最小化拆迁成本并综合平衡社会改造代价,保留城市近现代发展的一段痕迹;能够保留原住民及其本源生活,以改善人居环境为主要目标,增强城市归属感,缓解社会矛盾;能够实现城市特色性发展目标,传承城市历史文化特色、促进城市活力的重新焕发,最终实现老城的有机更新。

3.2.2 有机更新空间体系营建

1. 营造文化空间

文化空间是代表着城市性格的精神文化空间场所,小城镇的老城区或中心地段是原住民生活区域的公共活动与交往空间,也是民俗祭拜或家族祭奠的场所。有机更新最终目的不是消除城市印记,而是强化城市记忆,塑造城市精神场所,最终回归到城市文化自信的本源。营造文化空间是恢复城市地域文化生活习俗,重塑小城镇地缘交往空间的重要方式。营建具备精神空间承载的内聚型公共空间,可以使其最终成为城市更新成本最低、原住民保留最多、社区内聚活力最足、规划改造规模最小、宜人节点最多的社区。

2. 改造社区居住空间

小城镇的老城区主要由居住空间构成。小城镇的发展必然面临城市改造的过程,全部拆迁的更新模式赶走了代表城市近代发展史的群体及集体记忆,因此应将更新与保留部分居住社区相结合,对保留的居住社区进行改

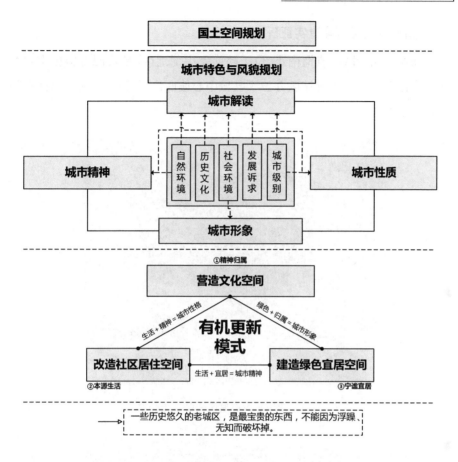

图3 小城镇有机更新的规划技术框架

造,改建成符合城市形象且满足当下现代生活需求的居住空间单元:保留社区混合业态形式,"拆小房、留主房",配套排水、燃气、暖气、停车位等设施,拆围墙将交往空间外置,并使之与文化涵养空间结合。

3. 建造绿色宜居空间

小城镇的老城区往往还存在基础设施与公共服务设施配套不足的问题,绿化节点空间严重缺乏。通过有机更新与改造社区居住空间结合,遵循"疏密度、增节点"的方式,选择冬季阳光最充沛、夏季体感风速最适宜的区域建造绿化节点,为社区居民提供舒适的绿化空间,增加本地居民交往与活动,从而提升文化涵养空间的内聚力。

3.3 蒲城有机更新营建实证研究

蒲城隶属于陕西省渭南市,位于陕西省中部地区,是陕西省历史文化名城。实证对象区域为老城区并位于县城中心偏西位置(图4),区域总面积约3平方公里。

图4 蒲城县中心城区建筑高度分布

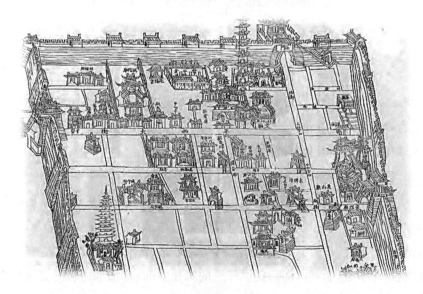

图5 蒲城县县城图

资料来源:民国二十六年(1937)《蒲城县新志》

3.3.1 现状概况

1. 历史格局

蒲城县筑城历史悠久,今址始建于西魏,经过历代修葺,至清代时县城周长九里三分,呈东西略长、南北略短的长方形。县城有东西南北四座城门,东门承恩门,西门庆成门,南门迎薰门,北门挹秀门,四门皆有城楼,门外建月城,城外有城壕围绕(图5),并形成东大街、西大街、南大街、北大街、正街等街道轴线。城内主要建筑有南寺唐塔、北寺宋塔、城隍庙、文庙、东岳庙、南武庙、北武庙、文昌宫及分布于东西南北主街的木、石牌坊22座。当年县城的主街正西大街是现在城关镇的红旗路,也是研究地块的北边界。

图 6　蒲城县中心城区现状

2. 问题剖析

现状区域建筑密度较大,多以低层居住建筑为主,沿街有线性商业区但规模不大,整体建筑风格非常混乱(图6)。由于规划管理滞后,现状居住用地属性为集体土地,随着物权及产权意识提升,这部分"独家院住宅"成为蒲城县人民政府改造、城市更新发展的难题。规模化独家院自20世纪70年代开始建设,由于用地属性问题造成给水、排水、天然气、暖气等基础设施未与城市管网进行联网,配套基础设施与公共服务设施严重缺乏。

3.3.2 有机更新模式

1. 文化空间营造

结合蒲城县城市历史与人文性格特征梳理,据《蒲城县志》记载,解放前县城内有72条街巷,皆呈十字状排列。结合历史街巷复原位置,并与现状街区进行比对,梳理出来8条居住功能集中、具有历史空间肌理的文化街巷

（图7）。因此蒲城文化空间营造以历史街区格局为主，恢复近代城市发展的记忆承载空间，将无形的文化要素及历史空间肌理外化，具体包括姜家巷、南新路、真人祠巷、三义庙巷、南观音庙巷、仁义巷、南麟趾巷、新后巷等老城街巷。对历史城区进行街巷整治，植入街头绿地节点、完善公共服务和商业设施，实现街巷阡陌格局的文脉延续。

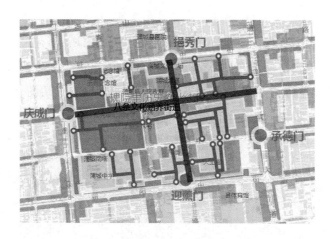

图7 蒲城县历史文化街巷分布

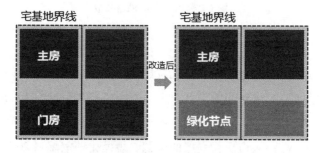

图8 改造社区居住空间模式图

2. 改造社区居住空间

现状独家院的尺寸控制在 20 米×10 米，区域内公共空间较少，现状建筑高度 1—2 层，局部 3 层。内部户型两排三间形式，前排房屋为门房，后排为主房，院内空间拥挤，基本上都在 10 米×3 米左右。由于缺乏物业管理，同时低廉的租金吸引大量外来务工人员混住，这些因素导致此地人口结构复杂,治安等社会问题突出。

3. 增设公共设施空间

按照"拆小院、围大院"思路,"拆小院"模式是院落空间整治策略,将独家院的前排门房与围墙拆除,保留后排主体建筑。将门房建筑拆除,增加12米×10米的空间,改造为停车与绿化空间,提升了环境品质。拆除其门房、侧房建筑和围墙等辅助设施,形成开敞空间,重新布局道路系统、停车设施。增加绿地节点等要素,提升住宅的品质需求(图8)。

"围大院"模式是街巷空间整治策略,即在"拆小院"基础上,划定一个较大范围的区域增设围墙,将拆掉门房的"独家院"进行统一管理。划定范围可以32组为一个单元,方式有组团围合、空间更新、添绿补绿、功能活化,并将之纳入社会化物业管理。建筑立面保留现状红瓦白墙,环境改造为青红砖相间点缀,形成独特本土风貌区域(图9)。

图9　公共空间改造意向图

4　结语

本文通过蒲城县实例论证探讨小城镇中心区有机更新规划模式,以最小拆迁成本综合平衡社会改造代价,保留城市近现代发展的一段历史。有机更新规划模式以改善人居环境为主要目标,旨在增强城市归属感,缓解社会矛盾,实现城市特色性发展目标,传承城市历史文化特色,促进城市活力的重新焕发,调整城市用地及产业结构,最终达到老城有机更新。

参 考 文 献

[1] 布野修司.日本当代百名建筑师作品选[M].韩一兵,译.北京:中国建筑工业出版社,1997.

[2] 方坤,重塑文化:空间公共文化服务建设的空间转向[J].云南行政学院学报,2015(6):26-31,53.

[3] 李晶,蔡忠原.文化大繁荣背景下城市历史街区的再生性保护探究—以邯郸市串成街(城内中街)为例[J].城市发展研究,2014,21(3):78-85.

[4] 向云驹.论"文化空间"[J].中央民族大学学报(哲学社会科学版),2008(3):81-88.

[5] 高楠.中德历史城区城市更新内容与方法比较研究[D].南京:东南大学,2017.

[6] 黄琲斐,德国:城市更新之路(续一)[J].北京规划建设,2005(1):126-131.

[7] 郎嵬,李郇.从社会因素角度评估香港城市更新模式的可持续性[J].国际城市规划,2018,33(6):63-67.

[8] 黄琲斐.德国:城市更新之路(续二)[J].北京规划建设,2005(3):92-94.

[9] 柴海龙,程艾,余小芳.基于城市韧性理论的旧城改造与更新研究[J].城市学刊,2018,39(1):90-94.

大运河文化保护背景下小城镇规划路径探索

——以扬州市氾水镇为例

刘　蕾　程映晖　王林容

（江苏省城镇与乡村规划设计院）

【摘要】 大运河文化保护与传承是一项沟通历史、影响深远的重大举措。运河城镇见证了大运河兴衰，也将成为大运河文化带建设中的关键节点。本文以扬州市氾水镇镇区控制性详细规划编制实践为例，围绕保护与发展兼顾的首要原则，抓好生态转型、特色塑造、长效管理三个要点，聚焦空间格局、土地利用、产业发展、文化彰显和管控体系五项内容，探讨大运河文化保护背景下，运河城镇规划思路的转向。

【关键词】 大运河　小城镇　氾水镇　规划路径

1 引言

古代中国早期的城镇即为"城"，建造的出发点是抵御外敌。随着大运河的开凿，漕运体系日渐发达，城镇之间的商贸联系愈加紧密。此时，城镇作为"市"的功能才得以充分显现。大运河是世界上开挖最早、距离最长、规模最大的人工河流，承载着中华民族悠久的历史和灿烂的文明。沿线城镇聚落更是反映运河流域人口生产生活方式和各类社会活动的典型载体，并因运河荣衰而呈现出独特的演化规律[1]。2019 年 2 月，中共中央办公厅、国务院办公厅印发了《大运河文化保护传承利用规划纲要》，明确要按照"河为线，城为珠，线串珠，珠带面"的思路，构建多点联动形成发展合力的空间格局,再次强调了"运河城镇"节点在文化轴带中的关键地位。

然而我们也必须看到,长期以来,大运河面临着遗产保护压力巨大、传承利用质量不高、资源环境形势严峻、生态空间挤占严重、合作机制亟待加强等突出问题和困难。针对这些紧迫难题,学者们对于大运河文化带建设的意义[2]、建设现状评估[3]、相关规划编制[4]等方面进行了深入的研究,并对大运河江苏[5]、浙江等重点河段沿线城镇进行了剖析和规划探讨。但现有研究内容以理论研究为主,研究对象以古镇、历史街区等重点地段为主,具有一定的纲领性和特殊性,缺乏实操性和普适性。

全长125公里的大运河扬州段是整个大运河中最古老、世界文化遗产点

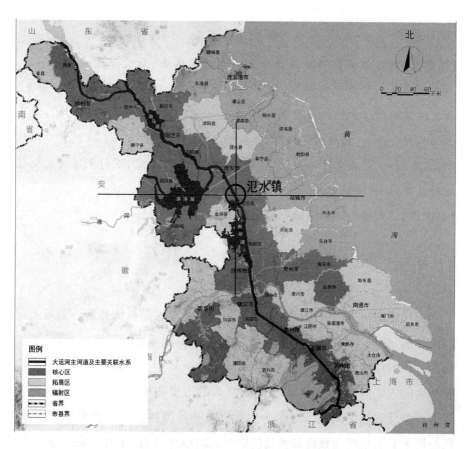

图 1　氾水镇在大运河江苏段的区位

资料来源:作者根据《大运河江苏段保护传承利用规划》及相关资料自绘

最多的遗产区，也是大运河全线活态利用最好的河段。宝应县氾水镇就位于该河段范围，属于大运河江苏段文化保护传承利用规划划定的核心范围（图1）。氾水镇因古运河而兴盛，自古就有"金氾水"的美誉。集镇于明万历年间开厘列肆，唐代时期初具规模，至明末清初时期已成为里下河地区重点集散地之一。但是随着城镇工业化转型，港口商贸功能退化、历史遗迹保护缺失、生态空间品质低下等问题逐渐显现。这些问题在很大程度上代表了多数运河城镇面临的发展困境。本文以扬州市氾水镇为例，着重探讨在大运河文化保护的时代背景下，如何通过规划实现运河城镇的转型。

2 运河城镇转型发展的现实诉求

作为典型的运河城镇，氾水镇的总体情况可以概括为"运河古镇""亲水小镇"①两个关键词。"运河古镇"是过往的缩影，表现为历史上的氾水镇是依运河而生的城镇，老镇西侧就是京杭大运河，历史悠久；"亲水小城"是现在的展望，表现为近年来氾水镇发展迅速，尤其是越来越多的工业企业进驻，城镇用地迅速扩张，有发展为小城市的势头。然而多年来对于工业化路径的绝对依赖导致城镇历史痕迹淡化、商贸功能减退、古镇空间衰落，运河城镇特色已然消失殆尽。

2.1 文化烙印消褪，运河历史、生态特色流失

作为大运河沿线历史上的明星古镇，氾水镇仍留存有不少历史遗迹，包括运河沿岸的古码头、驿亭，老镇区内的古牌楼和曹家大院、祁家大院、刁家大楼等3处老宅。其中，镇内老宅保存较为完好，但周边地块历史风貌不足；沿河古遗迹未能完整留存下来，亟待恢复重建。

在"靠水吃水"的传统思维主导下，氾水镇充分利用运河资源优势，开采运输砂石。过往十多年间，运河沿岸砂石厂林立，虽然带来了一定的经济效益，却严重破坏了大运河生态绿廊基底。按照大运河文化带建设的要求，沿线砂石厂已陆续关停，生态空间修复需要进一步管控和引导。

---

① "运河古镇、亲水小城"为《宝应县氾水镇总体规划(2012—2020)》中提出的城镇形象定位。

2.2　商贸功能弱化,工业转型、升级诉求迫切

明代后期氾水的大小巷口已经形成,与运河构成"凹"形商业区,"列肆" "带阓""商贾缫至"。如今,氾水镇作为商贸节点的功能逐渐退化,镇区内商业服务业设施用地仅占镇区城镇建设用地的 6.2%,商业门类则以日常零售为主,基本服务于本镇居民。

与很多小城镇发展路径类似,氾水镇工业产业迅速壮大,至今工业用地约占城镇建设用地的 29%。目前氾水镇正在积极推动产业转型升级,重点培育一批新兴龙头企业,先后引进海沃银宝、骏升科技等 22 个项目落户,其中骏升科技 2016 年工业产值近 20 亿元①。

2.3　空间放射蔓延,古镇破旧、闲置现象凸显

氾水古集镇位于大运河东侧沿岸、灌溉渠以西的带状区域。20 世纪 90 年代起,城镇用地迅速拓张,镇区跨越灌溉总渠向东延伸。21 世纪初,新工业集中区发展壮大,镇区空间以运河古镇为中心,于运河东岸呈放射状持续拓展,形成"古镇—老镇—新城"的圈层空间格局。

空间拓展伴随城镇功能的迁移。原先以古镇巷道为空间载体的商业格局重组,形成沿东园路串联新、旧片区的商业街,城镇服务中心外迁。古镇失去商贸中心的光环后,风貌日渐衰落,曾经的氾水商贸城、老农贸市场等地块目前处于闲置状态。

3　大运河文化保护背景下小城镇规划思路的转变

大运河文化保护与传承利用不仅是大运河的文化复兴,更是大运河文化与沿线城乡的统筹共建。以文化为引领,推动节点城镇绿色、高质量发展是大运河文化带建设的重要支撑环节。在这样的背景下,运河城镇在自身发展的轨迹上,又被赋予了时代保护的重要责任,具体包含凸显地域文化符号、塑造运河自然风貌、强化空间管控利用、推进产业转型升级等。

笔者认为,运河城镇的规划建设应传承历史,展望长远,处理好"一个原

---

①　数据源于氾水镇 2016 年工业企业统计表。

则"和"三个要点"(图2)。一个
原则指应始终坚持"保护与发
展兼顾"的首要准则,平衡好新
与旧的差异、传承、融合。三个
要点指应重点处理好小城镇发
展的三个方面,即生态转型、特
色塑造与长效管理。

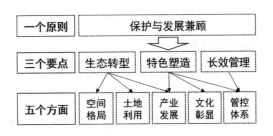

图 2 大运河文化保护背景下小城镇规划思路

3.1 一个原则

运河城镇凭借着区位优势,在河运时代积累了一定的发展基础。而面
对现今经济发展大潮的推动,这些有基础的城镇比其他很多城镇更加迅速
地投身进了城镇化、工业化的大趋势中,人口迅速集聚,空间迅速拓张,工业
逐步兴起,而运河历史、文化、生态逐渐被忽视和磨灭。然而不得不承认,类
似于氾水镇这种已经实现路径转型的城镇,工业已经成为发展的支柱,甚至
已然具有了较强的城市竞争力。这类城镇的规划不仅是一个兼顾古镇特色
同时满足发展诉求的实用性规划,更是城镇由小镇向小城市转型提升的一
个关键性规划。因此,立足于大运河文化保护的发展背景,也必须要尊重发
展现实,坚持保护与发展兼顾的首要原则。

3.2 三个要点

一是生态转型,秉承生态第一理念,以生态促转型,以转型保生态。运
河城镇规划建设应充分贯彻"融入生态文明建设"的要求,加快绿色转型,形
成生态集约的空间格局、产业结构和生产、生活方式。具体应在规划中处理
好河、城、人的关系,着力修复和改善运河生态环境的同时,也需同步实现城
镇空间的生态化更新、城镇功能的生态化转型、城镇生活的生态化提升。

二是特色塑造,坚持文化引领发展,保护、传承、利用运河历史、生态特
色要素。在历史文化彰显方面,应充分保留小城镇历史成长的印记,保护传
统肌理和历史遗迹,体现地域特色与活力;在生态文化彰显方面,应充分保
持城镇与运河流域自然生态格局的和谐,尊重原有水系格局和自然资源,重
塑环境品质。必须明确的是,特色塑造不是单纯的文化保护,更多的是强调

融合与发展,如何实现历史印记与现代新城的共生共荣,才是新时代运河城镇转型的关键。

三是长效管理,构建规范统一机制,实现长期维护与保障,有序推进运河城镇建设。长效管理机制的建立有赖于体制创新、组织协调、法律保障等多个方面。站位规划引领,应构建和完善城镇建设管理的抓手,明确引导性内容和控制性标准。

4 大运河文化保护背景下氾水镇规划路径研究

4.1 延续格局,重塑新型河镇关系

针对运河城镇靠河而生、里下河地区水网密布的空间特征,规划应延续"古—老—新"圈层式空间格局(图 3),搭建"三横三纵"的蓝绿网络,植入复合型生态空间节点(图 4)。古镇空间紧凑,通过改造、更新形成街角口袋公园,提供古镇居民慢生活、交往的空间;老镇依托现有绿化空间全面提升,形成芦氾公园、人民公园等镇区级公共生态核心,并保留现有一处百亩生态林作为城镇绿肺;新城则重点围绕氾光湖打造未来城市级绿心,将生态资本转化为城市发展资本。

重点聚焦运河沿岸空间,精细化处理运河与古镇的带型区域(图 5),形成"引河入镇,以镇兴河"的新型空间关系。首先,梳理街巷肌理,打通运河与古镇之间的视线廊道;其次,保护沿线古寺庙等文物保护单位,传承和利用大运河历史遗迹;最后,整顿古镇沿街商业,重塑运河商贸节点的风貌,为运河文化旅游带的建设留足发展空间。

4.2 细化评估,分类盘活存量用地

针对快速发展过程中古镇空间破旧、闲置的现实困境,规划应平衡好土地扩张与存量更新的关系,通过精细化土地利用,实现城镇空间的生态化更新。基于现状土地的使用情况、建设情况以及建筑质量分布情况,结合地方发展的用地意向,对现状用地潜力进行综合分析,将现状用地分为保留用地、可更新用地、可改造用地和可开发用地等四类(表 1)。其中保留、可更新

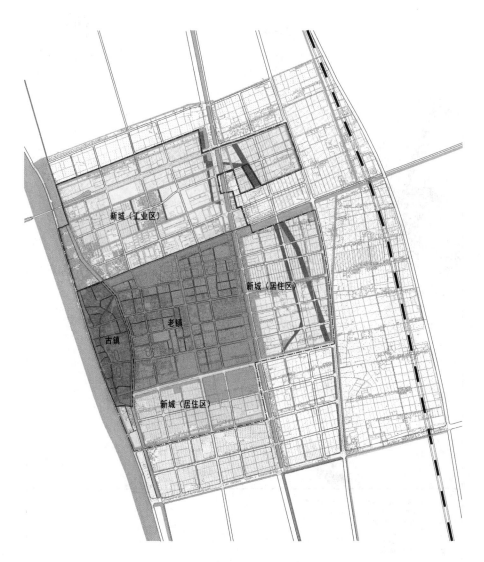

图3 镇区空间分区示意图

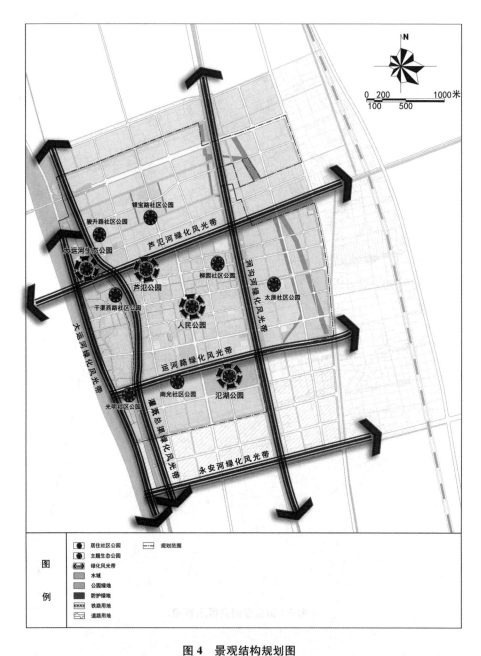

图 4 景观结构规划图

资料来源：《宝应县氾水镇镇区控制性详细规划》

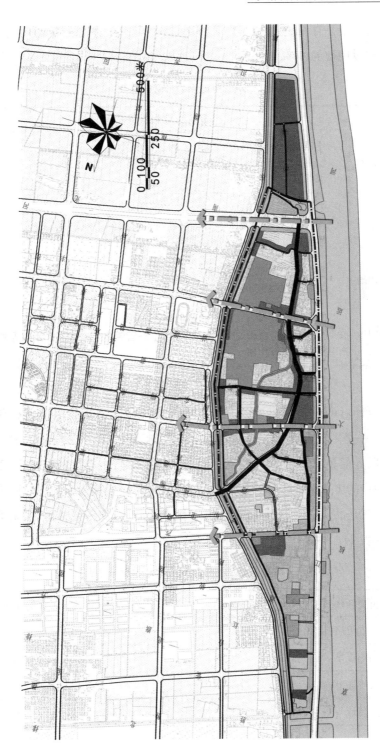

图 5　运河沿岸空间格局示意图

和可改造用地是存量更新的主要潜力区,其中可进行存量更新的用地约占现状总建设用地的 44%。

表1　现状用地潜力分级一览表

潜力等级	现状土地利用情况
保留用地	1. 建筑质量较好、具有一定规模的居住小区 2. 较重要、建筑质量较好的公共、公用设施 3. 现状有一定规划的绿地、广场
可更新用地	1. 闲置废弃建设用地 2. 现状功能、风貌及质量与运河古镇不协调的用地,主要为设施不全、建筑质量一般的三类居住用地
可改造用地	1. 有明确开发、改造意向的用地 2. 工业、居住混杂的城中村
可开发用地	1. 已经过平整但尚未挂牌的空地 2. 不涉及基本农田、生态保护红线、生态管控区、重要设施廊道等管控范围的农林用地

资料来源:《宝应县氾水镇镇区控制性详细规划》

重点针对可更新和可改造用地,采用三种存量更新的用地转化模式(图6)。一是闲置重启,优先识别现状闲置用地,重点重启该类地块,植入补齐生活服务配套功能,激发片区活力;二是功能置换,主要针对小规模、低效益、高污染的工业企业进行腾挪和退出,将原来用地置换为绿地、居住、商务等功能;三是品质提升,重点提档存量居住空间品质,完善公共服务,提升住区环境(表2)。

表2　存量更新三类模式对应用地占比一览表

存量更新模式	面积(公顷)	占现状城镇建设用地的比例
闲置重启	1.84	0.61%
功能置换	67.78	22.44%
品质提升	64.68	21.41%
总计	134.3	44.46%

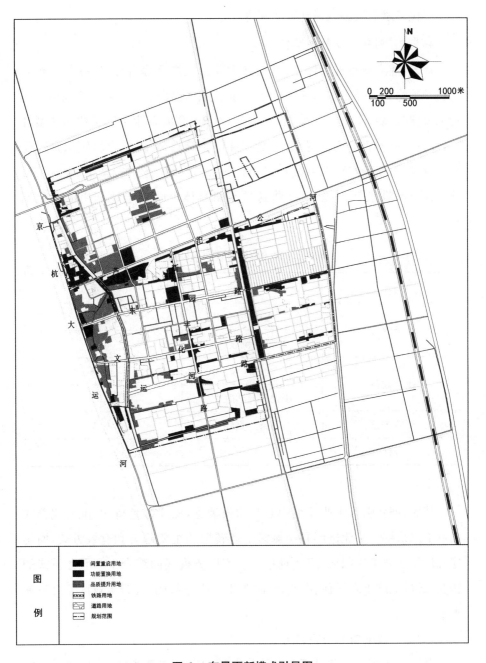

图 6　存量更新模式引导图

资料来源：《宝应县氾水镇镇区控制性详细规划》

4.3 "优二进三"，融入运河产业廊道

4.3.1 创新工业转型路径

首先，建立双重评价体系，对现状工业企业进行综合评判，并制定相应的引导策略。一是定量指标评价体系，重点引入经济、社会、环境3项指标进行加权评分(表3)，结合现实情况，对于评分较高的企业予以保留和转型升级，评分较低的企业逐渐退出；二是定性门类筛选体系，结合城镇未来产业发展方向，对于新兴产业鼓励增量，对于传统低效产业进行减量，而对于传统支柱产业鼓励转型提升，并将这些策略具体反映到土地利用的优化调整上。

表3 工业企业综合评判指标体系

指标	小类	权重
经济效益	生产规模	0.2
	地均税收	0.2
社会效益	建筑风貌	0.15
	用地布局适宜性	0.15
环境效益	污染严重性	0.3
合计	—	1

其次，创新引入工业邻里中心的建设理念，构建绿色持续、配套完善的工业生态系统。工业进园是小城镇工业转型的主要趋势和有效方式，而构建现代化活力工业园区，应实现单一生产服务模式向综合生产服务模式的转变，通过适度配置居住、商业、公园等生活服务组团，提升工业区复合发展水平。

4.3.2 恢复商旅业态活力

对于汜水镇这种工业重镇，完全的"去工业化"显然是不切实际的，但滨河古镇的工业生态化退出却是必然趋势[6]。回望我国工业城镇的复兴经验，城镇空间重构的同时，往往伴随着"退二进三"的功能转型。立足漕

运重要通道、盐商文化承载地的历史积淀,氾水镇应落实大运河文化带建设要求,适度恢复商贸功能,同时融入大运河文化旅游长廊,打造商旅文化品牌。

采用"一延续、三更新"的策略,打造大运河扬州段商贸旅游节点。"一延续"指延续古镇商业空间肌理,恢复五一路街巷商铺格局(图7,图8)。"三

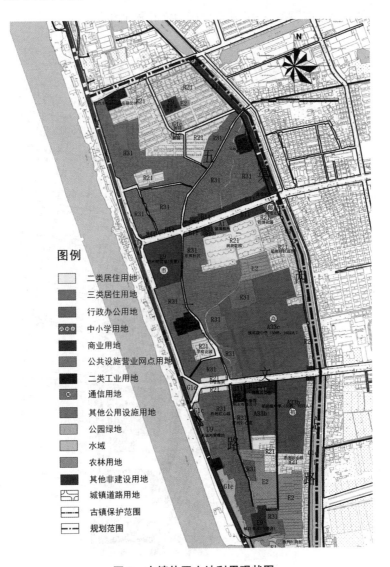

图7 古镇片区土地利用现状图

资料来源:《宝应县氾水镇镇区控制性详细规划》

更新"指土地用途、立面形象和业态门类三个层面的更新引导。土地用途的更新指盘活原氾水商贸城,更新为古镇居民商业服务中心,恢复原农贸市场功能;立面形象的更新指统一商铺立面,对建筑立面的屋顶、门窗、线脚、招牌等元素进行规范引导,重塑运河传统建筑风貌格局和商业生活气息;业态门类的更新指推动商业功能由"内向型"向"外向型"转变,鼓励从日常生活服务转向文化旅游服务,积极融入大运河文化旅游带。

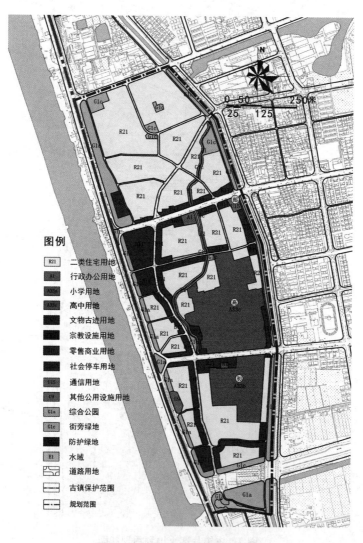

图8 古镇片区土地利用规划图

资料来源:《宝应县氾水镇镇区控制性详细规划》

4.4 分级分类,保护彰显城镇文化

4.4.1 古镇片区分级保护

遵循城镇空间生长历程,结合主要道路、河流等空间边界,划定适宜的古镇保护范围,根据遗产保护级别、空间肌理、建筑风貌等因素,划分核心保护地段、历史传承地段和风貌协调地段三级保护区(图 9),并给出相应的保护和引导要求(表 4)。

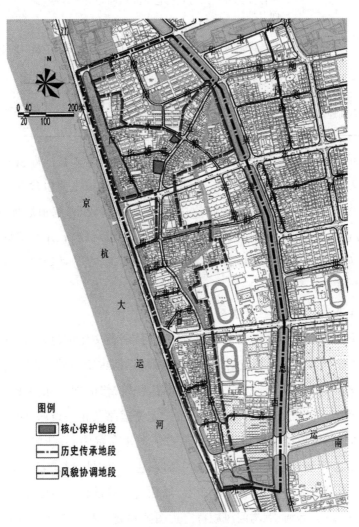

图 9 古镇片区分级保护区划分图

资料来源:《宝应县氾水镇镇区控制性详细规划》

表4 古镇片区分级保护要求一览表

分级	保护要求
核心保护地段	1. 遵循"修旧如旧"的原则进行维修、改善,保持原有的高度、体量、外观形象及色彩等,不得任意改建、扩建修缮和保养不得改变原有特征 2. 划定保护范围,该范围内不得新建 3. 建议可参照文物保护标准进行保护
历史传承地段	1. 整体保护五一路历史街巷空间格局和历史风貌,保护其走向、断面、尺度 2. 遴选和划定传统风貌建筑,优先进行保护加固 3. 与传统风貌有冲突的现代建筑,应按传统建筑体量、样式和立面材料进行整治 4. 市政管线应埋地铺设,做到尽量隐蔽后与风貌相协调
风貌协调地段	延续古镇总体风貌,严格控制建筑高度不超过24米,开发强度不超过容积率1.5

核心保护地段主要包含曹家大院、祁家大院、刁家大楼3处重要历史遗迹,建议按照文物保护的要求进行保护;历史传承地段主要包含古镇老街五一路两侧古镇传统风貌保存较好的片区,建筑体量较小,巷道肌理完整;风貌协调地段为古镇范围内的其他区域,建筑风貌相对较新,建筑体量相对较大。针对不同级别保护区域,明确相应的保护要求,充分强调"先保护、后发展"的原则。

4.4.2 特色意图区分类引导

立足镇区范围,按照"古镇""新城""大河"三类文化特色要素,划分特色意图区(图10),并给出相应的设计引导,呼应运河古镇小城的发展定位。古镇风貌特定意图区基于现状古镇风貌遗存,坚持"修旧如旧"的原则,对古镇进行整治提升。统一协调广告店招,维护完善道路及相关设施,塑造街角和街口空间,凸现典型标识和建筑,打造古镇文化商贸中心;新城综合性服务中心特定意图区通过现代设计手法在高度、色彩、体量、形式等方面,对政府大楼、商业酒店综合体、文体活动中心、居住建筑等进行突出体现,塑造新城现代化风貌;大运河、涧沟河风貌特定意图区则充分利用大运河自然资源基底及文化内涵,进行保护性开发。

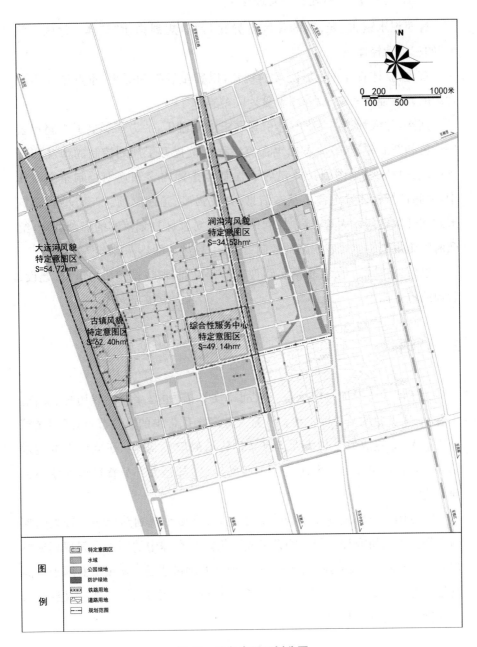

图 10 特色意图区划分图

资料来源:《宝应县氾水镇镇区控制性详细规划》

4.5 "刚""弹"结合,构建四级管控体系

针对氾水镇古、老、新的片区差异化特征,规划构建"整体—片区—单元"的三级管控体系。

首先,整体管控从全域统筹的视角,以容量管控为抓手,重点把控不同片区的开发强度和建筑高度,彰显片区差异。

其次,片区管控在落实整体引导要求的基础上,一方面彰显了不同片区的特色和新旧差异,另一方面也在更大程度上提升了规划控制的弹性和可操作性。片区引导图则具体包含了强制性指标内容和规划控制条文。其中,强制性指标体系包含了基本信息、开发强度、道路交通、配套设施、建筑形式和开敞空间六大类;规划控制条文则是对片区规划落实的详细解释,给政府实施规划提供比较明确的控制方式,引导规划的具体实施[7](图11)。

最后,将管控引导要求落实到管理单元层面,形成城镇用地审批、建设、管理的重要抓手之一。

5 结语

大运河文化保护与传承是一项战略性举措,也是聚合沿线历史、文化、生态、航运资源的系统性工程。作为大运河文化带中的重要节点,运河城镇面广量大,必然成为新时代大运河文化传承的重要载体。研究所选的氾水镇并不是运河沿线历史资源特别丰厚的地区,却是大部分普通运河城镇的典型代表。

随着国土空间规划体系的建立与完善,小城镇规划路径还有较大的探讨空间。本次研究提出的一些思路或许仍能给在编中的国土空间规划提供启发:一方面,由微观到宏观的土地精细化处理可能是小城镇层面国土空间规划的有效方式;另一方面,规划体系的建构也依然离不开下层次控制性、引导性内容的进一步明确。

本文案例来自《宝应县氾水镇总体规划(2012—2020)》《宝应县氾水镇老镇区控制性详细规划》和《宝应县氾水镇镇区控制性详细规划》的相关内容,得益于项目组的共同努力,特此致谢。

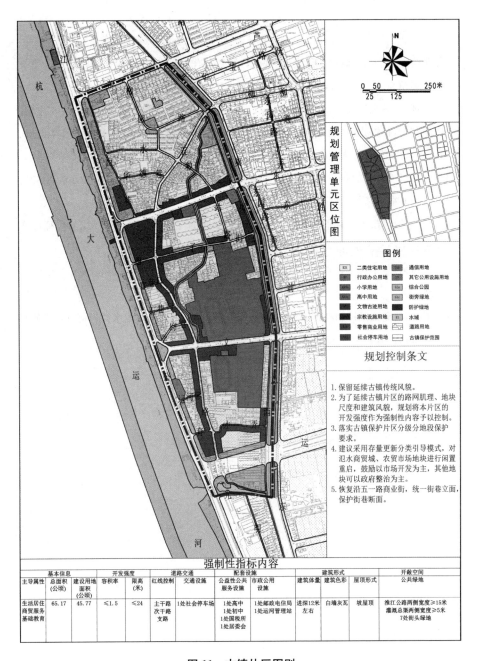

规划管理单元区位图

图例

R21	二类住宅用地	通信用地
	行政办公用地	其它公用设施用地
	小学用地	综合公园
	高中用地	街旁绿地
	文物古迹用地	防护绿地
	宗教设施用地	水域
	零售商业用地	道路用地
	社会停车用地	古镇保护范围

规划控制条文

1. 保留延续古镇传统风貌。
2. 为了延续古镇片区的路网肌理、地块尺度和建筑风貌，规划将本片区的开发强度作为强制性内容予以控制。
3. 落实古镇保护片区分级分地段保护要求。
4. 建议采用存量更新分类引导模式，对氾水商贸城、农贸市场地块进行闲置重启，鼓励以市场开发为主，其他地块可以政府整治为主。
5. 恢复沿五一路商业街，统一街巷立面，保护街巷断面。

强制性指标内容

基本信息			开发强度		道路交通		配套设施		建筑形式			开敞空间
主导属性	总面积(公顷)	建设用地面积(公顷)	容积率	限高(米)	红线控制	交通设施	公益性公共服务设施	市政公用设施	建筑体量	建筑色彩	屋顶形式	公共绿地
生活居住商贸服务基础教育	65.17	45.77	≤1.5	≤24	主干路次干路支路	1处社会停车场	1处高中1处初中1处国税所1处居委会	1处邮政电信局1处运河管理站	进深12米左右	白墙灰瓦	坡屋顶	淮江公路两侧宽度≥15米灌溉总渠两侧宽度≥5米7处街头绿地

图11 古镇片区图则

资料来源：《宝应县氾水镇镇区控制性详细规划》

参 考 文 献

［1］吴晓,王凌瑾,强欢欢,等.大运河(江苏段)古镇的历史演化综论——以江苏历史文化名镇为例[J].城市规划,2019,43(4):93-106.

［2］姜师立.论大运河文化带建设的意义、构想与路径[J].中国名城,2017(10):92-96.

［3］王佳宁,孙静,王君也.新时代中国大运河文化带建设总报告——8省市基本态势、总体评估和趋势展望[J].人口与社会,2018,34(6):4-24.

［4］张广汉.协同规划——大运河遗产保护规划编制特点[J].城市规划,2014,38(s2):120-124.

［5］周丽娜.城市更新背景下大运河沿线历史街区的保护与复兴——以江苏仪征城南大码头街区为例[J].中国名城,2019(7):85-91.

［6］刘冠男,丁寿颐.运河衰退地区小城镇复兴策略研究[J].小城镇建设,2013(3):35-39.

［7］王林容.老镇区控制性详细规划编制办法初探——以宝应县氾水镇为例[J].江苏城市规划,2013(10):36-40.

小城镇与乡村互促共荣关系探讨

——以高陇镇田园综合体规划为例

江　婷　张志强

（农业农村部规划设计研究院）

【摘要】 从国家新型城镇化、特色小镇建设到乡村振兴战略,小城镇和乡村地区的发展得到中央和地方的持续关注和越来越多的重视。小城镇作为与乡村地区衔接最紧密的城镇化区域,承担着服务与带动乡村发展的职责,是我国城镇化的重要环节,是城市和乡村联系的纽带与节点,是我国城镇化发展的重点区域与关键地带。本文通过对湖南省株洲市茶陵县高陇镇田园综合体规划项目的研究,深入探讨小城镇如何从产业、土地、公共服务等方面与乡村地区实现互促共荣发展;如何通过提高小城镇自身的资源配置能力,实现产业发展与人口聚集,推动乡村人口就近就地城镇化;如何通过小城镇与乡村产业的差异化发展、公共服务的协同配置、土地开发的模式探索,实现小城镇和周边乡村区域的共同繁荣。

【关键词】 新型城镇化　乡村振兴战略　特色小镇　小城镇　乡村

1　我国小城镇的城镇化发展现状与政策要求

1.1　小城镇发展概况

改革开放以来,我国城镇化进程明显加快,城镇化水平不断提高。2018 年年末,我国常住人口城镇化率为 59.6%,比 1978 年年末上升 41.7%,户籍人口城镇化率达到 43.4%,比 2012 年年末提高 8.0%。1949—2018 年,城市数量由 132 个增加到 672 个,小城镇由 2 000 个左右增加到 21 297 个[1]。

2018 年,全国小城镇户籍人口 1.61 亿人,占城镇化户籍总人口的 26.6%;建成区面积 40 530 平方公里,占城镇化区域建成区总面积的 33.99%;2016 年,全国小城镇建设投入 6 825 亿元,占城镇化区域建设总投入的 29%(表 1)。

表 1　城镇化区域(城市、县城、小城镇)现状情况列表

	人口规模(亿人)	占比	建成区面积(平方公里)	占比	建设投入(亿元)	占比
城市	4.27	58.65%	58 455.7	49.03%	13 833	58.78%
县城	1.4	19.23%	20 237.91	16.97%	2 873	12.21%
小城镇	1.61	22.12%	40 530	33.99%	6 825	29.00%
合计	7.28	100.00%	119 223.61	100.00%	23 531	100.00%
备注	2018 年数据		2018 年数据		2016 年数据	

资料来源:2018 年《城乡建设统计年鉴》

我国小城镇数量众多,其人口规模、建成区面积及建设投入均超过县城,占城镇化区域总量的比例均接近 30%,小城镇的发展是我国城镇化发展的重点区域与关键地带,是城市和乡村联系的纽带与节点。

1.2　小城镇发展面临的问题

1.2.1　小城镇规模稳步增长但人口聚集能力降低

2018 年《城乡建设统计年鉴》数据显示,2009—2018 年的十年中,我国小城镇数量、建成区面积及建成区户籍人口均呈现稳步增长趋势(图 1~图 3),但建成区户籍人口密度呈下降趋势,由 2009 年的 4 408 人/平方公里下降到 2018 年的 3 972 人/平方公里,下降比例近 10%。2009—2018 年的十年中,仅 2013 与 2018 年人口密度有所增加,其余八年人口密度均出现负增长(图 4)。

从人口密度看,2018 年小城镇建成区人口密度为 3 972 人/平方公里,县城建成区人口密度为 6 904 人/平方公里,城市建成区人口密度为 8 751 人/平方公里,小城镇人口密度与县城及城市相比仍存在较大差距。从人口规模看,全国 1.83 万个小城镇中,有近 1.2 万个小城镇人口不足

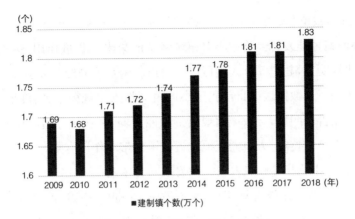

图1　2009—2018年我国小城镇数量情况

资料来源：2018年《城乡建设统计年鉴》

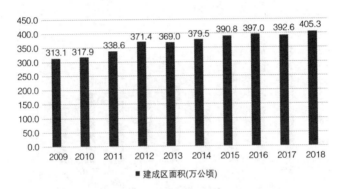

图2　2009—2018年我国小城镇建成区面积情况

资料来源：2018年《城乡建设统计年鉴》

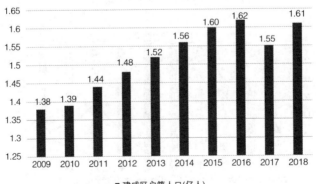

图3　2009—2018年我国小城镇建成区户籍人口情况

资料来源：2018年《城乡建设统计年鉴》

5万[3],占小城镇总数的65.6%。相关经验表明,只有当镇区人口达到1万人时,小城镇才能发挥经济中心对镇域经济的集聚与扩散作用,达到2万人时作用比较明显,超过5万人则可以对周边若干乡镇的经济社会发展起到明显带动作用[4]。数据表明目前我国小城镇面临人口规模小、密度低、基础设施配置不完善等问题,导致城镇聚集带动能力弱,在城镇化过程中对周边区域吸引力不足,对乡村人口的就地就近城镇化带动作用有限。

1.2.2 小城镇建设投入增长但发展动力不足

2018年《城乡建设统计年鉴》数据显示,2009—2018年,我国小城镇建设投入由3 619亿元增长至7 562亿元,增长率达到108.95%,十年间呈现曲折增长趋势,但年增长率呈现曲折下降趋势(图5)。

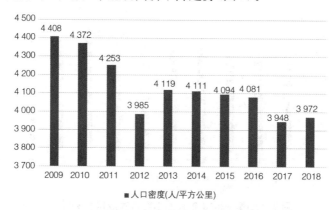

■人口密度(人/平方公里)

图4 2009—2018年我国小城镇建成区户籍人口密度情况
资料来源:2018年《城乡建设统计年鉴》

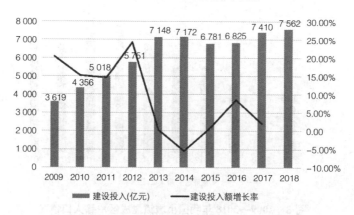

■ 建设投入(亿元)　——建设投入额增长率

图5 2009—2018年我国小城镇建设投入情况
资料来源:2018年《城乡建设统计年鉴》

　　虽然数据显示小城镇的建设投入不断增长,但将建设投入资金按投入类型细分发现,2009—2018 年我国小城镇建设投入中,住宅投入比例逐年递增,2018 年超过建设投入总额的 50%,产业及其他投入占比逐年下降,2018年仅占建设投入总额的 25.36%(图6),由此可见,目前我国小城镇发展主要依靠房地产开发拉动。房地产是拉动区域经济的被动型产业,需要能够支撑区域经济发展的主动型产业对其进行支撑,小城镇除房地产之外的产业及其他投入不足,市政公用设施投入与住宅建设投入增长量不匹配,将导致小城镇面临发展动力不足、产业竞争力弱、设施配套滞后、人口聚集力差、城镇化发展缓慢等问题。

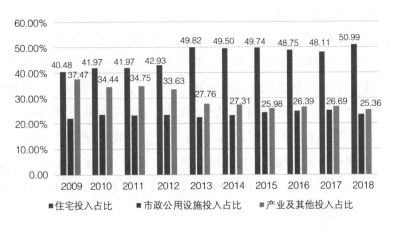

图6　2009—2018 年我国小城镇建设投入分类占比情况

1.3　新型城镇化战略下小城镇建设要求

1.3.1　国家新型城镇化规划(2014—2020 年)

《国家新型城镇化规划(2014—2020 年)》(以下简称《规划》)提出,要有重点地发展小城镇,按照控制数量、提高质量,节约用地、体现特色的要求,推动小城镇发展与疏解大城市中心城区功能相结合、与特色产业发展相结合、与服务"三农"相结合。大城市周边的重点镇,要加强与城市发展的统筹规划与功能配套,逐步发展成为卫星城;具有特色资源、区位优势的小城镇,要通过规划引导、市场运作,培育成为文化旅游、商贸物流、资源加工、交通枢纽等专业特色镇;远离中心城市的小城镇和林场、农场等,要完善基础设施和公共服务,发展成为服务农村、带动周边的综合性小城镇。

《规划》要求推进城乡基础设施和公共服务一体化,加快基础设施向农村延伸,强化城乡基础设施连接,推动水电路气等基础设施城乡联网、共建共享;加快形成政府主导、覆盖城乡、可持续的基本公共服务体系,推进城乡基本公共服务均等化。

在用地层面,《规划》提出实行最严格的耕地保护制度和集约节约用地制度,按照管住总量、严控增量、盘活存量的原则,创新土地管理制度,优化土地利用结构,提高土地利用效率,合理满足城镇化用地需求。在符合规划和用途管制前提下,允许农村集体经营性建设用地出让、租赁、入股,实行与国有土地同等入市、同权同价。

1.3.2 2020 年新型城镇化建设和城乡融合发展重点任务

《2020 年新型城镇化建设和城乡融合发展重点任务》(以下简称《重点任务》)提出,要加快实施以促进人的城镇化为核心、提高质量为导向的新型城镇化战略。规范发展特色小镇和特色小城镇,强化底线约束,严格节约集约利用土地、严守生态保护红线、严防地方政府债务风险、严控"房地产化"倾向,进一步深化淘汰整改。鼓励省级政府通过下达新增建设用地计划指标、设立省级专项资金等方式择优支持,在有条件区域培育一批示范性的精品特色小镇和特色小城镇。

《重点任务》还提出加快推进城乡融合发展,突出以城带乡、以工促农,促进城乡生产要素双向自由流动和公共资源合理配置。全面推进农村集体经营性建设用地直接入市,启动新一轮农村宅基地制度改革试点。

1.4 特色小镇建设

特色小镇建设是促进城乡发展与产业转型、推动我国新型城镇化的重要抓手,近年来,在国家及各地政府的支持和推动下,我国特色小镇建设成为热潮,在一定程度上对小城镇的发展起到了直接的促进作用。

习近平总书记赴浙江考察时,充分肯定了特色小镇的发展模式,中央高度重视特色小镇建设,使特色小镇培育上升为国家行动。2016 年 7 月,住建部、发改委、财政部联合下发《关于开展特色小镇培育工作的通知》,要求到2020 年培育 1 000 个左右各具特色、富有活力的休闲旅游、商贸物流、现代制造、教育科技、传统文化、美丽宜居等特色小镇,引领带动全国小城镇建设。此后,各部委、地方密集出台相应政策,支持特色小镇创建工作,特色小镇进入了全面推广的新阶段,全国各地特色小镇建设工作如火如荼。

2017 年 12 月,发改委、国土部、环保部、住建部出台《关于规范推进特色小镇和特色小城镇建设的若干意见》,规范和引导特色小镇的建设,防止变形走样、盲目发展及房地产化。2018 年 8 月,国家发改委办公厅下发了《关于建立特色小镇和特色小城镇高质量发展机制的通知》,要求以引导特色产业发展为核心,以严格遵循发展规律、严控房地产化倾向、严防政府债务风险为底线,以建立规范纠偏机制、典型引路机制、服务支撑机制为重点,加快建立特色小镇和特色小城镇高质量发展机制,释放城乡融合发展和内需增长新空间,促进经济高质量发展。特色小镇建设进入调整、纠偏后再次推进到有序发展阶段。

2 乡村振兴战略下小城镇发展机遇

实施乡村振兴战略是党的十九大作出的重大决策部署。2018 年 9 月中共中央、国务院印发的《乡村振兴战略规划(2018—2022 年)》中明确提出:要坚持城乡融合发展,推动城乡要素自由流动、平等交换,推动新型工业化、信息化、城镇化、农业现代化同步发展,加快形成工农互促、城乡互补、全面融合、共同繁荣的新型工农城乡关系;要以城市群为主体构建大中小城市和小城镇协调发展的城镇格局,增强城镇地区对乡村的带动能力,推动农业转移人口就地就近城镇化,因地制宜发展特色鲜明、产城融合、充满魅力的特色小镇和小城镇,加强以乡镇政府驻地为中心的农民生活圈建设,以镇带村、以村促镇,推动镇村联动发展;要通盘考虑城镇和乡村发展,统筹谋划产业发展、基础设施、公共服务、资源能源、生态环境保护等主要布局,形成田园乡村与现代城镇各具特色、交相辉映的城乡发展形态。

在乡村振兴战略的推动下,"人、地、钱"等区域发展的关键要素逐步向广大乡村地区倾斜,小城镇作为与乡村地区衔接最紧密的城镇化区域,承担着服务乡村的职责,应借势乡村振兴,坚持城乡融合,从产业、土地、资本、公共服务等方面提高自身的资源配置能力,推动新一轮的乡村人口就近就地城镇化。

3 高陇镇田园综合体规划实践

3.1 项目概况

规划区域位于湖南省株洲市茶陵县高陇镇。茶陵县位于株洲市东南部,在株洲市2小时高速公路交通圈内,区位较为偏远;高陇镇位于茶陵县东北部,距离县城35公里,在茶陵县30分钟高速公路交通圈内。高陇镇地处武功、万洋两山脉之间,山地、丘岗地兼有,生态景观资源丰富,是茶陵县联系江西省的边贸重镇和东部门户。

规划范围包括高陇镇镇区及周边五个村庄,规划区域总面积36.65平方公里。重点规划范围为高陇镇镇区及祖安村、龙匣村、石冲村三村(图7)。

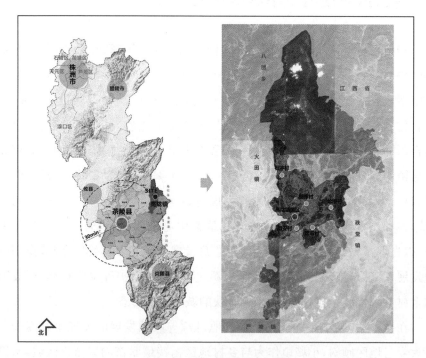

图7 区位及规划范围示意图

3.2 镇村互促共荣发展对策

3.2.1 产业功能互补

规划提出做强科技品牌农业、做优乡土文旅产业、做精配套服务产业的发展策略,根据高陇镇镇区与周边乡村地区不同的用地供给能力与资源、产业特色,对一二三产进行镇村互补的空间布局。以市场需求为导向,以促进农业提质增效、丰富产品业态、激发乡村活力、增加农民收入为目标,在规划区域内打造一个综合服务小镇(高陇镇镇区)及三类主题特色村庄(乡土美食养生村——祖安村、田园文化研修村——龙匣村、特色产业生态村——石冲村、荔市村、星锋村),形成规划范围全域覆盖、各具特色的重点项目群(表2)。

高陇镇镇区具有良好的交通条件与一定的商业基础,通过土地整理能够争取一定规模的集中建设用地。规划在镇区立足农业产业链条短、产业服务支撑不足的现状问题,结合科技品牌农业建设,配套发展蔬菜、脐橙等特色农产品加工业,提升农产品产地初加工水平,带动农民转型增收;以特色农产品电子商务平台建设、职业教育培训、农产品物流中心建设为重点,发展多元化、多层次、多类型的生产性服务业,提升高陇镇镇区农业服务的专业化、信息化水平,提升农业产业竞争力;结合旅游策划项目,利用镇区良好的对外交通条件,打造集吃、住、行、游、购、娱于一体的旅游服务中心。

在镇区周边的乡村地区立足规划区生态优势和农业基础,围绕田园综合体发展要求,推动农业多功能发展和品牌化运营,优化调整种植产业结构,形成以水稻、油菜、油茶为基础,以脐橙、蔬菜为主导,以莲花、红薯、花生等为特色的"两示范、两主导、多特色"的农业产业发展格局,走科技农业、精品农业、特色农业的发展道路;依托湘菜之源、耕读文化等现有文化资源,推进旅游产业与特色文化的融合,结合规划区域各个村庄自身特色,以"慢生活、微旅游、轻度假、乡土菜、田园课"为发展重点,采用参与性、互动性、主题式开发方式,形成各具特色的乡村旅游目的地,实现乡村旅游的差异化和可持续发展,探索乡村振兴新模式。

表 2　重点项目列表

重点项目	一个综合服务小镇（高陇镇）		农产品 GMP 加工园
			农产品冷链物流园
			绿色农业科技成果转化园
			职业教育培训中心
			湘赣特色农产品贸易中心
			电子商务服务中心
			旅游集散服务中心
	三个主题特色村庄	祖安村	湘菜养生文化会馆
			湘菜养生休闲农庄
			湘菜体验工坊
			田园美食营地
			四季水果采摘园
			时蔬农事体验园
		龙匣村	乡野研学教育基地
			园艺植物科教园
			萌宠欢乐牧场
			田园绿领营地
			乡贤文化交流中心
			晴耕雨读创意农庄
		石冲村	脐橙博物馆
			脐橙生态苗圃
			户外自驾营地

3.2.2　公共设施协同

公共服务设施的配置对人口规模具有一定的门槛要求，农村地区的人口规模不足以支撑建设的公共服务设施，需要在人口聚集的镇区进行设施配套。高陇镇是茶陵县规划的重点镇，对周边乡村地区具有辐射作用，通过公共设施的协同规划与共建共享，可以有效地为乡村居民提供较高层次的现代公共服务，推动城乡基本公共服务均等化，为乡村振兴奠定基础。围绕乡村振兴战略和田园综合体建设的发展要求,以实现城乡统筹、乡村振兴、生态宜居、可持续发展为目标,按照乡镇及村庄设施配置标准,提升基本公共服务均等化水平,配置包含商业、文化、教育、医疗、养老等在内的生活服务配套设施。

按照高陇镇镇区规划建设用地规模,核算镇区规划人口 12 790 人(除去发展备用地为 9 219 人),以《镇规划标准(GB 50188—2007)》为依据,高陇镇属于中小型乡镇。本次规划采用中小型乡镇中的中心镇标准对高陇镇镇区进行公共设施配置(表 3)。

表3 高陇镇镇区公共设施配置表

类别	项目	用地类型
行政办公	党政、团体机构	A1
	各专项管理机构	
	居委会	R2
教育设施	高级中学	A3
	初级中学	
	小学	
	幼儿园、托儿所	R2
文体科技	文化站、青少年及老年之家	G1
	体育场馆	
	科技站	
	图书馆、展览馆、博物馆	
	影剧院、游乐健身场	
	广播电视台(站)	
医疗设施	计划生育站(组)	A5
	防疫站、卫生监督站	
	医院、卫生院、保健站	
商业金融	百货店、食品店、超市	B
	生产资料、建材、日杂商店	
	粮油店	

（续表）

类别	项目	用地类型
商业金融	药店	B
	燃料店（站）	
	文化用品店	
	书店	
	综合商店	
	宾馆、旅店	
	饭店、餐饮店、茶馆	
	理发馆、浴室、照相馆	
商业金融	综合服务站	B
	银行、信用社、保险机构	
集贸市场	百货商场	
	蔬菜、果品、副食市场	

规划范围内的村庄以《乡村公共服务设施规划标准（CECS 354 2013)》为依据,结合村庄人口规模,祖安村按特大型村庄,龙匣村、石冲村按照大型村庄标准进行配置。除管理设施内的经济服务站为特大村庄配置外,其他公共设施为三村均需配置设施(表4)。

表4　村庄公共设施配置表

类型	项目
管理设施	村委会
	经济服务站（仅祖安村需配置）
教育设施	小学
文体科技	文化活动室
	阅览室
	健身场地
医疗保健	卫生所、计生服务站
福利设施	养老服务站

    本次规划除了按照城乡规划的标准进行公共设施配置外,还需要结合乡村旅游项目策划与用地布局,对规划区域的旅游服务设施进行合理配置,完善乡村旅游与休闲体验功能,形成丰富、便捷、完善的旅游服务配套体系(图9)。

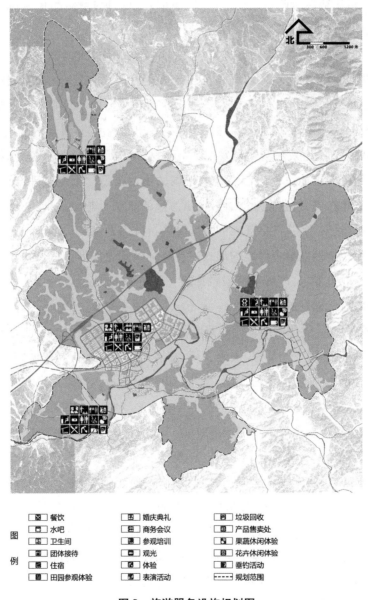

图 9　旅游服务设施规划图

3.2.3 土地统筹整理

土地整理亦称"土地整治""土地调整"或"土地重划",是将零碎、废弃、不规整、难以利用的土地或被破坏的土地加以整理,在土地利用中不断重新配置土地的过程。本次规划以"多规合一"为目标,在规划范围内实施土地整理,通过用地性质调整、复垦等手段争取建设用地指标,为田园综合体建设提供用地保障。

规划以"两保、两适、两促进、两优化"为原则进行土地整理。

"两保":保护生态环境与保证耕地规模。在规划区域内确保林地、耕地,特别是基本农田总量不减少,避免对生态环境造成不良影响。对规划区域内的部分废弃工矿用地与自然保留地进行土地修复,提升环境品质。

"两适":适宜发展与适意发展。结合规划需求及产业发展特点,将工矿等用地调整为更加适宜田园综合体建设的用地类型。土地整理与调整,要在满足当地村民、投资企业等各方发展意愿的前提下进行。

"两促进":促进产业镇区集聚与促进农村优先发展。将土地整理新增的建设用地指标以集中供地的形式支持高陇镇集聚发展。按照村庄发展需求与国家政策要求,以局部开发的原则,推动乡村产业融合发展,实现乡村振兴与农村优先发展。

"两优化":优化耕地空间布局与优化土地供给模式。结合土地利用规划与地形地貌,对分布零散、破碎、不适宜耕种的耕地进行局部调整,逐步实现基本农田集中连片、相对规整,提升农田建设质量。探索田园综合体土地供给模式,结合产业规划的重点项目用地需求,对大型、中型项目进行片状集中供地,对小型项目进行点状供地。

依据高陇镇 2020 年土地利用规划,本次田园综合体规划范围内含有 8.8 公顷工矿用地,83.6 公顷自然保留地,按照土地整理原则进行梳理,可调整出 92.4 公顷用地用于田园综合体建设。

为有效推进高陇镇镇区的集聚发展,将建设用地指标的主要部分用于镇区的产业置入、公共设施与基础设施建设,采用集中连片的发展模式,推动高陇镇城镇化建设。本次规划将调整出用地的 95%(87.8 公顷),用于镇区建设,其中近期规划建设工业用地、物流仓储用地、教育科研用地、商业用地及其他配套设施用地,占地面积 37.8 公顷;为远期发展预留发展备用地 50 公顷。

结合规划发展理念,在乡村区域结合重点项目策划与开发建设时序,采用分散划块、点状布局的形式进行供地,盘活零散土地资源、释放土地管理压力、提高土地利用效率,推动乡村振兴发展。规划将调整出用地的 5% 用于村庄点状供地,支持乡村旅游发展及公共服务设施建设。

结合现状情况,依据田园综合体的规划定位及产业发展需求,在保证耕地、林地等自然资源总量不减少的前提下,对规划区域的用地进行重构,调整后规划区域建设用地 897.6 公顷,占规划区域总面积的 24.49%,非建设用地 2 767.9 公顷,占规划区域总面积的 75.51%,基本实现与 2020 年土地利用规划的多规合一(图 10)。

4 结语

乡村的振兴与小城镇的新型城镇化发展目标一致,密不可分,是推动城乡一体化发展的双轮驱动,存在互相促进、共同繁荣的关系。

小城镇是城乡融合发展的节点,具有一定的集聚能力与一定规模的建设用地,在产业布局中,可以选择与广大乡村地区功能互补的商贸、加工、物流、旅游等产业,通过小城镇产业的发展带动区域经济的共同繁荣,通过产业聚集带动乡村人口聚集,实现新型城镇化目标。乡村地区可以利用优越的生态环境与丰富的景观资源,开展规模化农业生产与特色化乡村旅游,实现与小城镇的差异化发展,形成功能互补、相互支撑的产业发展格局。

小城镇是周边乡村地区的服务核心,在公共设施配置中,需要统筹考虑小城镇自身与周边地区的公共设施需求,将公共服务设施网络向乡村地区延伸,缩小城乡公共服务差距,形成区域协同的城乡公共服务设施均等化发展格局。

小城镇是城乡一体化发展的衔接点,在土地整理与空间布局中,可以根据城乡产业的不同空间需求,结合城乡建设用地指标的合理分配方式,采用集中供地与点状供地相结合的用地供给模式,保障城乡产业的均衡发展。

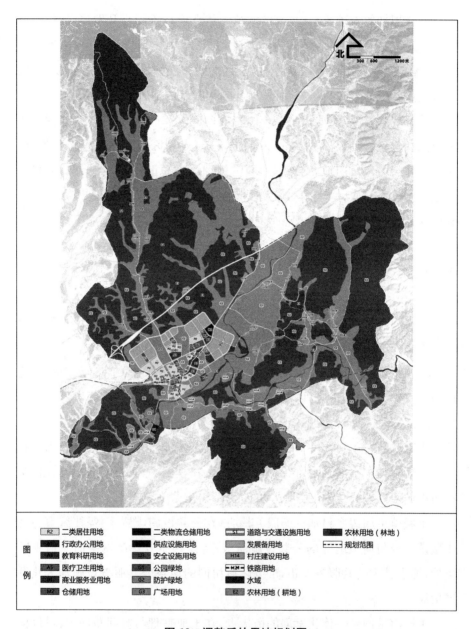

图例

R2 二类居住用地	二类物流仓储用地	S1 道路与交通设施用地	E3 农林用地（林地）
行政办公用地	供应设施用地	发展备用地	规划范围
A4 教育科研用地	U3 安全设施用地	H14 村庄建设用地	
A5 医疗卫生用地	G1 公园绿地	铁路用地	
S3/B 商业服务业用地	G2 防护绿地	水域	
M2 仓储用地	G3 广场用地	E2 农林用地（耕地）	

图 10　调整后的用地规划图

积极探索集体经营性建设用地入市与宅基地制度改革办法,为小城镇和乡村提供能够实现产业发展的空间发展格局。

乡村振兴为小城镇提供了新的发展契机,小城镇的城镇化发展又为乡村提供助力与支撑,只有形成以镇带村、以村促镇的互促共荣格局,将乡村振兴战略与新型城镇化战略有机结合,才能真正实现城乡一体化发展目标,建设持久和平、共同繁荣的城乡和谐社会。

参 考 文 献

[1] 国家统计局.沧桑巨变七十载 民族复兴铸辉煌(上)——新中国成立 70 周年经济社会发展成就系列报告之一[J].党史文汇,2019(8):21-24.

[2] 大数据分析近 10 年我国小城镇发展现状及内部差异[EB/OL].[2018-5-31].https://www.sohu.com/a/233569204_160257.

[3] 王林容.中华人民共和国成立 70 周年以来江苏省小城镇发展历程与展望[C]//中国城市规划学会,重庆市人民政府.活力城乡 美好人居——2019 中国城市规划年会论文集(19 小城镇规划).中国建筑工业出版社,2019:660-670.

二、小城镇建设治理模式创新与实践

环境行为学视角下的小城市体检报告

——乐清柳市镇的公共空间与公共生活*

董文菁　李开伟　戴晓玲

（浙江工业大学建筑工程学院）

【摘要】　在我国新型城镇化体系中，小城市在承接新的城镇化人口、促进城乡统筹和城乡一体化方面承担着重要使命。乐清柳市镇是浙江省小城市培育计划第一批试点镇，从20世纪90年代开始，就是全国知名的电器之都。它具有自下而上生长的聚落特点，导致工业和居住区混杂，城市环境有很大提升空间。当前浙江省推进美丽城镇建设计划，柳市镇被列入建设样板创建名单，定位为都市节点城镇。笔者对该镇以环境行为学方法进行调研，在传统的实地调研外，采用截面流量计数法，采集人流、非机动车、机动车的分布数据；通过问卷与访谈法对本地居民与外来人口进行认知意愿的收集，考察小城市在吸纳农村转移人口功能方面的表现，并分类比较了不同群体在美丽城镇建设目标体系内的关注重点，考察了两类群体的社会融合度状况。这三方面的系统化数据为柳市镇提供了一份美丽城镇视角下详实的体检报告。

【关键词】　柳市镇　公共空间与公共生活　环境行为学　截面计数法　城市体检　小城镇

---

　* 基金项目：国家自然科学基金项目"浙江中心镇的形态演化机制与空间格局优化方法研究——紧凑、活力与弹性生长"（编号：51878612）。

1 研究问题与背景

1.1 浙江小城市培育计划

在新型城镇化发展背景下,我国小城镇面临新一轮的升级发展。其中,需要应对的主要问题包括:小城镇吸引力不足、城镇用地低效、农业转移人口市民化进展缓慢、城镇化质量不高等。2010 年,浙江省委、省政府作出开展小城市培育试点的战略决策,通过小城市培育试点,着力破解现有困难和问题,加快实现特大镇向小城市转型发展,使小城镇在功能集聚、设施配套上承担起促进城乡统筹和城乡一体化的重大历史使命。

从疏散大城市人口、吸纳更多的农村人口和外来人口在城镇就业和定居的双重目标看,具有一定规模的中心镇或者说特大镇起到了非常关键的作用。党的十九大提出"以城市群为主体,构建大中小城市和小城镇协调发展的城镇格局",也强调了小城市在整个城镇化体系中的重要性。

1.2 案例简介

柳市镇作为温州都市圈以及温台沿海产业带的重要组成部分,是"温州经济"模式的典型和乐清对外开放的重要窗口之一,其雄厚的电器生产、研发能力,使其成为"中国电器之都"。它被列为小城市培育计划第一批 27 个试点镇之一,也是温州市域内瓯江北岸唯一的试点镇。在此背景下,柳市镇于 2013 年编制完成了柳市镇战略规划,来统筹指导柳市镇的整体发展。

曾有研究以乐清市为研究个案,分析城市化地区弱中心现象的空间表征。该研究指出,民营经济推动中国广大农村地区的工业化进程,引发了中国自下而上的城市化进程。民营经济迅速发展是形成弱中心现象的决定因素。由于经济职能的弱化,市政府的驻地乐成镇的首位度呈下降趋势,而乐清市内的柳市镇、北白象镇、虹桥镇等镇的规模不断扩大,区域首位城镇呈群体状发展[1]。2001 年乐清市外来人口约为 35 万人(包括务工人员家属),其中乐成镇为 9.5 万人,而柳市镇为 9 万人。

自 1994 年以来,柳市镇一直稳居温州市综合经济实力三十强镇第一位。

2004 年,它入围全国千强镇,排名为第 21 位。2015 年的数据显示,其城镇和农村居民人均可支配收入达 56 142 元和 26 294 元,增长 9.9% 和 11.1%。而我国同年全国居民人均可支配收入为 21 966 元。可见柳市镇城镇居民人均可支配收入远高于全国平均水平,农村居民与全国居民平均水平相当。[2]

在最新的"百镇样板、千镇美丽"工程的推进实施中,柳市被正式列入全省 2020 年度美丽城镇建设样板创建名单,同时成为温州市 2020 年首批 18 个样板镇之一。柳市镇美丽城镇建设行动方案中指出,美丽城镇建设,不只是小城镇环境综合整治的升级版,更是小城镇高质量发展的现代版,旨在把柳市镇建设成为一个都市节点型美丽城镇,同时立足于柳市镇生态本底以及厚重的人文、产业底蕴,打造现代版美丽城镇浙江样板,构建宜居宜业宜游的可持续发展美丽城镇[3]。

1.3 既有规划研究成果概述

前期研究表明,柳市镇中心镇区城市化进程中存在的最为严重的问题是半城市化现象。其中心镇区有较大区域属于城乡功能和空间混杂的过渡区域,城中村数量众多。现状的城市化进程远落后于规划,现状建成区基本都是在村庄的基础上发展起来的,大量区域现状都还保留着农村的风貌[4]。在城市化和工业化的进程中,农村内部非农化的形成与扩张和"住宿、车间、仓库三合一"的家庭作坊的密集存在造成了镇与村、工业与居住在空间上的高度混杂。同时各建设主体为了追求利益最大化所进行的高密度、见缝插针式的土地开发,也造成了土地空间的斑块化和碎片化[5]。同时,市场和政府缺失下的规划失效导致除了个别工业区块外,规划确定的新中心、重要公共服务设施都没有得到很好的建设。分散的空间布局、短缺的公共服务设施状况没有明显改善[6]。半城市化所带来的问题不仅对本地居民的城市居住体验造成了巨大影响,也阻碍了"人的城镇化"进程,即外来人口实现就业方式、人居环境、社会保障等一系列由乡到城的转变过程。

1.4 本文研究目标

前期研究在规划层面上提出了柳市镇半城镇化的现状,但缺乏对柳市整体公共空间与生活现状的描述。本文将在抽象统计指标与经济指标外,特别关注"人的城镇化"议题,以环境行为学的实证研究方法,更为系统鲜活地表达柳市当前公共空间使用的特点,考察半城市化问题现状,了解居民与新市民的认知,并提炼美丽城镇建设的难点与重点,最终提供一份详实的美丽城镇视角下的城市体检报告。

2 调查方法

在前期预调研中,笔者通过查阅相关文献和规划资料获取信息,但这些资料大都具有统计性的特征,无法客观具体地反映柳市镇真实的城市体检现状。为了获得更加具体客观的资料,笔者选择环境行为学的方法进行调研。主要包括实地调查法、截面计数法与问卷法。

2.1 实地调查

在实证调研中,根据《柳市镇小城市培育试点三年(2014—2016)行动计划》中的"一核四组团"的城市空间布局导向和《柳市镇美丽城镇建设行动方案》中"确定城市开发边界、进一步明确建成区范围"的目标,将调查人员分为三组,自北向南分别进行吕岙—新光产业片区、柳市中心镇区、柳白新城片区的实地调研。并结合建设两道＋两网＋两场所＋四体系的"十个一"标志性工程,选出其中具有代表性并列入重点整治建设项目的地点和街道,进行详细考察(图1)。

吕岙—新光产业片区作为柳市产业提升推动工业转型升级、产业联动有机发展的"四片"之一,也是新兴的低压电器集中制造地之一。本次主要调查区域为苏吕小微工业园区和苏吕村党主题公园。

中心镇区建成区约8.51平方公里,以旧城服务生活核心片为基础,是镇域的政治、经济、文化、旅游等的综合服务中心,也是柳市镇美丽城镇建设的主要核心。本次主要调查整体整治街道项目中柳翁西路、大兴西路和三里一路的街道整治情况,以及乐清市第三人民医院、柳市文化中心和大礼堂、现代广场、新民农贸市场以及战神球馆等重点建设项目的建成情况。

柳白新城片区位于柳市镇南部,紧邻白象镇,是促进柳市与北白象两大经济强镇融合的南翼城市功能区。本次主要调查重点建设项目中中国电工电器城以及柳白新城的建设情况。

图 1 主要调研地点分布

2.2 截面计数法

根据《柳市镇美丽城镇建设行动方案》中柳市城镇重点空间结构图和产业布局图,笔者将柳市镇划分为七个片区,于 2020 年 7 月 22 日(星期三,夏日晴天,炎热)进行了截面计数法的实地调研。在柳市镇范围内一共选取了具有异质性的观察点共计 69 处,7 个调查员平均每人负责 10 个观察点。在早上、中午、下午三个时间段各进行了 10 分钟、7 分钟、7 分钟的活动者记录。观察员通过视觉判断,在计数车流数和人数外,同时记录车辆的类型(机动车：公交车、货车、私家车；非机动车：自行车、电动车、三轮车）和行人的性别与年龄类别（7 岁以下、7—18 岁、成年男人、成年女人、老人），形成的可视化结果能够真实地反映前文所要探究的现象与问题。

结构性观察时间共计 390 分钟。一共记录到 15 555 辆非机动车（其中包括三轮车 4 066 辆）；18 746 辆机动车（包括货车 3 936 辆）；2 494 名行人（其中成年人 2 092 名，老人 260 名，儿童 142 名）。从性别比看，行人中女性占总数的 43%，男性占 57%。

2.3 问卷法

柳市镇距离一个高品质的美丽小城市有多远？这不仅取决于官方的指标，更重要的是取决于居民心目中的认知。为了解当地居民对柳市镇的认知情况，笔者进行了问卷法调查。首先依据人群的特点，设置了两份问卷：本地人问卷，以及务工人口和引进人才问卷。两份问卷在城市认知方面的问题设置一致，在人口属性方面根据被访者的属性，设置了更有针对性的问题。

在问卷内容和题型的设置上，笔者参考了《从中心镇到小城市——来自小城市培育试点义乌佛堂镇的报告》的部分问题，为横向比较打下了基础；还借鉴了《北京街道更新治理城市设计导则》编制过程中"北京街道行走体验调查"的部分问题，以收集这个小城市街道在步行、骑行与驾车方面的主要难题。

调查分为线下实地调查和线上网络调查两部分。在实地问卷调研中，主要采用配额抽样的方法。根据柳市镇居民的性别、年龄、职业等构成不同，控制调查人数和比例，并且在尽可能多的地点进行问卷调查，以保证样本的多样性与普遍性，使样本对总体具有代表性。主要选取的地点为中心镇区，包括现代广场、镇政府公园和长虹公园等公共设施，以及三里一路、柳翁西路等主要街道及其沿街店铺。最终一共收到有效问卷 92 份，其中本地居民问卷 71 份，务工与引进人才问卷 21 份。

在网络问卷中，主要采用请当地居民在朋友圈与微信群转发的方式收集问卷。最终，一共收到 264 份问卷，其中 102 份外来务工和引进人才问卷、162 份本地居民问卷。考虑到网络问卷质量参差不齐，笔者对问卷进

行筛选,根据填写时间和填写逻辑筛除 39% 的无效问卷后,最终得到
161 份有效问卷,包括本地居民问卷 81 份,务工与引进人才问卷 80 份。

从样本性别与年龄的构成情况看,线上问卷的可信度有一定的保证(图
2,图 3),受访者男女比例都较为均衡。从年龄构成上看,线上样本中 35—
59 岁受访者的比例明显低于线下样本,而老年人数明显高于线下样本。考
虑到夏季在公共空间采访的难度,这个差异是合理的。如果把老年人群分
为使用智能手机与不使用两类,前者很可能在微信群中积极参与(收到的很
多老年人样本都是在一个集中的晚饭后时间段收到的),而后者往往会在公
共空间以自己文化程度低搞不清楚而拒绝采访。因此,线上线下相结合的
取样方式,使样本的多样性得到了保证。我们把这两部分有效问卷总合到
一起做分析。共计本地居民问卷 154 份,务工与引进人才问卷 101 份。从学
历、职业、收入水平等信息多样化的特点看,本次样本的采集随机度较好。

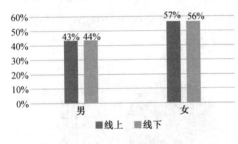

图 2　线上线下受访者性别比例　　图 3　线上线下受访者年龄比例

补充说明线上线下信息收集的差异:由于线下问卷是在调研人员监督
之下填写的,而线上问卷是受访者在自己的手机上独立完成的,在一些表态
的问题中,线上样本对选择消极选项更加没有顾忌,其比例远大于线下受访
者。例如对于公共空间的评价,线下受访者中选择"较差"的占比为 16%,而线
上的受访者中选择"较差"的占比为 30%。对于步行骑行环境的评价,线下受
访者中选择"很差"的占比为 16%,而线上的受访者中选择"很差"的占比为
26%。对于本地居民和外来人口之间的态度,线下的本地居民选择"不好相
处"的占比为 1%,而线上的本地居民选择"不好相处"的占比为 25%。线下的
外来人口中没有人选择"不好相处",而线上的外来人口选择"不好相处"的
占比为 20%。从这些态度信息的收集情况看,虽然两部分数据差异较大,但

是符合填写环境所导致的不同。因此本文予以尊重,并不视之为无效问卷。

3 两类群体的人口属性与城市认知差异

本节首先详细介绍了问卷调查收集到样本的人口属性,分析本地人与新市民在职业、学历和收入方面的异同。特别关注新市民这一群体,考察小城市对我国城市化率提高、接纳新的城市人口的功效。最后比较了两类群体在城市认知方面的差异。

3.1 问卷样本的人口属性分析

在对受访者职业进行统计时,本地居民在职业分布上具有更明显的多样性(图4),各行各业均有所涉及且分布比例较为均衡。外来人口则在柳市主要从事生产加工类型的职业,从事电工电器和塑料产业等与电器产业有关行业的占比较多,占受访者的50%(图5)。由此可见柳市"中国电器之都"的称号名不虚传,为外来人口提供了大量就业岗位。

图 4　受访者中本地居民的职业　　图 5　外来务工人员工作企业所属行业

在对受访者学历的统计中,本科教育程度以下的人群占大多数(图6),这与柳市镇以服装、食品等劳动密集型产业为主导产业和低端技术型企业较多有一定的关系。本科教育程度及以上人群的占比也比较高,这与柳市镇的高新技术支柱产业也是分不开的。

在外来的人口中,初中、高中、小学学历的占比(29%：38%：33%)比较均衡,说明柳市镇的产业对于各个学历人口的包容性是比较强的。其中,外来人口中,本科教育程度及以上的人群占比(27%)等于本地居民中的占比(27%),研究生及以上教育程度的人群占比(16%)甚至超过了本地居民的占比(10%),体现了柳市镇在人才引进这一方面的工作有所成效。

　　通过学历与收入的交叉分析发现:整体来看,学历越高的群体中,高收入人群占比越多、低收入人群占比越少(图7)。

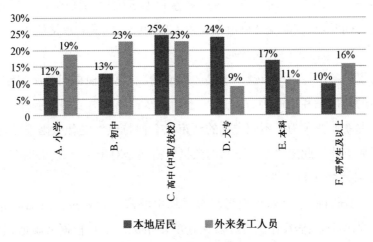

图6　受访者学历情况

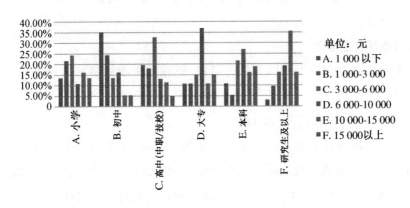

图7　学历与月收入情况交叉分析

　　数据显示小学学历中高收入的人占比也比较大,所以笔者又对小学学历且收入在10 000元以上的这部分人进行更进一步的年龄调查,发现其中有七成人的年龄在35岁以上,说明这部分人在工作中逐渐积累经验和技能,成长起来,增强了自身的职业竞争力,在柳市这个民营经济较为发达的地方,也能获得比较高的收入和很好的发展。

3.2　新市民画像

本节对在柳市镇取得身份的新市民和有定居潜力的外来人口进行分类并归纳各群体特点,同时探究其定居意愿和生活现状,形成鲜活生动的新市民画像。同时,从侧面验证柳市对外来人口的吸引因素和承接能力。

3.2.1　新市民的构成情况

为了进一步探究柳市镇新市民的构成情况,笔者根据问卷调查结果,将柳市镇的新市民利用两种方式进行分类。第一种分类依据来源地,第二种分类依据就业竞争力。不同类别的新市民有何特点? 是什么因素驱使他们来到了柳市并在此定居? 接下来的数据分析便是对于以上疑问的探究。

1. 按照来源地分类

进行分析前,笔者初步设想新市民均由外来人口构成。然而问卷分析的结果显示,本地居民中也存在着回迁的新市民。于是根据来源地,笔者将柳市新市民分为两类:第一类是从外地迁入的外来人口,称为外地迁入新市民;第二类是从小生活在此的本地居民,后离开柳市镇,最终又回迁,称为本地回迁新市民。

外地迁入新市民

将务工者和引进人才问卷进行筛选,根据其来源地将外地迁入的新市民分成以下四种。

(1) 从一线城市迁入(占 44%)

从一线城市迁入的人群在各个学历均有分布,大专及以上的较高学历者占 35%。其在各个收入阶段也有所分布,中低收入(6 000 元以下)和高收入群体所占比例均等,各占 50%。高收入群体占比相对其他类型的新市民较高。相比于一线城市的竞争压力,柳市的高工资也吸引了一部分具有技术的外来人口在此定居。这一类新市民主要就职于具有一定规模的旧工业区和集中园区,在村级工业区、小微园区也有所分布。

(2) 二三线城市迁入(占 15%)

从二三线城市迁入的人群学历分布情况具有多样性,但收入差距较为明显,在就业地点的选择上也呈现出多样化的特征。

（3）同级别城镇迁入（占 21%）

从同级别城镇迁入的人群学历、收入分布情况具有多样性，但是大部分人就职于村级工业园区和旧工业区。

（4）小型集镇、农村迁入（占 45%）

从小型集镇、农村迁入的人群平均学历较低，但也存在 25% 高中学历以上的人群。收入水平普遍处于低收入阶层，但也有 1/3 的高收入群体存在。有近一半的人在集中园区就职。

从外地迁入柳市的人口呈现出多元化的特征。柳市所提供的多样化的就业岗位满足了各层级外地迁入新市民的需求。不同层次的外来新市民与其就业地点是否存在一定关系，或者是否有限制性或偏向性，还有待进一步的考察。

本地回迁新市民

在本地居民问卷中，笔者在 154 份样本里面意外发现了 27 份新市民样本（拥有本地户籍但是上一个定居点非柳市的受访者）。虽然这部分人口不是经典意义上的外来人口，但这是一个不能忽视的群体。这也从侧面说明了柳市的吸引力和定居友好性。

2. 根据就业竞争力分类

个人的就业竞争力是影响新市民能否在柳市成功定居的决定性因素。笔者首先在外来务工者问卷中询问了受访者的学历情况，并且进一步了解了受访者是否拥有技能证书，然后将"学历"和"是否有技能证书"作为评判指标，进行了两种分类：一类是低学历且无技能证书的低端移民，另一类是高学历或是有技能证书的高端移民。

调查结果显示，高端移民获得中高收入（参照 2019 年浙江省人均可支配月收入 4 158.25 元，把月收入在 6 000 元以上定为中高收入群体）的占比为 47%，高于低端移民的 39%。学历高和有技能证书对获得中高收入有一定优势。

但值得注意的是，近四成的低端移民也在柳市获得了中高程度的收入，说明低端移民在柳市也能有良好的发展前景。

3.2.2 新市民的定居因素

柳市有近 22 万的外来人口，数量与本地居民相当，柳市为何能吸引如此多的外地人？笔者在问卷中对外来人口来柳市镇时主要考虑的因素进行了调查，调查的结果显示，经济因素是影响外来人口前往柳市的主要因素。

笔者给出个人经济方面（收入、机遇、前景等）、教育设施方面、医疗设施方面、文体服务方面、交通出行方面、公共环境方面六个选项，让受访者根据心中的重要程度按 1—5 分打分。受访者中外来人口的 101 份样本叠加总分为 760 分。

结果显示，经济、交通、环境、教育和医疗这几个因素的分都比较接近。外来人口考虑最多的是个人经济方面的因素（137 分，占比 18.03%），初步猜测柳市镇的第二产业较为发达，是全国有名的电器之都，就业机会较多，薪水报酬相对较高，是吸引外来人口的主要原因。其次是交通出行方面的因素（135 分，占比 17.76%），柳市镇北边有乐清高铁站，距离镇中心只有 20 分钟左右的车程，外地人口到柳市会比较便捷。公共环境方面（134 分，占比 17.63%）、教育设施方面（122 分，占比 16.05%）、医疗设施方面（121 分，占比 15.92%）、文体服务方面（111 分，占比 14.61%）的分值并不算很低。经过进一步筛选，笔者发现外来人口中，来自农村和集镇的人口占了五成，说明柳市的环境、教育、医疗和文体服务资源虽然比不上大城市，但优于他们的家乡。再加上柳市的经济发展也比较好，生活成本较低，所以这可能是这部分人选择来到柳市而不是去其他大城市的原因。

为了探究不同来源地的外来人口来柳市考虑的因素有何差别，笔者又将外来人口依据来源地分成两类：一种是一二三线城市外来人口，另一种是小型集镇和农村外来人口。结果发现，这两个群体对各项的评分都比较接近，这说明外来人口考虑的因素不会因为来源地的等级不同而有着太大的差别。

3.2.3 农村转移人口成效

柳市镇在承接农村转移人口，实现"就地城镇化"的目标方面，成效如何？通过对本地居民问卷的分析发现，本地迁居者中，从农村转移来此的人口比例为 45%，其中乐清本地农村进城的比例占七成左右。

在"外来务工人员与引进人才"问卷中，笔者发现在这些常住人群中，农村人口比例为 22%，其中外省人口占了将近七成。进一步调查了这些外省人口定居柳市镇的时间，发现外省农村人口中来柳市定居"3—8 年"的人达半数。由此可见,柳市镇在帮助本地农村实现就地城镇化外,还接纳了许多外省的农村人口。在恰当的政策支持下,这部分人有可能在工作地安居乐业,实现"人的城镇化"。

3.3 两类群体城市认知的差异分析

本节关注本地居民和外来务工者对于城市的认知情况,探究美丽城镇建设行动对于当地居民的影响,同时提炼两类群体对于城镇品质提升需求的异同。

3.3.1 对美丽城镇创建行动认知情况

自浙江省小城镇培育试点和美丽柳市行动建设以来,宣传工作取得了不错的成效,在 255 个受访者中,有近一半的人对美丽柳市建设计划有所了解。其中清楚知道美丽柳市建设计划中的"五美"的有 49 人。但仍有一半的人对于柳市美丽城镇的建设毫不知情,其中外来人口所占比例较高。

3.3.2 对柳市镇的整体感知

对于柳市镇的"五美"建设中应提升的方面,全体受访者的选择里面,"经济美"、"城乡美"和"自然美"这三个方面各占到了 25%(图 8)。由此可见,柳市镇在经济建设、城乡建设和自然环境建设这三个方面还没有达到当地居民心中的期望。关于本地居民和外来务工人员的差异,外来务工人员对于经济方面的要求要比本地居民的高,符合该群体的现实经济需求。在"生活美"方面,外来务工人员的提升愿望也比本地居民更为强烈,初步推测

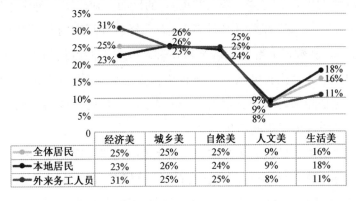

	经济美	城乡美	自然美	人文美	生活美
全体居民	25%	25%	25%	9%	16%
本地居民	23%	26%	24%	9%	18%
外来务工人员	31%	25%	25%	8%	11%

图 8 受访者在"五美"建设中关注的方面

可能跟很大一部分外来务工人员为了降低生活成本,只能选择较差的居住环境,因而生活幸福感较低有关。

4 公共空间与公共生活

作为经济水平较高的工业强镇,柳市的公共设施建设、街道活力状况以及居民生活水平是否与经济实力相符合?柳白新城的建设是否达到了"南部副中心"的预期?美丽城镇建设行动后,镇中心的半城镇化有无得到改善?本章节将从交通出行、娱乐休闲两方面,通过问卷法和截面法所获取的数据,分析柳市居民的公共空间与公共生活现状,针对性地评估柳白新城建设情况。同时,通过对工业与居住功能矛盾的分析,探究镇中心区域的城镇化现状。

4.1 交通出行总体情况

本节将通过问卷法和截面法所获取的两种数据评估柳市的交通出行状况,从主观和客观两个角度描述柳市街道活力情况和出行感受。

4.1.1 交通出行状况的主观评价

问卷数据能够反映柳市居民对于柳市交通状况的真实感受。结果显示,柳市镇交通出行状况并没有达到居民预期。

对于步行环境和骑行环境的评价,本地居民中选择"很好"和"比较好"的比例占到41%,而选择"一般"和"很差"的比例占到59%。外来人口中,选择"很好"和"比较好"的比例占到47%,而选择"一般"和"很差"的比例占到53%(图9)。从数据上看本地居民和外来人口对于柳市镇的步行环境和骑行环境的评价还是比较一致的。同时从调查结果来看,柳市镇的步行环境和骑行环境是能满足大部分居住者的需求的,但是近五成的居民对步行环境和骑行环境提出了更高质量的要求。

当问及街道上最影响步行和骑行体验的因素时,近七成的受访者认为是管理不善导致步行/骑行不安全(汽车占道停车、自行车或电动车骑上人行道)。造成这种现状的原因一方面可能是居民素质问题,另一方面可能是居民区内还未迁出的工厂货车乱停占据机动车道、货物堆放占据人行道。

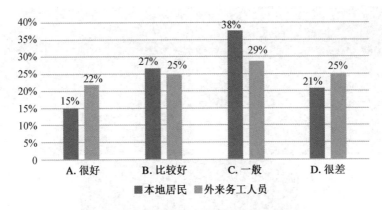

图9 受访者对步行骑行环境的评价

4.1.2 交通出行状况的客观评价

实地调研和问卷结果显示,柳市交通矛盾较为突出。本节将通过对截面法的数据处理,将街道的活力状况可视化,用定量数据直观地反映柳市镇的交通出行状况。数据处理结果显示,柳市镇中心的交通货运和非机动车对行人出行和居住片区的宜居性造成较大干扰;柳白新城片区活力不足,发展缓慢。

1. 中心镇区交通出行状况

柳市镇中心镇区车流量较大的街道为柳江路沿线(LK1/LK2)、车站路沿线(LK10/LK1/Z1/Z10/C7)、柳江路沿线(Z2),这几条路都是柳市镇中心的主干道,道路状况相对较好,主要承担私家车和货车的通行。车站路沿线(C2/C3/C4/C9/Z3/Z4)、沿河西路沿线(LM8/LM9)、柳青南路沿线(D2/D3/D4)和智广南路沿线(LK7/LK8/L9)车流量小(图10,图11)。

作为工业城镇,机动车流量中的货车流量分布情况能够真实地反映柳市工业园区的现状分布情况。货车流量最大的是车站路东北段沿线(C5/C7/C8)、柳广南路沿线(LK2)和交通东路沿线(LK10),这三处地方临近湖头现代工贸片区和吕岱—新光产业片区,所以有较大的货车车流量。镇中心也有一定的货车通行,主要是因为镇中心有少量家庭式作坊和五金电器零配件市场存在。但总体来说,货车流量还是由镇中心(W2,临近镇政府处)向镇区周围逐渐增加的,说明柳市镇工业园区的产业转移取得了初步成效。

111

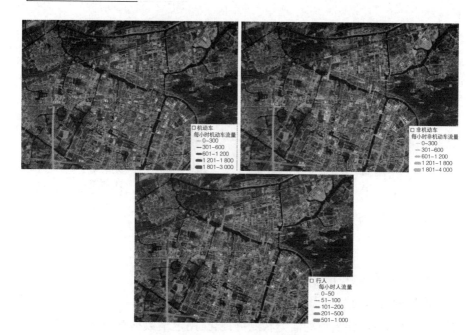

图 10　中心镇区机动车流量、非机动车流量、人流量分布图

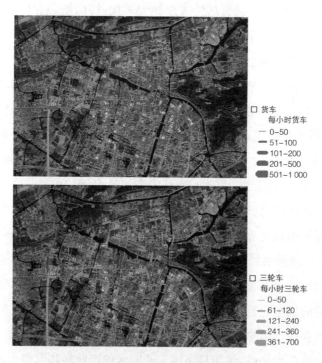

图 11　中心镇区货车、三轮车流量分布图

在柳市镇域范围内,非机动车出行是一种较为方便的出行方式。因此,非机动车的流量分布对体现街道的活力状况十分重要。非机动车流量最大的地点位于现代广场附近(W7),现代广场作为柳市镇第一个综合购物中心,客流量非常大。柳江路沿线(LK1/LK2)、长江路沿线(LM11)、环城东路沿线(LM4/LM7)也有大量非机动车流量。中心镇区从柳翁西路到北侧运河的中间区域电动车流量都比较大,说明这一区域活动人口较多,是中心镇区里活力较足的一片。

三轮车是柳市富有特色的公共交通出行方式。由于三轮车经营方式类似于出租车,地点人流量的大小直接影响三轮车夫的驾驶决策,所以非机动车流量里的三轮车流量大小可以直观地反映某一地点是否有人气。其分布状况与非机动车的流量分布情况类似:现代广场附近(W7)是流量最大的地点;柳江路沿线(LK1/LK2)、长江路沿线(LM11)、环城东路沿线(LM4/LM7)、柳黄路沿线(Z2/D7)、车站路沿线(Z1/Z10)也有大量三轮车流量。中心镇区从柳翁西路到北侧运河的中间区域电动车流量也比较大。

人流量最大的地方位于现代广场(W7)和前市街(LM8),前者是柳市唯一的现代购物中心,后者是柳市着力打造的特色商业街。由此可见,商业中心对于人群的吸引力非常大,且两处选址的服务半径可覆盖镇中心的大部分区域。但是,这也从侧面反映出柳市其他区域公共设施建设不足、对人流吸引力不大的问题。如果规划能在镇中心南侧再兴建一处公共设施,不仅能惠及南部居民,也可以减轻上述两处设施的压力。柳市镇镇中心大部分街道人流量都不是特别大,一方面可能是由于夏日白天炎热,步行人数较少,另一方面也可能是由街道基础设施建设不充分、步行条件不良好(缺少绿化、路面坑洼、非机动车挡道等)所导致的。但是实地调查发现,傍晚时镇政府公园和长虹公园有大量人流聚集。对此笔者猜测,一方面在夏天里公园是一个较好的纳凉选择,另一方面可能是地摊经济激发了公园的活力(图12)。

2. 柳白新城交通出行状况

从镇中心到柳白新城,车流量的分布并不是递减的,中间地带也同样存在着分布不均匀的情况。柳白新城车流量非常少,货车流量不大,说明新城还没有得到充分发展,建设进度较为缓慢,距离规划愿景还有一定差距。

图 12　傍晚公园纳凉人群与地摊经济

柳白新城整体非机动车流量也非常低,三轮车流量很小,说明街道活力不足。尽管柳白新城总体人流量也很少,但是也形成了一个人数相对较多的中心,存在围绕这个中心发展新城的可能性。

4.2　工业与居住功能混杂

本节通过对街道流量图交叉分析,探究柳市镇中心半城镇化现状,分析镇中心工业与居住存在功能混杂区域的原因,并且关注不同年龄、性别的群体在城市公共空间的分布,总结规律并提出改善措施。

分析总流量柱状图(图 13)可以得出,机动车与非机动车类似,均在靠近工业园区和镇中心的主干道以及主要公共设施附近有较多分布。人流量除了在主要公共设施附近与机动车、非机动车流量分布类似以外,在其他区域的分布情况与机动车和非机动车相反。由此推测,在有条件的情况下,行人不会选择主干道而是到周边绕行。同时,结合前文的货车流量图可以发现,在货车较多的地方,行人相应减少,说明柳市的交通货运对居住片区的宜居性干扰很大。建议未来通过规划或管理手段,避免过境的货运交通影响居民日常出行。

女性和老人人流的比例高低能够反映街道的活力状况以及行走体验。性别年龄堆积图(图 14)显示,车流量小的街道女性人流所占比例较高。而主干道上的女性占比较低。实地调查结果显示,柳市镇主干道车流量大、路况复杂且绿化缺失情况严重,步行体验不佳;而居民区内街道车流量相对较少且人行路况较好,故女性出行者较多。

图 13　中心镇区总流量柱状图

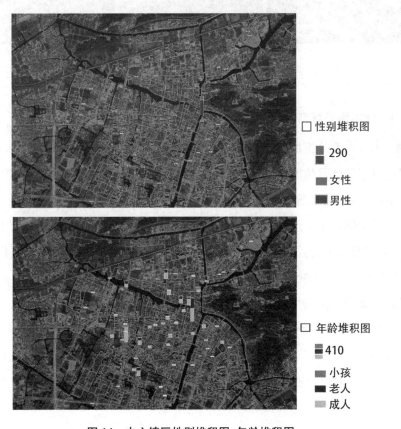

图 14　中心镇区性别堆积图、年龄堆积图

年龄堆积图（图14）显示，老人多在绿地、公园、河道边聚集，聚集的地点往往在介于城市主干道和社区街道之间的次干道上。主干道车流量较大，不适合老年人行走，而普通的社区街道由于处于混杂的工业区和居民区之间，同时具有运输和出行功能，路况也比较复杂。此外，绿地、河道以及公园作为柳市"美丽城镇"的重点建设项目，对于老年人也有一定的吸引力。值得注意的是，在整体人流量非常大的现代广场处，老年人的占比非常低。笔者推测，是因为现代广场周边建设不完善，半城镇化现象严重，管理也较为混乱（图15）。

图 15　现代广场周边情况

4.3　休闲娱乐场所分析

本节主要分析柳市居民日常休闲活动的地点和不同年龄、不同居住地居民对于活动设施的选择，从而进一步探究柳市当地公共设施建设和居民生活情况，评判美丽城镇建设的成效。

对于柳市本地居民来说，休闲时选择的主要地点分别是绿地和公园（占38%）以及商场（占23%）；对于外来务工者，主要是商场（占23%）、公共广场（占23%）以及绿地和公园（占21%）。由此可见，商场和绿地公园是柳市居民最主要的休闲场所。

在对不同年龄受访者对休闲地点选择的调查中，发现20岁以下和20—34岁这两个较为年轻的群体偏爱"商场"，其次是"绿地和公园"；而35—59岁人群喜欢"绿地与公园"和"公共广场"这样的户外活动场所；59岁以上的人群最喜欢"绿地与公园"（图16）。

由此可见，柳市镇的居民对于户外休闲活动场所的需求是很大的。但

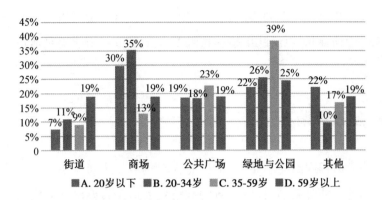

图16 不同年龄受访者对休闲地点的选择情况

是对于柳市镇还需要提升的方面的调查结果显示,居民中希望能提升"公共环境方面"的人占比19%,位居第二。在实地调查中,也发现存在着河道水质发臭、公园设施质量不佳等问题。由此可见柳市镇在公共环境方面的改善力度是不够的,政府应当加强这方面的考虑。

对于柳市镇户外公共活动空间的评价,居民中选择"很好""还行"的占比为50%,可见柳市镇的户外公共活动空间只能满足半数居民的需求,在数量和质量上还有很大的改进空间。

对于柳市镇室内公共活动设施的评价,居民中有55%的人选择了"很丰富"和"还行",有45%的人认为"一般"和"太少了",反映出柳市镇的室内公共活动设施的丰富度是有所欠缺的。

笔者收集问卷的地点主要分布在中心镇区的公园、广场和商铺,但问卷调查显示的居民居住地却呈现出多元化的分布情况(图17),说明中心镇区

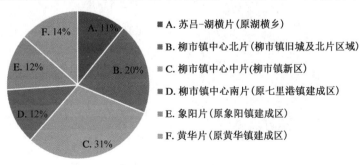

- ■ A. 苏吕-湖横片(原湖横乡)
- ■ B. 柳市镇中心北片(柳市镇旧城及北片区域)
- ■ C. 柳市镇中心中片(柳市镇新区)
- ■ D. 柳市镇中心南片(原七里港镇建成区)
- ■ E. 象阳片(原象阳镇建成区)
- ■ F. 黄华片(原黄华镇建成区)

图17 本地居民的居住地

的公共设施和商业对于周边人口有一定的吸引力,大量周边人口平日会到中心镇区活动,同时也反映出镇区边缘配套设施可能不能满足居民需求的问题。

5 社会融合情况

经济活力程度高的小城市,都拥有大量的务工人员与引进人才。这部分人与当地人的关系如何,对于新的城镇化人口是否能真正对定居地产生归属感,减少社会矛盾与冲突至关重要[8]。因此,问卷中设置了针对性问题,对柳市镇的社会融合情况进行评估。分析结果显示,柳市镇本地居民和外来人口的融合情况并不乐观,但仍然存在改变这种现状的可能。

在问及对对方的印象时,有超过半数的本地居民和外来人口都选择了"印象一般"和觉得对方"不好相处",有24%的本地居民和近32%的外来人口认为自己与对方相处不是很融洽。但这种新旧市民互相排斥的现状还是有可能被改变的,当问及"是否愿意与对方成为朋友"时,有57%的外来人口和65%的本地居民表示"愿意"。

问及剩下的人为何不愿意与对方成为朋友时,生活习惯、方言障碍、共同话题等带有原生乡土特征的原因占到了近半数(图18,图19),可见不同文化背景下生长的人群在社会交融方面存在困难。另外有13%的外来人口觉得自己被本地居民排斥,这在一定程度上可以反映出一些本地居民具有"排外"的心理。如果能加强文化普及工作,建立外来人口对于柳市文化的认同

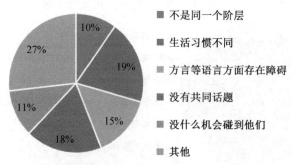

■ 不是同一个阶层

■ 生活习惯不同

■ 方言等语言方面存在障碍

■ 没有共同话题

■ 没什么机会碰到他们

■ 其他

图18 本地居民为什么不愿意和新市民成为朋友

感,同时对本地市民进行引导,改变排外的观念,应该能从根本上改善柳市的社会融合状况。

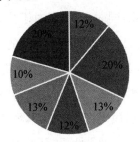

■不是同一个阶层
■生活习惯不同
▨方言等语言方面存在障碍
■没有共同话题
■本地居民对自己有所排斥
▨没什么机会碰到他们
■其他

图19 新市民为什么不愿意和本地居民成为朋友

6 体检报告之横向比较

课题组在 2018 年对浙江义乌佛堂镇进行了案例研究[9],它和乐清柳市镇同属于浙江省第一批 27 个小城市培育试点镇,两镇镇域规模、人口数量相当。在 2018 年度小城市培育试点考核中,佛堂镇和柳市镇均为"良好",并且都是具有一定规模工业实力和经济实力的小城镇。因此,佛堂镇可以作为乐清柳市镇具有可比性的参照对象。

我们将城市布局、交通与出行、公共环境和社会融合情况四个部分进行比较。

在城市布局方面,佛堂镇存在着工业区与主镇区脱节的问题。相较于中心城区,工业区的公共服务设施在功能、布局上都比较落后,且和中心城区分离,融合度不佳。而柳市镇的问题是,工业区与居住区混杂分布,中心镇区的工业所产生的交通货运对居住片区的宜居性造成很大干扰,城市环境有很大提升空间。

在交通与出行方式方面,由于佛堂镇和柳市镇的经济水平都较高,大部分家庭都能拥有汽车,许多居民也会选择电动车或者是三轮车出行,只有极少数人选择乘坐公共交通。说明在小城镇镇域范围内,乘坐电动车或是三轮车是相对来说最为便利的出行方式。此外,公共交通设施建设(站点设置、发车班次等)不完善以及小城镇居民的生活习惯也导致了公共交通利用率低下。

在公共环境方面,佛堂镇也远优于柳市镇。对于佛堂镇公共空间与绿地的布局评价,大部分居民和访客都表示满意,同时,受访者对于公共设施的质量与布局满意程度也较高。反观柳市镇,居民对公共活动空间的满意程度远不如佛堂镇,主要反映在缺少活动空间以及公共基础设施建设薄弱等方面。

在社会融合情况方面,佛堂镇也优于柳市镇,人均幸福感明显高于柳市镇。在对佛堂认可度调查中发现三成的居民对于佛堂很认同并且感到自豪,六成的居民比较认可。笔者认为,柳市工业属性更强,吸纳外来人口的能力也更强,有着更为复杂的人群构成,本地人和外来人口之间也存在一定的矛盾。外来人口的涌入带来了更加具有活力和多元化的人口与文化构成,但同时也可能对居民的融合程度造成影响。

本次横向比较的结果显示,柳市镇作为比佛堂镇经济实力更强的工业强镇,在基础设施建设、城镇化的水平以及居民幸福感上却落后于佛堂镇,背后的原因值得进一步研究。笔者推测:柳市自下而上的生长特点导致规划远落后于现状,中心镇区仍然存在未完全迁出的工业也引发了其与居住功能的矛盾。

7 结语

本文从环境行为学的角度,通过实地调研法、截面流量计数法以及问卷与访谈法进行数据收集,为柳市镇提供了一份美丽城镇视角下详实的城市体检报告。

研究发现,柳市镇在承接新的城镇化人口,促进城乡统筹和城乡一体化方面发挥了重要作用。新市民在来源地和就业竞争力方面呈现出多样化的特征。

源于城镇自下而上生长的特点,柳市镇工业和居住区混杂,中心镇区工业所产生的交通货运对居住片区的宜居性造成很大干扰。同时,交通的类别构成与城市有较大差异,由于管理不善导致步行与骑行不安全的问题也较为严重,对交通管理提出了挑战。

当前推进的柳市美丽城镇建设计划在公共设施建设方面取得了一定进展,但仍未达到居民的需求。在对美丽城镇的认知中,外来务工人员关注个人经济提升的较多,而本地居民更看重城乡建设和公共环境的改进。此外,柳白新城尚在建设中,半城镇化特征明显。本文为确定今后柳市镇建设重点提供了扎实的数据,下一步应深化横向比较研究,为小城市的健康发展校准脉络。

参 考 文 献

［1］李王鸣,王纯彬."温州模式"主导下城市化地区弱中心现象分析——乐清市个案研究［J］.城市化规划,2006(3):45-47.

［2］柳市镇人民政府.柳市镇土地利用总体规划(2006—2020)［R］.2010.

［3］柳市镇人民政府,乐清市城乡规划设计院.乐清市柳市镇城镇环境综合整治规划［R］.2017.

［4］柳市镇人民政府,中国美术学院风景建筑设计研究总院.柳市镇美丽城镇建设行动方案［R］.2020.

［5］周俊、黄幼朴、陈勇."温州模式"下的空间规划困境与对策［C］//中国城市规划学会,东莞市人民政府.持续发展　理性规划——2017中国城市规划年会论文集(12城乡治理与政策研究).北京:中国建筑工业出版社,2017:211-218.

［6］周俊,黄幼朴,黄勤.社区治理对半城市化地区更新规划的启示与实践——温州柳市旧城规划个案研究［J］.现代城市研究,2017(5):25-30.

［7］段进.当代新城空间发展演化规律——案例跟踪研究与未来规划思考［M］.南京:东南大学出版社,2012.

［8］戴晓玲、陈前虎、谢晓如.特色小镇社会融合状况评估［J］.城市发展研究,2018(1)(b类):110-118.

［9］傅铮,瞿叶南,戴晓玲.从中心镇到小城市——来自小城市培育试点义乌佛堂镇的报告［C］.中国城市规划学会小城镇规划学术委员会.空间规划改革背景下的小城镇规划.上海:同济大学出版社,2019:52-72.

感谢柳市镇设计师、规划师团队和调研小组汪敏、陈嘉洛、张婧怡、林梦茜、李佳、金佳锋的支持与鼓励。在此,对他们表示最诚挚的谢意!

天津市小站镇公共服务设施空间布局模式研究

张恒玮

（天津城建大学建筑学院）

【摘要】 在小城镇需要调整方向、转型发展、适应新时期新环境的当下,探讨小城镇规划建设管理与转型发展理念的创新方向和路径成为一项热点议题。本文以天津市小站镇为研究范围,以小站镇的公共服务资源的空间布局与空间分配为研究对象,利用 ArcGIS 软件对数据进行一系列空间分析的基础上,形成了两种公共服务设施空间布局模式:中心集中型公共服务设施布局模式和邻里需求型公共服务设施布局模式。前者基于小站镇公共服务设施的空间分布现状,将公共服务资源置换至镇区中心,分析该模式的优势,并提出一系列相应的布局建议与措施;后者基于小站镇各个社区划分不同等级的生活圈,将不同等级规模的公共服务设施与不同生活圈层相匹配,形成不同等级公共服务设施的布局格局,并提出相应的实施措施。本文形成的两种布局模式从公共服务资源分配的角度来探讨小城镇治理能力的提升,并在新冠疫情全球暴发的当下有一定的现实意义。

【关键字】 小城镇 公共服务设施 空间布局 天津市

1 引言

小城镇介于城市与乡村之间,地位特殊,在新冠疫情暴发的当下,对小城镇转型发展的探讨变得迫切。小城镇发挥了城乡纽带的作用,对于区域协调发展、促进农村城市化和就近就地城镇化、提高乡村生活水平、促进城乡公共服务均等化均起到了重要的作用。

发展教育、医疗、体育、文化等公共事业,加强小城镇的公共服务设施建设,能够为小城镇的经济发展、公众生活水平的提升、社会经济文化活动的实施提供最为基础的保障。同时,通过公共服务资源的空间布局与空间匹配,将空间规划措施与科学的治理方法相结合,形成新的空间模式、管理机制、治理手段,能够推进治理体系和能力,提升小城镇的防疫能力和空间韧性,在疫情防控过程中贡献一份力量。

2 研究范围及数据来源

本文研究范围为天津市津南区小站镇区(图1)。研究的基础数据资料主要来自小站镇的卫星影像图、规划资料和一些地理信息数据。其中,地理信息数据包含了描述小站镇各类公共服务设施(图2)、各个社区(图3)和整体空间形态的包括点、线、面在内的各类型数据。点数据是小站镇各类公共服务设施 POI 数据的综合,包含内容有公共服务设施名称、位置坐标等,包含的类型有教育类公共服务设施 POI 点数据、医疗类公共服务设施 POI

图 1 小站镇域与小站镇区

图 2 公共服务设施的空间分布

图 3 社区空间分布

点数据、文娱类公共服务设施 POI 点数据和商业类公共服务设施 POI 点数据;线数据是根据小站镇整体空间形态构建的轴线模型,方便后续利用空间句法进行分析与解读;面数据主要表示小站镇各个社区的空间边界,将空间边界抽象为几何要素,通过地理信息系统软件进行处理,将各个面要素转换成几何质心点,以方便后续对社区进行空间分析。

3 公共服务设施空间布局模式的形成

3.1 中心复合型公共服务设施布局模式的形成

公共服务设施适度的空间聚集,能够减少运营、维护成本,扩大规模效应。将各类型公共服务设施看做一整体,在对小站镇空间形态和整体公共服务设施空间分布的现状分析基础上,提出相应的空间优化策略,以公共服务设施的空间集聚为主要特征,形成中心集中型公共服务设施布局模式,以此为小站镇公共服务设施空间布局决策提供辅助参考。

对小站镇空间形态轴线模型的空间句法分析,能够得到小站镇的空间中心,并且体现小站镇的空间可达性,以此来评价整体的公共服务设施和各类型公共服务设施对城镇空间的辐射能力,从而对小站镇公共服务设施起到现状布局分析与辅助空间规划的作用;对各类公共服务设施的泰森多边形面积的分析,能够得到小站镇公共服务设施的空间分布情况,并据此提出针对性的建议与策略。

3.1.1 空间句法分析

利用空间句法工具对依据小站镇整体空间形态构建的轴线模型进行集成度、选择度和可理解度分析。从集成度分析中可以得出小站镇的空间离散程度,全域集成度表达的是小站镇内某一空间与其余所有空间的关系,步行集成度表达的是小站镇内某一空间与以某一数值为拓扑单位之内的空间关系,本文所采用的步行集成度 R = 3(3 步拓扑深度),用来模拟人流的步行集聚程度,体现公共服务设施对步行人流的空间辐射程度。全域选择度表达的是某个空间出现在最短拓扑路径上的次数,也就是表明某空间吸引穿越交通的潜力大小。步行选择度表达的是小站镇内某一空间与以某一数值为拓扑单位之内的空间吸引力。本研究所采用的步行选择度 R = 3(3 步拓扑深度),用来模拟人流的步行空间吸引力。

从小站镇全域集成度、步行集成度、全域选择度、步行选择度的分析结果来看,小站镇中部区域的前营路及周边空间、津歧路及周边空间、东马路及周边空间的集散度更高、可达性更强、公共性更强、更易积聚人流。

可理解度(图 4)是描述局部变量与整体变量之间相关度的变量[1]。在全域连接度与全域集成度之间建立散点图,X 轴代表全域连接度、Y 轴代表全域集成度。从分析结果中可以得出,线性回归方程 $Y = 0.161\ 657X + 1.225\ 58$ 模拟散点图的走势,相关度系数 $R^2 = 0.54$,连接度与集成度成正相关,连接度越高,集成度越高,连接度越低,集成度越低。通过对可理解度的解读可知,小站镇局部空间与整体空间呈正态相关,空间结构易于理解,同时也较好地支持了上述通过全域集成度、步行集成度、全域选择度、步行选择度等分析对小站镇整体空间结构形态的论述。

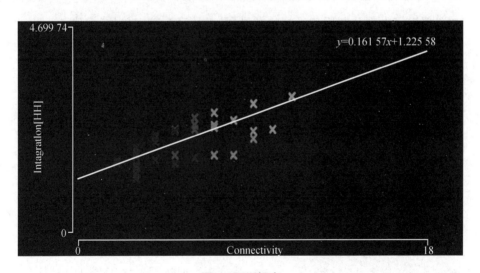

图 4 可理解度

3.1.2 泰森多边形分析

泰森多边形是一组由连接两邻点线段的垂直平分线组成的连续多边形,一个泰森多边形内的任一点到构成该多边形的控制点的距离小于到其他多边形控制点的距离[2]。利用泰森多边形工具可以得出公共服务设施的服务范围与空间距离分配。通过 ArcGIS 软件对小站镇整体的公共服务设施 POI 点数据进行泰森多边形分析,并求出各个泰森多边形的区域面积,泰森多边形的面积越小,该泰森多边形所对应的公共服务设施的空间距离分配越小,公共服务设施在空间上的分布越密集;分析结果图中颜色越冷则相反。从分析结果中可知小站镇的中部与东北部的公共服务设施的泰森多边形面积较小,说明该区域的公共服务设施呈集群分布。

根据上述的空间句法、泰森多边形分析多种方法的应用、分析与比对,可以得出小站镇的公共服务设施主要集中于中部和东北部区域。通过空间分析可知小站镇中部区域的集成度更高,所以结合现状,将该区域确定为小站镇公共服务设施的中心,级别最高,配套最全;小站镇东北部区域也相对集约,因而将该区域确定为次一级的公共服务设施集中区,在空间上形成公共服务设施不同等级的节点。

3.2 邻里需求型公共服务设施布局模式的形成

邻里需求型公共服务设施的布局,是以社区为基本单位,构建 5—10—15 分钟的层级便民生活圈,关注空间覆盖率,实现公共服务设施圈层化供给。利用空间分析工具得出各类型公共服务设施的空间分布核密度和社区的多层缓冲区范围,在对比分析之后,了解各类公共服务设施的空间分布以及相应的服务能力、供给能力,从而为社区解决公共服务设施配套滞后、服务类型单一、各社区公共服务水平差异大等问题。

3.2.1 社区生活圈的划分

首先利用 ArcGIS 工具提取社区的质心点,在此基础上进行缓冲区分析。通过缓冲区工具划分社区的生活圈(图 5),以解决社区缓冲区范围内公共服务设施供给不足、质量低下等问题。设施的使用频率和到达时距的分层,决定了社区公共服务设施布局的分层,依据以人为本、时空

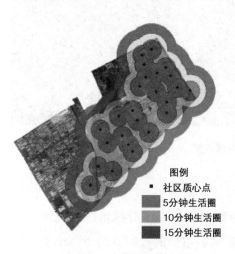

图例
■ 社区质心点
■ 5分钟生活圈
■ 10分钟生活圈
■ 15分钟生活圈

图 5　社区生活圈的划分

结合的原则,通过设施的使用频率和达到时距,划分公共服务设施的层级,形成5—10—15分钟的三级圈层构成。分别是5分钟生活圈,表现在空间中是半径为300米步行距离的圆形范围;10分钟生活圈,表现在空间中是半径为500米步行距离的圆形范围;15分钟生活圈,表现在空间中是半径为800米步行距离的圆形范围。2018年新发布的《各生活圈层配置公共服务设施意见征求表》中对各生活圈层所需设置的公共服务设施进行了建议与规定[3](表1)。

表1　各生活圈层配置公共服务设施标准表

时间划分	设施种类	配置类别
5分钟生活圈	社区服务站、文化活动站、小型球类场地、健身场地、幼儿园、托儿所、卫生服务站、小超市、垃圾回收站、资源回收站、公共厕所、托老所	社区服务设施
10分钟生活圈	小学、托老所、大中型球类场地	公共管理和公共服务设施
	商业设施、菜市场、健身房、餐饮设施、银行营业网点、邮政所、邮电营业网点	商业、服务业设施
15分钟生活圈	初中高中、体育馆、大中型球类场地、社区医院、养老院、文化活动中心、街道服务中心、街道办事处、派出所	公共管理和公共服务设施
	商业设施、健身房、餐饮设施、银行营业网点、邮政所、邮电营业网点	商业、服务业设施

3.2.2　各类公共服务设施核密度分析

利用ArcGIS工具对小站镇各个类型的公共服务设施POI点数据进行核密度分析,得出各类型公共服务设施的空间分布特征。通过与各个社区生活圈的叠加对比,能够初步了解各个社区的不同层级生活圈公共服务设施的配置情况,按照《各生活圈层配置公共服务设施意见征求表》中的配置标准,进行有针对性的公共服务设施配置,使得社区的各个生活圈层的设施配置均能够满足居民不同到达时距的需求。

教育类公共服务设施主要分布于小站镇中部和东北部区域,与社区的生活圈缓冲区相比,发现小站镇北部的社区教育类公共服务设施分布较少,不能很好地满足该区域社区的居民需求(图6)。

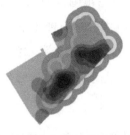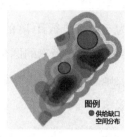

(1) 教育类设施核密度分析　　(2) 核密度分析与生活圈叠加　　(3) 设施供给缺口分析

图6　教育类公共服务设施空间分析及与社区生活圈的比对

医疗类公共服务设施主要分布于小站镇的中部和东北部,与社区的生活圈缓冲区相比,发现小站镇中部的部分社区和南部的部分社区的医疗类公共服务设施分布较少,不能满足社区的生活圈设施配置标准(图7)。

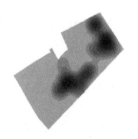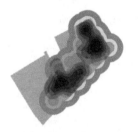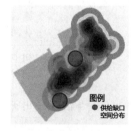

(a) 医疗类设施核密度分析　　(b) 核密度分析与生活圈叠加　　(c) 设施供给缺口分析

图7　医疗类公共服务设施空间分析及与社区生活圈的比对

文娱类公共服务设施主要分布于小站镇的中部和北部,设施数量较少,不能很好地满足社区居民的需求,供给缺口较大,与社区的生活圈缓冲区相比,缺口主要存在于小站镇的北部、中部和南部区域(图8)。

商业类公共服务设施的空间分布较为均匀,与社区的生活圈缓冲区相比,仍然有部分社区缺少商业类公共服务设施,对社区居民造成了不便,需要按照社区生活圈公共服务设施配置标准配置,以满足社区不同生活圈层差异化的设施配套要求(图9)。

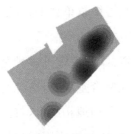
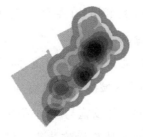
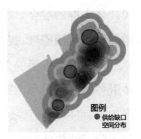

（a）文娱类设施核密度分析　　（b）核密度分析与生活圈叠加　　（c）设施供给缺口分析

图 8　文娱类公共服务设施空间分析及与社区生活圈的比对

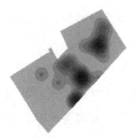
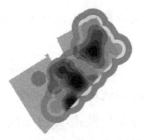
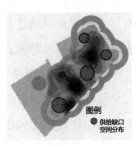

（a）商业类设施核密度分析　　（b）核密度分析与生活圈叠加　　（c）设施供给缺口分析

图 9　商业类公共服务设施空间分析及与社区生活圈的比对

4　不同布局模式下的空间优化策略

4.1　中心集中型布局模式下的策略

依托于空间句法、泰森多边形对小站镇的空间形态及公共服务设施空间分布的现状分析，需要强化小站镇公共服务设施的空间结构，突出镇区中部公共服务设施中心集中节点的地位，提出一些相应的建议与措施。

4.1.1　控规指标置换，土地混合利用

过于明确的功能区划分容易使土地利用效率低下，在单一的地块功能条件下造成了地块使用密度低，经济、社会、空间效益低下等现象。合理的土地使用兼容一方面可以在土地地块区位环境条件的基础上因地制宜地配置公共服务设施，另一方面可以体现规划的弹性，复合多种公共服务功能，增加地块使用的多样性。通过对土地的混合利用，在社会层面能够促进不

同社会人群的混合,增进社会和谐,在空间层面能够改善街景单调的现状,增加地块使用密度,提升空间活力。

通过指标置换的方式,可以将文化设施、商业设施、体育设施等多种公共服务功能植入小站镇中部区域的同一地块,形成功能复合空间,打造综合服务区;可以将商业类公共服务设施与小站镇中心的产业用地相结合,打造前店后厂的新型业态;将室外体育设施与小站镇中心区域的绿化用地相结合,形成健康养生区;文化类公共服务设施与小站镇中心区域的居住用地相结合,形成充满活力的文化艺术空间,提升社区的社会和空间效益。不同用地与公共服务设施之间两种及两种以上的复合利用,能够探索与创新出土地混合利用的多种模式。

4.1.2 扩大服务半径,构建公共服务设施空间体系

可以探索公共服务设施在地块空间内的集成布置,也可以探索公共服务设施在建筑空间内的集成布局模式,通过集成服务来扩大服务半径。在镇区中心空间植入多种公共服务功能,例如将周边街区的各类公共服务设施置换至镇区中心街区,形成一个集健身馆、教育培训基地、政务办公中心、文化活动中心、餐饮美食、商业、医疗中心为一体的综合地块;或者落实集群办学、医联体等创新服务模式,构建功能复合的城市综合体,统筹空间布局,提升整体公共服务质量,从而满足居民的多样化、高质量的需求。由于公共服务设施只服务于局部街区,设施规模小,服务半径小,服务范围小,街区覆盖不完全,导致一部分居民不便;在完成设施中心集聚之后,设施进行更新,质量提升,规模变大,服务半径增加,服务范围随之变大,能够覆盖之前小范围服务半径所涉及不到的街区,服务范围不再局限于某一个街区,在集聚效应、规模效应下形成更大规模的服务半径和面积更大的服务范围,从而满足镇区中心集聚的要求,提升综合效益。

小站镇中部节点等级最高,配置最全,服务半径最大,可以同时满足不同需求的人群;东北部节点由于靠近居住区,主要配置满足居家生活的公共服务设施;西南部节点靠近工业区,主要配置满足工作需要、服务于工作人员的相关公共服务设施。以满足多元化需求为目标来构建优质均衡的公共服务设施空间体系。

4.1.3 应对突发性公共卫生安全事件的思考

通过构建小站镇中心集中型的公共服务设施空间布局模式,将各个街区的公共设施用地指标置换至镇区中心,余留在各个街区中的用地指标可以形成预留用地,构建土地储备,在闲暇时可以用作社区闲置空间、共享空间、弹性空间,以备不时之需,在疫情暴发之后可以临时调用。由于公共服务资源集中在镇区中心,容易形成规模效应、集聚效应,服务质量更高,在疫情暴发后,更高级别的医疗设施拥有更完善的医疗资源、更高的医疗技术和更大的病患收治容量;中心集中型设施布局模式服务半径更大,在疫情暴发后,镇区中心的医疗类服务设施机构不仅可以服务到各个社区,同时可以联系更高级别的居住区和医疗服务机构,加强管理,畅通高层与底层社区之间的信息传递,便利信息统计与调查,承上启下,起到中转站的作用。

4.2 邻里分散型布局模式下的策略

社区生活圈模式下的公共服务设施配置与中心集中型公共服务设施布局模式的侧重点有所不同,各类公共服务设施均有不同的等级,以社区为单位,强调以出行时间划分的不同生活圈层与以规模、服务范围、受众数量指标划分的不同等级设施之间的匹配,以满足社区居民设施的使用频率和到达时距的差异化需求。

4.2.1 设施圈层化配置

结合各类公共服务设施的供给缺口空间分布与各生活圈层配置公共服务设施意见征求表,进行各类公共服务设施与各社区不同生活圈层之间的匹配,统筹各类公共服务设施布局。

以教育类公共服务设施和商业类公共服务设施为例:教育类公共服务设施的供给缺口主要分布于小站镇北部和中部的社区,在这些社区中由于教育类公共服务设施配置较少,在因地制宜的前提下按照生活圈层配置公共服务设施表进行缺少设施的补充。在 5 分钟生活圈内配置幼儿园和托儿所,在 10 分钟生活圈内可以配置小学,在 15 分钟生活圈内可以配置中学,由于社区生活圈缓冲区存在重叠的现象,可以因地制宜,按照实际情况,让几个居住区共享一个小学或者中学。商业类公共服务设施的空间分布较为均匀,在对社区生活圈现状配置情况的分析基础上,按照生活圈层配置公共服务设施表进行查缺补漏,配置相应的商业设施。在 5 分钟生活圈内设置社区服务站、小超市等设施,在 10 分钟生活圈内增设菜市场和餐饮设施,在 15 分钟生活圈内设置一些较为大型的商业设施和餐饮设施,各等级的商业设施不一定需要单独划拨土地,可以因地制宜,与其他功能的设施进行复合设置,甚至可以在建筑空间内形成集成布局的模式。

4.2.2 控规指标置换,优化布局

基于社区不同生活圈对应的设施配置要求,同样可以利用指标置换的方式,灵活运用,以回应不同社区不同的公共服务设施配置要求。该模式下的指标置换与基于镇区中心集聚型的设施配置模式下的指标置换的区别是,前者是以社区生活圈配置标准为依据,以满足设施规模圈层化为目的,以使用频率和达到时距为衡量指标,查缺补漏,优化生活圈层布局,对公共服务设施用地指标与其他用地指标进行的合理置换;后者是将设施功能指标由各个街区置换到小站镇的中心区域,由于中心区域的公共服务设施分布密集,可以在此基础上构建小站镇公共服务中心,以规模效应来扩大设施的整体服务范围,改变之前因设施局限于街区导致的服务半径小、街区范围覆盖不完全的现状。

首先,可以将其他用地指标适当调整为公共服务设施用地指标,缩小公共服务设施的供给缺口,其中主要是居住用地指标与各类公共服务设施用地指标置换为主。其次,可以通过分散同类型公共服务设施用地,与居住用地结合进行指标置换,以达到优化资源配置的目的。例如可以将医疗类公共服务设施用地指标分化至各个居住用地之中,为各个居住区配置医疗诊所,或者将文娱类公共服务设施用地指标分化至各个居住用地之中,将规模更大、服务范围更广且数量较少的文娱类设施如少年宫、图书馆、科技馆置换为分散在各个居住区的文化活动室,复合少年活动、图书阅览、科技展示等功能。最后,可以通过不同类型公共服务设施用地指标之间的调整来对生活圈层中的设施进行"多退少补",优化公共服务设施的圈层化布局。例如位于小站镇中心区域的紫淼新苑社区教育资源集中,有多所幼儿园分布,但是医疗诊所缺乏,可以适当将教育类公共服务设施用地指标置换为医疗类公共服务设施用地指标。

4.2.3 应对突发性公共卫生安全事件的思考

在全球因新冠疫情影响的当下,在空间规划层面如何阻击疫情的肆虐、保护大众健康安全成为一项热点议题。各类型公共服务设施生活圈层的设置能够在空间上形成有效的疫情防护等级圈,与社区生活圈相对应,在各层级防护圈社区管理居民行为活动、减少人员往来交流的同时,通过公共服务设施保证居民日常生活所需要的各类公共服务。例如在疫情严重的阶段,可以将社区居民局限于 5 分钟生活圈内管理,且生活圈内的各类公共服务设施完善,同时形成相应的疫情防护等级圈,待到疫情缓解阶段,再逐步开放10 分钟或 15 分钟生活圈。以空间管理来促进治理能力的提升,达到疫情的有效防控。

5 结语

公共服务设施不同模式的空间配置,背后所反映的资源分配、规划方法、精神价值导向均有不同。公共服务设施空间布局的优化,本身就是对小城镇治理能力的一次推动与提升。同时,不同空间布局模式导向下的不同方法与举措,能够从不同的角度对疫情防控起到重要作用。本次研究从公共服务设施布局的现状分析和新的规划方法理念——社区生活圈划分这两个方面推导出不同的空间布局模式,提出了相应的优化措施与建议,为小城镇公共服务资源的分配、小城镇的建设管理、小城镇的转型发展提供了新的方法和思路。

参 考 文 献

[1] 徐会.基于空间句法分析的南京传统村落空间形态研究——以高淳何家—吴家村为例[D].南京:南京工业大学,2015.

[2] 汤国安.地理信息系统第五章空间查询与空间分析[M].北京:高等教育出版社,2007.

[3] 付昊鲲,张鹏英,张洋,等.基于多源大数据的公共服务设施便利度研究[J].建筑创作 2018(5):110-115.

苏州市被撤并镇整治实施及其政策供给研究

王士杰　　黄明华

（苏州科技大学建筑与城市规划学院）

【摘要】　随着苏州市城镇化的高水平推进和乡村振兴战略的实施，一些被撤并的乡镇成为苏州市现代化建设的短板，面临资源整合能力不足、设施老化、管理和服务弱化、环境脏乱差等问题。为纾解被撤并镇面临的发展困境，补齐城乡高质量发展的短板，苏州市从 2016 年开始分三批推进 67 个被撤并镇的整治提升工作，经过三年的整治，苏州市被撤并镇整体面貌得到较大改善，整治过程中取得的一些经验，对下一步整治工作及其他类似地区相关工作具有一定的借鉴意义。本文通过梳理苏州市三年来被撤并镇整治工作的实施情况，重点从顶层设计、考核机制以及相关保障等政策的内涵进行剖析，对苏州被撤并镇整治政策进行反思并提出优化建议，以期对苏州市被撤并镇整治后续政策制定工作提供有益借鉴。

【关键词】　被撤并镇　整治提升　政策供给

1　引言

自 20 世纪 80 年代以来，为精简行政管理机构，优化资源配置和城镇体系结构，推动区域经济社会集约高效发展[1]，我国进行了大规模的乡镇撤并工作。经历多年的优化调整，一些小城镇抓住历史机遇，迅速做大做强，实现了跨越式发展[2]；而被撤并的镇则进入了"后撤并时代"[3]，发展面临资源整合能力不足、设施老化、管理和服务弱化、环境脏乱差等问题。苏州是全国城镇化进程较快的地区之一，也是全国乡镇撤并力度比较大的地区。随着苏州市城乡一体化改革的高水平推进和乡村振兴战略的实施,被撤并镇逐渐变成被遗忘的"洼地"、苏州市现代化建设的短板,甚至成为苏州城乡发展不平衡的最主要领域。

为补齐这一短板,苏州市从 2016 年开始,启动对全市 67 个被撤并镇的整治提升工作。被撤并镇整治提升工作分三个批次进行推进,计划用 5 年时间对全市 67 个被撤并镇进行全覆盖的整治提升。截止到 2018 年底,共完成投资 110.69 亿元,涉及规划编制、公共服务设施、市政基础设施、长效机制、彰显特色、环境整治、创新实践 7 大领域。

政策是政府管理的主要手段,被撤并镇整治工作相关政策安排直接影响整治工作的顺利推进和整治效果。2016 至 2018 年苏州市各级政府先后发布一系列政策性文件,旨在为被撤并镇整治工作的顺利实施提供保障。总结和提炼苏州市在相关政策设计方面的做法,对整治工作的进一步推进及其它地区类似工作的开展具有重要的指导意义。本文基于苏州市 67 个被撤并镇整治评估工作的实地调研和资料分析,重点聚焦整治提升工作相关政策文件的内涵以及反映出的政策设计经验和问题,提出对于苏州市被撤并镇整治政策创新的反思和建议。

2 苏州市被撤并镇整治实施情况

2.1 规划引领,政府主导下的整治实施

2016—2018 年,苏州市所有被撤并镇都实现了规划的全覆盖,规划编制总投资 5 635.6 万元;规划类型主要有控制性详细规划和整治更新规划,其中有 48 个镇编制了控制性详细规划,22 个镇编制了整治更新规划,3 个镇两种类型的规划都进行了编制。总体来看,各被撤并镇的规划基本上能够明确被撤并镇的功能定位,对功能区域进行了合理的布置,有效发挥了规划的引领作用。在整治工作推进过程中,苏州市各级政府成立领导小组,对被撤并镇整治工作进行领导协调,初步形成了政府领导、各部门协同推进的局面。

2.2 分批推进,区域之间投入相对均衡

苏州市将 67 个被撤并镇分三批进行整治提升,2016 年首先对第一批的 14 个被撤并镇进行试点实施,共投资 21.14 亿元;在总结试点经验的基础上,对剩余的 53 个被撤并镇分两批进行整治提升。全市 67 个被撤并镇三年来累计完成投资 110.67 亿元,完成项目 1 415 个。整体来看,苏州市各板块的投入总体上相对均衡(相城区两个被撤并镇已融入市区,不具代表性)。在 2016—2018 年的整治工作中,资金投入力度最大的是常熟市,镇均投入 1.97 亿元,其次是吴中区、张家港市和吴江区,镇均投入分别为 1.50、1.29 和 1.14 亿元,投入力度较小的是昆山市和太仓市,镇均投入为 0.96 和 0.98 亿元;镇均投入项目数量最多的是太仓,有 26.69 个,最少的吴江为 15.44 个,全市镇均投入 21 个整治项目(表 1)。

表 1 苏州市各区市被撤并镇整治投入情况

板块	整治镇个数	总投入金额(亿元)	整治项目个数	镇均投入金额(亿元)	镇均项目个数
吴中区	2	2.99	46	1.50	23.00
相城区	2	23.6	89	11.80	44.50
吴江区	16	18.3	247	1.14	15.44
张家港	10	12.9	195	1.29	19.50
常熟	17	33.46	373	1.97	21.94
昆山	7	6.72	118	0.96	16.86
太仓	13	12.72	347	0.98	26.69
小计	67	110.69	1415	1.65	21.12

2.3 以项目为核心,大小中微并举,全面覆盖民生各领域

苏州市被撤并镇整治工作主要以项目为核心,以点带面带动整个镇区的整治。投入项目可划分为 7 种类型:完善规划编制、环境集中整治、配套基础设施、完善公共服务、健全长效机制、彰显个性特色、积极创新实践。在七大类整治项目中(表 2),完善公共服务类的资金投入最大,达 38.17 亿元,占总投入的 34.49%;完善规划编制类则是资金投入最少的项目,总

投入 6 016 万元,占投入的 0.55%。总的来看,被撤并镇的整治工作主要是聚焦于物质环境的改善,对于软环境建设比如长效机制的健全等投入相对较少。

表 2　苏州市被撤并镇整治项目类别及投入情况

项目投入	完善规划编制	完善公共服务	配套基础设施	环境集中整治	健全长效机制	彰显个性特色	积极创新实践	合计
金额(亿元)	0.6	38.17	33.14	13.04	2.3	14.89	8.53	110.67
项目个数	100	263	373	305	190	110	74	1 415

　　总体来看,项目规模覆盖全面,大、中、小型均有投入。全市 1 415 个整治项目中,投资超过 1 亿元以上的特大项目有 16 项,总投资达 36.13 亿元,占项目投资总额的 32.64%,其中,投资额度最大的项目是周行社区的常熟城市综合物流园项目,总投资 9.16 亿元。在整治项目中,中小型项目的占比最高,其中投资在 500 万元以下的项目占总数的 72.9%,但资金总额只有 12.51 亿元,只占总投资的 11.3%,说明苏州市被撤并镇在整治过程中,以微更新为主要手段。中小项目的实施能够有效改善镇区环境,在方便居民生活等方面起到了重要作用,如各镇都有实施的公厕改造、增设停车场等。而大型项目的实施一方面解决了重大民生问题,如浒浦的安置房三期工程、合兴的外国语学校北校区工程;另一方面有效促进了地方产业发展,如投资 9.16 亿元的常熟城市综合物流园项目,不仅促进了周行管理区的产业升级,也对苏州北部地区物流业的发展起到了重要的推动作用。

表 3　苏州市被撤并镇项目投资规模分布

项目规模(元)	项目个数	项目金额(亿元)
>1亿	16	36.13
5 000 万—1 亿	22	14.66
2 000 万—4 999 万	80	23.36
1 000 万—1 999 万	113	14.43
500 万—999 万	152	9.59

(续表)

项目规模(元)	项目个数	项目金额(亿元)
100 万—499 万	499	10.78
＜100 万	533	1.73
合计	1 415	110.68

3 苏州市被撤并镇整治工作的政策供给

3.1 完善顶层设计

苏州市各级政府都制定了相关政策推动整治工作的顺利进行。苏州市委将被撤并镇整治工作列为"十三五"期间重要的目标任务;同年印发的《全市被撤并镇整治提升工作实施方案》,进一步明确全市被撤并镇整治工作的指导思想、目标任务、整治内容、组织保障,起到了统领全局的作用。各市县、区镇根据本地实际相继制定了工作方案,如太仓市制定了《太仓市被撤并镇(管理区)整治提升工作方案》,常熟市制定了《常熟市被撤并镇集镇区整治提升三年行动计划(2018—2020 年)》,太仓市璜泾镇制定了《璜泾镇被撤并镇管理区整治提升工作方案》。各级政府方案的制定实施保证了属地责任的落实,有效推进了全市被撤并镇整治工作的实施。

3.2 创新和规范项目督察考核

苏州市在被撤并镇整治提升工作成果考核和评估方面制定了上下联动、内容多样,自我管理与第三方考核相结合的考核政策体系。首先是制定了一系列的考核政策:《全市被撤并镇整治提升工作实施方案》明确将被撤并镇整治提升示范试点工作列为 2016 年度全市城乡发展一体化重点工作考核任务;《苏州市被撤并镇整治提升工作标准》从规划引领、公共服务设施配套、市政基础设施配套、镇容镇貌整洁、组织保障落实等方面制定了可以量化实施的考核标准、方法及评分细则。市县(区)两级政府均在整治提升工作方案中提出,对被撤并镇整治提升工作实行目标管理,把工作成效作为考核各级政府和领导干部工作实绩的重要内容;此外,每年度在全市范围内组织申报优秀示范项目,并对项目所在镇进行奖励。其次,引入第三方评估机构,对整治工作进行综合评估,充分发挥其独立、专业性的特点,弥补政府自我管理的不足。

3.3 强化整治工作的相关保障机制

创新资金保障。设立被撤并镇试点专项奖补资金,并以财政指标的方式下达各市县(区)财政局,由各市区美丽城镇建设办公室负责与属地财政局对接,落实到各镇(街道、开发区)。县区级资金的下发,主要有两种方式:一是设置区级奖补资金,如 2017 年吴江区对相关建制镇实施资金奖补,涉及被撤并镇 7 500 万元;二是对主要的整治项目直接进行补助,如《常熟市被撤并镇集镇区整治提升项目补助资金管理办法》指出,常熟市安排 1.32 亿元资金分三年对被撤并镇集镇区整治提升项目进行补助,对上报的计划项目中道路桥梁类、绿化类、其他配套类工程按实际投资额的 25% 进行奖补。

创新组织保障。苏州市成立美丽城镇建设办公室,统一领导美丽城镇建设和被撤并镇整治工作,由市住建局局长任主任,其他相关部门相关人员共同组成;各市县(区)也相应成立美丽城镇办公室;各镇(街道、管理区)成立由镇主要领导(一般是镇长)任组长,分管领导任副组长,镇有关部门和主要负责人为成员的领导小组,组织协调被撤并镇整治的相关工作。

构建长效机制。被撤并镇整治建管的有效结合——各建制镇都把被撤并镇的管理纳入了中心镇管理体系中。常熟的海虞镇发布《关于调整海虞镇全面深化河长制工作领导小组的通知》,碧溪新区制定碧溪新区村庄环境卫生长效管理督查机制;太仓市璜泾镇城管中队制定《四化机制长效方案》《环境整治长效方案》《农贸市场长效方案》等覆盖全面的长效方案体系,实现了巡查网格化、动态数字化、整治集中化、疏导点管理积分化;昆山市张浦镇则发布《张浦镇河长制工作交办单、"一事一办"任务清单销号工作流程》,昆山周市镇印发《周市镇河长制工作"六项制度"》等文件;吴江区平望镇梅堰社区印发《梅堰城镇"精细化"管理实施方案》《梅堰社区市政设施维护快速响应机制》等文件。

4 苏州市被撤并镇整治政策反思与建议

4.1 苏州市被撤并镇整治政策的反思

苏州市在被撤并镇整治工作中,从顶层设计、考核监督、保障措施等方面制定了一系列政策规定,有力支撑了被撤并镇的整治,取得了一定的成效。基于对苏州市被撤并镇整治工作中的政策进行梳理研究,发现该整治在政策设计方面主要存在以下两点不足。

一是尚未建立起完整的政策体系。三年来苏州市各级政府按照统一部署都制定了整治工作实施方案,在顶层设计层面对被撤并镇整治工作进行了规范,但是在相关配套政策方面还有所欠缺。首先是项目的确定标准方面缺少政策性的规定。目前各镇整治项目的确定主要是当地上报,市县(区)政府审核的模式,调研中发现,有些项目存在整治效果不佳,影响力不强的问题,在政策设计时应考虑进一步规范整治项目的确定标准。其次是激励机制有待完善。苏州市被撤并镇整治工作中主要有被撤并镇专项奖补和优秀示范项目奖补两种激励方式,在实际调研中发现基层政府对这两种激励手段反应并不太积极,普遍认为可有可无。这主要是由于对于当地的巨额投资来说,这些奖补作用不大。最后是资金保障政策需进一步完善。苏州被撤并镇综合整治以镇级政府为主,市县、区政府奖补为辅的形式筹集整治资金,被撤并镇单一地依靠财政投入持续"输血",而部分乡镇本身财力就不足,现在又要加大被撤并镇投入,往往难以为继。如沙家浜、七都、璜泾、临湖镇,用于被撤并镇整治投入的资金占比超过镇级财政收入的一半以上。

二是公共参与相关政策设计不够完善。苏州市被撤并镇整治工作主要是由政府主导推动的,各级政府制定的《实施方案》也是以明确政府工作责任目标为主要导向,这跟整治提升工作的性质是公共产品,有较强的公益性[4]有很大关系。整治工作中广泛而有序的公众参与,是充分尊重居民意愿,确保整治项目科学、有序、高效实施必不可少的环节。在调研走访中发现,苏州被撤并镇整治过程中的公众参与方式还是以"从上到下"、居民被动接受的模式为主,大多是以公示公告为主要形式,公众参与的方式单一、深度与广度不够,造成部分整治成果与公众实际需求不相匹配。

4.2　苏州市被撤并镇整治政策建议

首先,进一步完善顶层设计。住建部门应根据领导小组的统一部署会同发改、规划、财政等部门制定完善的项目设立标准,便于项目实施的监督和奖补资金的发放。其次是建立奖惩机制。在被撤并镇整治工作实施过程中,应充分考虑各地经济社会发展条件的不均衡性和差异性,优化激励机制;还要强化上级政府对项目实施的监管,拓宽公众参与途径[5],采用奖惩并存的方式,对考核结果较好的单位加大资金扶持力度,对不达标的单位要减少资金支持并督促其整改。最后是加大资金整合投入力度,拓宽融资渠道。一方面要加强部门之间的协作配合,整合分散在各部门的资金项目,避免重复投资,促进资金的高效利用;另一方面,要积极引导社会资金投入,给予各类建设主体政策优惠,鼓励居民进行自组织的社区营造。最后要细化公众参与的内容与方式。在整治项目实施的前、中、后期,细化参与人群、参与组织方式,保障决策过程的透明化,通过电视、广播、报纸等渠道引导公众积极参与,采用问卷调查、访谈、座谈、研讨会、听证会等方式保障公众参与的权利[6]。

5　结语

苏州是被撤并镇整治工作启动较早的地区之一,整治过程中遇到的问题具有一定的代表性,总结苏州市在整治工作中的一些做法和经验对于全国其他类似地区的相关工作有一定的借鉴意义。本文通过梳理苏州市被撤并镇整治实施的情况,以整治工作中的政策设计为切入点,反思问题总结经验,进而提出了整治工作政策设计方面的相关建议。经过调研,笔者发现,相较于上海、深圳等城市的城市更新工作主要集中于中心城区,苏州市小城镇具有发展成熟、工业发达的特点,在资源环境约束逐步收紧、产业转型升级的背景下,苏州小城镇将成为苏州市城镇存量更新的主战场,被撤并镇整治相关经验对小城镇的存量更新工作也具有较强的现实意义。

参 考 文 献

［1］民政部、中央机构编制委员会办公室、国务院经济体制改革办公室、建设部、财政部、国土资源部、农业部关于乡镇行政区划调整工作的指导意见［J］.小城镇建设，2001(9)：2-3.

［2］彭锐,张璐璐,秦振兴.苏州市撤并镇区有机更新思路及实证研究［J］.规划师,2019，35(9)：83-87.

［3］刘志鹏."后撤并时代"被调整乡镇的治理现代化：困境与策略选择——以广东为重点的考察［J］.学术研究,2018(2)：44-51＋177.

［4］王丹.农村环境综合整治中的政府定位［J］.中国经贸导刊,2010(16)：41-42.

［5］武前波,俞霞颖,陈前虎.新时期浙江省乡村建设的发展历程及其政策供给［J］.城市规划学刊,2017(6)：76-86.

［6］左宜,薛敏,王腾.基于"民主方块"理论的公众参与机制的细化研究［C］//中国城市规划学会,东莞市人民政府.持续发展　理性规划——2017中国城市规划年会论文集(14规划实施与管理).北京：中国建筑工业出版社,2017：578-585.

基于政策导向的贵州省村庄与农房风貌
建设管控路径研究

李　海　白永彬

（贵州省城乡规划设计研究院）

【摘要】　针对贵州省在村庄与农房风貌规划建设管控方面存在的问题和不足，本文通过对乡村建设管理政策解读研判和对现状存在重点问题梳理分析，基于政策配套层面提出整合设置路径方案，应对当下村庄及农房规划建设管理体制不顺、力度不够的现状，从农房规划设计和建设管理两个方面提出管理实施建议，为贵州省村庄与农房风貌整体管控引导和优化提升提供政策支撑和保障。

【关键词】　村庄风貌　农房风貌　规划建设管理　政策体系

1　引言

近年来，贵州省将乡村规划建设作为助力决胜脱贫攻坚、农村人居环境整治和乡村振兴战略实施的重要抓手，开展了以脱贫攻坚村庄规划设计大会战为引领的多项工作举措，提出"1＋3＋3"省域村庄与农房指引研究系列课题框架（图1），全面推动全省乡村区域风貌特色塑造和建设管控，为全省村庄与农房风貌建设提供指导。

本文以"贵州省村庄与农房规划建设政策研究专题研究"为基础，重点梳理贵州省现行乡村建设政策和开展现状发展研判，结合存在问题和成因，以政策指引和管控为导向，提出村庄和农房规划设计、建设管理等方面的政

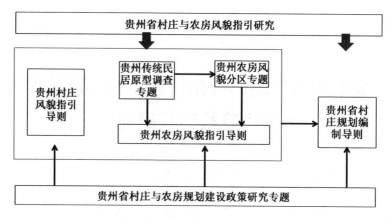

图 1 贵州省村庄与农房风貌"1+3+3"研究框架构成图

策整合设置方案和实施保障措施,从政策层面保障全省村庄和农房风貌指引的有效推进和实施,为贵州村庄和农房风貌规划建设政策制定、建设管控和工作管理提供参考,同时从省层面为各市(州)、县(市、区)美丽乡村建设和村庄、农房风貌特色营造做好政策引导和指导(图 2)。

2 贵州省现行乡村建设政策梳理和发展认知

2.1 政策梳理回顾

以村庄与农房风貌建设管控为研究节点,贵州省乡村规划建设政策和技术文件最早可追溯至 2001 年,贵州省创新性地提出以"富在农家增收入、学在农家长智慧、乐在农家爽精神、美在农家展新貌"为内涵的"四在农家"创建,通过"七个一"和"五通三改三建",推进新农村建设,并逐步在全省推广;2006 年贵州省开展社会主义新农村建设村庄整治试点,从村庄规划入手,以村容村貌整治为主要内容,推进村庄整治工作;2008 年贵州省将美丽乡村作为美丽贵州建设中的重要环节,进一步加强农村生态建设、环境保护和综合整治工作;2013 年贵州省结合"四在农家"经验,提出"四在农家·美丽乡村"升级打造要求,制定小康路、小康水、小康电、小康讯、小康房和小康寨六项行动计划,以"水、电、路、讯、房、寨"提标改善为重点,推动农村环境

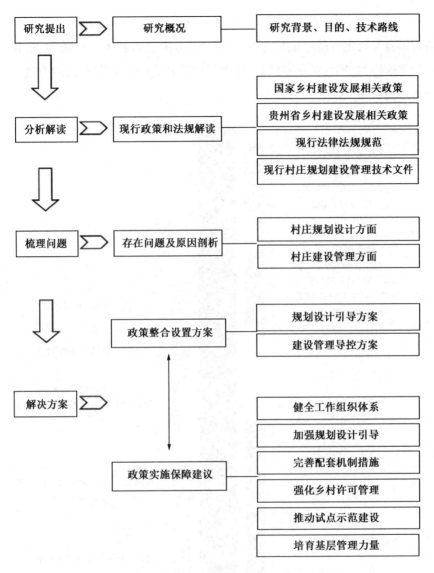

图 2　研究技术路线图

和住房改善;2016 年贵州省提出整体改善农村人居环境"10＋N"行动计划,
在全省形成一批环境优美、生态良好、乡村气息浓郁的山地特色美丽乡村;
2017 年贵州省开展脱贫攻坚村庄规划农房设计大会战,制定出台全省村庄
与农房建设风貌指引导则,各市(州)分别完成农民建房通用参考图集;
2018 年贵州省制定农村人居环境整治三年行动实施方案,确定村容村貌提

升等三个主攻方向,确保实现农村人居环境质量大幅改善和提升;2019 年贵州省出台乡村振兴战略实施意见,明确"大力推进农村人居环境治理,加快建设美丽乡村"等六项重点任务,将乡村风貌作为生态宜居和治理有效的重要展示窗口(图 3)。

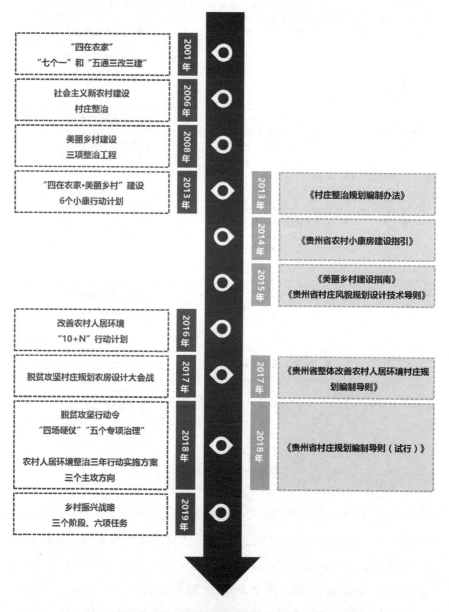

图 3 贵州省乡村规划建设政策和技术文件发展历程图

2.2　现状发展研判

1．山地建筑形态，多元风貌形式，民族建筑极具特色

多样的地形地貌造就了贵州村庄建筑的山地建筑形态，有吊脚楼、三合院、转角楼、四合院等不同的平面形式，在特定地域、特殊历史阶段，外来文化与贵州自然人文融合发展，形成了屯堡文化、徽商文化等多种风貌；民族文化与当地自然环境融合，建筑类型具有突出的民族建筑符号特征，建筑方式体现本民族的物质和精神，以及民族历史文化发展的水平。

2．规划指引不足，管控性不强，执行较差

受社会经济水平和资金安排等影响，村庄规划和建设存在"项目跟着资金走"而不是"项目跟着规划走"，导致村庄建设随意性较大，农房布局散乱，村庄建设管控、环境整治、风貌控制等工作缺乏有效指导。村庄规划主要存在理念缺乏创新，编制水平不高；管控性不强，可操作性差；表达不清晰，内容过繁杂；村民参与少，实施难度大；编制覆盖少，规划执行弱等问题。

3．建设盲目性大，管理体系不健全，监督不力

村庄建设管理存在建设盲目性大，农民宅基地选址不规范，"一户多宅、未批先建、少批多占"等现象。建设过程中乡土特色和民俗文化展示不足，千村一面现象突出；缺乏整体统筹，多头管理，体系不健全，对农村建房规划许可的监管也明显不足。

3　政策整合设置路径方案

3.1　规划设计指导路径

按照"先规划、后许可、再建设"的要求，严格实施村庄规划设计，健全乡村建设规划许可制度，依法加强规划管理，规范乡村建设秩序。

1．加强村庄规划风貌引领管控

村庄规划编制中，应明确村庄风貌管控要求，结合村庄地形地貌和聚落特征，按照村庄类型，对山体林地、水体田园等村庄自然环境要素，例如空间形态、道路巷道、公共空间、景观绿化、环境小品等进行风貌控制和引导，严

禁脱离农村实际规划建设大广场、大公园、宽马路、大牌坊、大雕塑等形象工程和项目。同时结合居民点传统风貌特色,确定整体风貌景观绿化、环境小品等风貌引导要求。

村庄规划应结合贵州省农房风貌分区,按照村庄所属的风貌区指引要求,明确农房建筑面积、层数高度、建筑材料、屋顶形式、典型符号与装饰、建筑色彩等风貌控制要求,提出特色民居图例(包括立面和户型结构)。

有条件、有必要的村庄可单独编制村庄风貌规划,作为村庄规划的专项规划按程序报批后实施。村庄风貌规划在充分调查、提炼村庄历史文化和自然环境特色等相关要素的基础上,确定村庄空间的总体风貌定位,制定村庄风貌形象和空间景观目标,构建村庄风貌格局,组织各类景观要素,安排人文特征活动场所,提出村庄风貌建设控制要求。

2. 发挥农房风貌分区和通用图集的引导作用

各地应结合贵州省农房风貌指引导则及农房风貌分区,开展更深入、更系统、更细化的研究,制定本地区农民建房参考图集,强化风貌要素提炼和运用,有条件的县(市、区、特区)可编制本地区农房设计参考图集和风貌指引应用手册。原制定的通用图则应持续优化改善,从功能布局、建设成本等方面不断改进设计,更契合村民生产生活使用需求,使建房通用图集充分发挥效率和作用,成为乡村建设风貌管控引导的重要辅助工具。同时各个村庄应结合贵州省农房风貌分区,按照村庄所属的风貌区指引要求,明确农房建筑面积、层数高度、建筑材料、屋顶形式、典型符号与装饰、建筑色彩等风貌控制要求,提出特色民居图例(包括立面和户型结构)。

3. 加大设计施工过程的风貌传导

村庄风貌设计要融于自然生态环境、传承历史文化、优化村庄空间、彰显特色风貌,内容包括村庄总体布局、公共空间组织、重要景观节点等方面。

农房设计要坚持"绿色、经济、适用、美观"的原则,结合贵州省农房风貌分区和全省农房设计方案竞赛参考图集,进一步研究分析所在区域的地域特点、民族特色和文化特征,对农房风貌原型进行充分调研,要在设计方案和施工图设计中充分体现风貌元素,坚持传承创新和彰显特色的设计理念,探索形成具有地域特色农村民居新范式,将传统自然材料与现代建造工艺相结合,营造浓郁的乡土气息,实现布局合理、功能完善、设施配套、质量安全、风貌协调的目标。

4. 强化特色村落主管部门意见征求

涉及历史文化名村、传统村庄等的村庄和农房风貌须符合相关法律法规、技术规范及相关上位规划要求,世界自然遗产地、风景名胜区、自然保护区等各类资源保护范围内的村庄风貌设计和农房建设,应征求行政主管部门意见。

5. 加强村民参与和监督约束效果

村庄规划应充分征求村民意见和邀请村民代表参与制定,及时组织规划方案的技术审查,主要内容应由村民委员会保存并在村公共场所公布,供村民查阅咨询,保障村民对规划的知情权、参与权、监督权。同时将风貌管控相关要求纳入村规民约一同执行,强化村庄规划风貌管控的约束力。

3.2 建设管理控制方案

按照"先申请、后审批、再建设"的要求,严格落实农房建设审批程序,健全乡村建设规划许可制度,依法加强规划管理,规范乡村建设秩序。

1. 严格落实规划选址要求

对规划的、保留的村庄,引导农民有序进入集中建房;对需要移民搬迁的村庄,严控新建农房;对需要整合的村庄,统筹划定集中建房点;对已完成村庄布局规划的区域,不再批准分散、单独选址建房。要通过优先实施"四在农家·美丽乡村"基础设施建设六项小康行动计划项目,完善规划村庄的基础设施和公共服务功能,用足用好用活耕地占补平衡、土地整治、农村宅基地有偿使用和退出激励等政策,引导农民向 30 户以上农村居民点集聚。对城镇规划区内农民合理的住房需求和保障,要纳入城镇建设统一规划,结合城中村改造和城镇低效土地再开发利用,通过集中安置或货币化安置,及时解决农民住房刚性需求。

2. 全面管控宅基地和农房建筑面积

村庄既有历史建筑、传统风貌建筑应保持原样维护与修缮;既有及新建农房,可按照各地参照案例图集,体现风貌特征和要素,与现状地形、周边环境协调;新建农房按照城市郊区、坝子地区每户不得超过 130 平方米,丘陵地区每户不得超过 170 平方米,山区、牧区每户不得超过 200 平方米进行用地限额。农村住房可采取独栋、联排建的方式建设,层数原则上不超过 3 层,每户建筑面积控制在 240 平方米以内。"美丽乡村"示范点、风景区周边的旅游村寨等区域的农村住房建设,县(市、区)人民政府可制定相关规定,明确上述区域的农村住房建筑面积标准,每户建筑面积最高不得超过 320 平方米。

3. 将风貌管控要求纳入农村基本建设程序

加大对农房方案审批、建设实施、竣工验收等全过程的风貌管控力度,将农房风貌管控贯穿农房建设计划、规划设计要求咨询、规划设计及审批、乡村建设规划许可申请、乡村建设规划许可证核发、施工及验收、房屋产权证办理等各个程序环节(图 4)。村庄与农房风貌应严格执行国土空间规划和村庄规划的风貌管控要求,在集体土地上新申请宅基地和使用原有宅基地进行村(居)民住房建设,应采用相应的通用图集或按照农房风貌分区要求进行设计,农房风貌要突出体现地域特点、民族特色、文化特征,农房屋面鼓励采用坡屋面,住房风貌与村容村貌和自然环境相协调,具备较完善的居住功能。

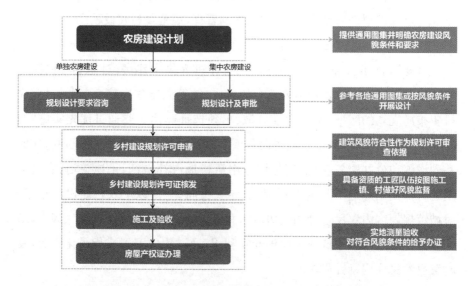

图 4　与风貌管控相对应的农房基本建设程序示意图

4. 风貌设计条件作为乡村建设规划许可的硬性要求

将农房建设风貌管控纳入乡村建设规划许可并强化实施,农房风貌(农房占地面积、建筑面积、建筑高度、建筑色彩)作为建设单位和个人建房申请的必备资料,是村委会初审和乡镇审查的前置条件,是县级城乡规划主管部门备案核发乡村建设规划许可应核实的重点内容,不断强化村庄和农房风貌的管控作用(图5)。

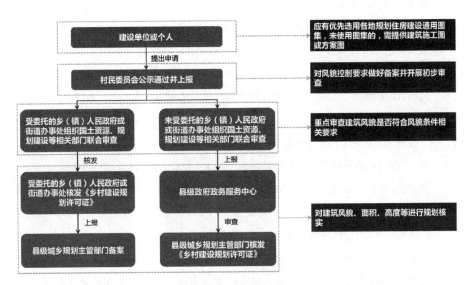

图5 以风貌设计管控为重点的乡村建设规划许可流程图

4 结语

村庄与农房风貌建设管控是一项长期而艰巨的任务,也是体现空间治理能力现代化的一个重要环节,政策体制对村庄与农房风貌建设管控的影响和指导作用巨大。随着国家空间规划体系的建立和管理体制的不断深化和调整,必将对下一步的村庄风貌建设管控产生直接影响,也将促进乡村区域风貌管控手段的进一步科学合理化。

参 考 文 献

［1］贵州省城乡规划设计研究院.贵州省村庄与农房风貌指引研究［Z］.2019.4.

［2］王刚,单晓刚,罗国彪,等.贵州省村庄风貌规划指引思路与策略［J］.规划师,2014

(9):100-105.

[3] 曾婧,闫琳,孙瑞.省域超大尺度乡村建筑风貌规划研究——以湖北省为例[C]//中国城市规划学会,重庆市人民政府.活力城乡 美好人居——2019中国城市规划年会论文集(18乡村规划).北京:中国建筑工业出版社,2019:64-75.

[4] 蔡嘉璐,赵波,魏文,等.乡村振兴视野下农房风貌引导路径探索与实践——以《上海市浦东新区美丽乡村农民建房设计导则》为例[C]//中国城市规划学会,重庆市人民政府.活力城乡 美好人居——2019中国城市规划年会论文集(18乡村规划).北京:中国建筑工业出版社,2019:980-990.

[5] 吴扬,汪珠,吴江.江山市村庄风貌整治策略与技术指引研究[C]//中国城市规划学会,东莞市人民政府.持续发展 理性规划——2017中国城市规划年会论文集(18乡村规划).北京:中国建筑工业出版社,2017:1271-1280.

[6] 刘星.市、县、镇三级乡村风貌管控探索[J].城乡建设,2019,9:1002-8455.

[7] 鲁斐栋,余建忠,徐硕含,浙江省村庄风貌整治指引研究[C]//中国城市规划学会,重庆市人民政府.活力城乡 美好人居——2019中国城市规划年会论文集(18乡村规划).北京:中国建筑工业出版社,2019:3084-3091.

[8] 许金华,杨磊,方越飞.乡村建设风貌的管控研究——以珠海市为例[C]//中国城市规划学会,重庆市人民政府.活力城乡 美好人居——2019中国城市规划年会论文集(18乡村规划).北京:中国建筑工业出版社,2019:3022-3029.

[9] 张尚武,李京生,郭继青,等.乡村规划与乡村治理[J].城市规划,2014,38(11):23-28.

长三角一体化背景下小城镇特色营销模式研究

——以安徽省大墅镇为例

夏　璐

（江苏省城市规划设计研究院）

【摘要】　在一体化程度不断加深的长三角区域内，位于核心城市外围圈层的一般小城镇要实现特色化发展、跃迁成为区域城乡网络中的特色功能节点，需要主动对接区域资源、强化自身特色功能。城镇营销工具适应了该类小城镇在这一阶段试图实现跨越式发展的诉求，其核心因素包括：（1）对接区域环境明确细分特色化发展方向；（2）组合外部要素与本地资源形成新的价值；（3）多元主体形成机制合理的营销共同体；（4）塑造高品质永续利用的空间。本文基于上述理解，对安徽省全椒县大墅镇进行实证分析，总结其现阶段营销逻辑及不足之处，并提出应对策略。总结认为：现阶段大墅镇处于特色发展的起步阶段，特色营销模式还存在定位不清、策略单一、空间零散、机制不明等问题，其共性问题在于缺乏将外部要素转化为内生循环动力的考虑，需要地方政府在后期发展中及时调整模式，避免出现特色不显、营销失灵、地方发展仅能昙花一现的问题。

【关键词】　长三角　小城镇　特色发展　营销　模式　大墅镇

1　长三角一体化背景下小城镇特色化发展的语境重塑

在城镇高度集聚、区域联系高度紧密的长三角区域内，小城镇的发展模式与未来路径不仅仅取决于其自身的资源和实力，而是更大程度上受到区域发展环境的深刻影响[1]。随着长三角区域一体化程度不断加深,传统城—镇—村的等级体系正逐渐演变为更加扁平的功能网络体系[2]。其中,小城镇这一层级呈现出两大分异趋势:被核心城市社区化或成为区域城乡网络中的特色功能节点[1]。对于大量不具备条件成为城市型社区或升级为小城市的外围小城镇,通过主动吸引城市人流、物流、资本等外部要素,将外部要素和本地资源结合,共同强化地方特色形成小镇品牌,进而成为区域性的特色功能节点,最终实现跨越式发展。

1.1 高度一体化的区域环境催生小城镇特色化发展

长三角区域内的小城镇一直在集聚密度和发展水平上处于领先水平,以苏南块状经济发展环境孕育下、以工业为主导的内生型小城镇为代表。但随着全球化和信息化的影响不断加深,长三角一体化发展迈入目标构建全球城市区域的新阶段,链接全球的生产网络、快速流通的发展要素、变化重组的区域分工、不断升级的社会消费与品质诉求,均对传统内生型小城镇提出挑战——继续单纯依赖本地基础和相对封闭的发展路径无法显著提升其区域职能,即突破不了作为农村地域经济的公共服务中心这一传统角色[2]。同时,还要面临因产业环节低端、资源约束趋近、空间品质不高等造成的资源外流的问题。

以浙江为源点兴起的特色小镇浪潮,则呈现出了一种与区域发展环境紧密相关、以特色化发展为导向的小城镇发展模式。这一模式的共性逻辑是:依托自身区位优势或专业化经济基础或地方资源禀赋,主动对外链接生产网络或迎合新兴消费需求,进而提升甚至重构地方功能、升级空间品质,跨越式地成为城市型的功能社区或区域功能网络中的特色节点。对于大量处在核心城市外围、依然是乡村地域内公共服务中心的一般小城镇而言,它们较少可能成为核心城市紧密圈层内的城市型社区或新兴小城市。故成为专业化的经济集聚区或极具个性与活力的特色服务聚落[1],是它们逐步适应高度一体化的区域环境、突破传统城乡体系、实现跨越式发展的未来趋势。

1.2 特色化营销成为小城镇跨越式发展的重要工具

基于上述发展语境,小城镇要打破封闭、主动争取外部要素、塑造地方特色就需要切实有效的策略和工具。特色化营销则正是这样一种工具：集聚多方外部推力，对地方资源进行挖掘与整合，注入一系列市场营销的意识、机制和手段，帮助实现地方特色化发展和知名度提升[3]。实际上城镇营销最早源于19世纪的美国，其形成背景是在世界经济一体化的趋势下，成为城市吸引外部资源、增强竞争力的一种有效手段，后逐步形成成熟的理论研究[4]。

在今天处在高度相似的长三角一体化大环境下，对于自身基础优势不足、无法获得核心城市功能外溢、资金与资源受限的一般小城镇，运用特色化营销工具获得"发展注意力"就显得尤为重要。浙江、江苏等地已经涌现出不少成功运用了营销工具的特色小城镇，例如浙江德清县莫干山小镇以"洋家乐"为外部契机，将丰富的山水资源环境与新的文化与娱乐消费需求组合，重新将自身定义为高端生态休闲度假地。又如南京高淳桠溪镇转变一般工业化路径，以生态特色为亮点植入观光休闲功能、整合地方农业观光与农家乐资源，也由此获得"国际慢城"的殊荣，引入更多高端资源，加速提升其生态特色的区域知名度。

长三角区域内这样一批小城镇主动或被动地运用特色化营销工具，并成功实现了功能与价值的提升，从传统乡村地域的服务中心跃迁为长三角功能网络中的特色化节点，总结其模式（图1）的几大核心因素包括：①依托

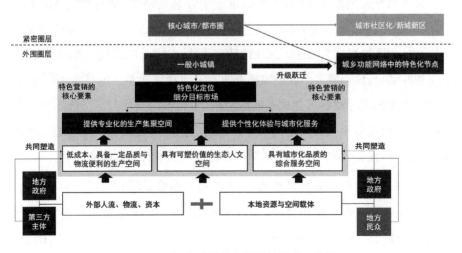

图1 一般小城镇特色营销的模式示意图

区域大环境,寻求特色化定位的细分方向;②吸引外部投资和稀缺资源,与本地资源组合产生新的价值;③地方政府、市场主体、地方居民三方形成合作机制合理的营销共同体;④能够帮助提升城乡居民的自我造血能力、营造高品质永续利用的空间[4]。最终,小城镇实现发展特色鲜明、内循环动力充足、成为区域性功能节点的跨越式发展。

2 大墅镇特色化营销的地方逻辑

2.1 区域环境:处在南京与合肥都市圈外围圈层,区域交通条件具有一定优势

大墅镇隶属安徽省滁州市全椒县,在大区域空间结构上,整个滁州地区是安徽省承接长三角东部产业转移的节点。其中全椒县近年来的发展方向主要对接南京江北新区,部分邻近南京大都市圈核心圈层的小城镇如乌衣镇、汉河镇已率先列入江北新区区域协调统筹范围,未来有机会升级为小城市层级(图3)。而大墅镇处在全椒县西部,处在两大都市圈叠合的阴影区,一方面较难受到南京与合肥的直接带动,另一方面面临着区域优势资源被虹吸的困境(图2)。

从区域交通关系上来看,大墅镇位于宁合高速沿线,距离大墅高速下口1公里,到达合肥、南京约1小时,半小时内可达3个高铁站。宁合高速是贯通沪宁合杭的区域交通大动脉,大墅镇可依托区域内完善的高快速路网,加强公铁交通联动,与核心城市形成更加紧密的人流与物流联系。相对地,两大核心城市的产业梯度外溢不再受成本的绝对束缚,更低的空间与人力成本同样具备吸引力,由此对于大墅镇这类处于外围圈层但同时也具有一定交通优势的小城镇而言,具备较大潜力成为区域产业转移梯度中的选择对象。

2.2 发展基础:产业起步晚基础弱,生态特色初步显现

大墅镇整体发展起步较晚,2011年以前地区生产总值还不到5亿元。2011年之后,全镇加强对外招商引资、填补工业发展空白,并于2012年启动建设镇级工业园区。依托园区平台,陆续引进家居建材、包装、服饰与金属

表面材料等企业。到 2015 年地区生产总值上升到 7 亿元,年均增速接近 10%(图 4,图 5)。农业发展也开始从传统家庭种植转向规模化现代农业,建成健禾农业示范基地,引进山核桃等经济类作物。但总体上大墅镇的产业规模在全椒县处于下游,产业零散、偏低端,短期内不具备实力成为具有一定专业化分工实力的产业集聚区。

图 2　大墅镇在长三角的区位示意

图 3　南京江北新区周边关系示意

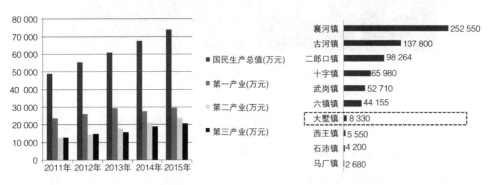

图 4　2011—2015 年大墅镇地区生产总值　图 5　全椒县各镇工业总产值(万元,2014)

　　2015 年前后,依托综合旅游开发企业运营的生态旅游项目促使大墅镇的生态经济价值初步显现。该项目围绕大墅镇龙山打造生态旅游度假区,初步将生态观光、民宿与露营体验、节气活动等项目整合开发(图 6)。依托该项目,大墅镇的生态旅游特色在小范围形成一定知名度。但仍处于资源整合、服务配套不足的初级阶段,全域内还存在水库、古庙等资源未挖掘的问题,镇区整体建设属于一般农业型小城镇水平,尚未达到苏南或浙北地区美丽乡村或美丽集镇的建设品质。

图6 大墅镇现有主要产业项目建设现状

2.3 营销逻辑:提升区域职能主动对接,双平台增强外部注意力

2.3.1 依托上位规划提升城镇发展定位

在全椒县2014版总体规划中,大墅镇的职能定位有了一定提升:规划将其定位是全椒县域中心镇,应加快建设工业集中区。这一定位顺应了当时大墅镇工业发展开始出现起色的趋势,但本质上没有改变其传统小城镇的发展职能,没有赋予其更多对接区域中心城市的主动权。2015年滁州市委书记调研后,对大墅镇的发展定位提出:要打造成为产城融合的产业新城,成为全椒县副中心和新的增长点。至此之后大墅镇有了极大的动力和

政策支撑力以提升自身区域职能,在新一轮镇总体规划中提出:要主动成为承接和融入合肥、南京都市圈的战略支点,成为皖东新型工业重镇、旅游名镇和全椒县副中心。出于政策机遇的推动,2015年后大墅镇地方政府主动对接区域的意识有了显著提升,规划定位的改变只是一个起点,地方发展思维开始主动突破传统小城镇的职能定位,开始谋划如何利用好"县域副中心"和"产业新城"两个新的身份吸聚更多更高层次的发展资源。

2.3.2 依托产业新城平台增强项目吸引力

产业新城是近年来由综合性地产运营推动的一种新的发展平台和发展模式,较多在城市新区、小城镇实践,主要特征是以产城融合为核心目的,有效带动地方经济转型,倡导践行合理的"PPP"模式,创新地方基层与企业的合作模式,破解融资、招商、服务等瓶颈。"产业新城"与"特色小镇"同为近年来引领传统小城镇以产业为先导、逐步带动人口集聚、功能提升的发展平台。大墅镇地方政府在明确产业新城的发展定位后,开始试图以产业新城作为平台,大力引进第三方谋划全镇的资源整合和重点地块开发。一方面继续大力支持龙山度假区项目,另一方面与华夏幸福等企业接洽,对镇高速以南片区进行整体开发运营以及老镇区的建设品质提升。可以看到,大墅镇地方政府正努力以产业新城平台为营销点,基于政策支持和空间资源可塑性,主动为镇地方经济发展争取外部资本的"注意力",进而借此重新构建发展模式、重新盘活地方资源。

2.3.3 依托特色小镇平台增强人流吸引力

继产业新城工作推进后,确有不少工业项目抛出橄榄枝,几年间陆续引进亿元以上工业项目19家,其中规上企业2家。但与此同时,地方政府也意识到增加工业项目仅是在复制传统工业化模式,还是需要通过旅游业等新兴服务项目提高人流集聚度、提高区域知名度。故在2017年前后,镇工作领导小组与县政府积极沟通,确定将打造健康小镇作为又一新抓手,重点推动围绕龙山项目为核心的生态旅游业发展。2017—2018年,大墅镇共谋划国家级一二三产融合发展示范园建设项目16个,总投资6.5亿元,奇石博物馆、绿道、玫瑰田园酒店、田庐大酒店、木屋度假区和生态颐养社区等一批重点项目陆续实施。2018年大墅镇成功申报成为全省首批健康小镇创建单位之一,同年获评"中国最美康养小镇"。产业新城＋健康小镇双平台模式,显示了地方发展的营销"野心":即迫切希望利用好难得的政策推动力彻底改变过去被动、传统的发展模式,最大化利用好产业新城平台和特色小镇品牌的区域吸引力,引进人流物流和资金,力争成为两大都市圈外围圈层内的兼具低成本、特色、迎合都市需求等特质的生产空间和消费服务空间(图7)。

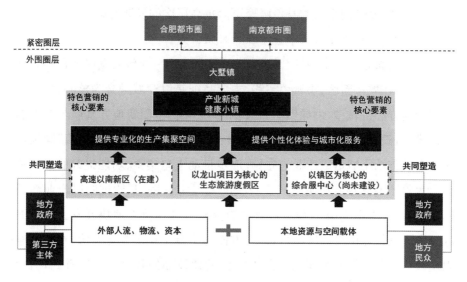

图7 大墅镇特色化营销的地方逻辑示意图

3 大墅镇特色化营销模式的反思与应对

3.1 当前模式的反思

大墅镇当前采用的特色化营销模式代表了相当一批传统小城镇的地方政府在主动型思维觉醒后的一般逻辑,即因外部政策或某种契机开始主动引进外部项目,为小城镇发展谋求更高的区域职能定位和特色化发展品牌。但正如我们所知,在全国兴起特色小镇浪潮过后,相关政策和研究开始反思特色小镇模式的操作过度,"过滤"出的一批不合格的特色小镇普遍呈现出"不特色""空外壳"等现象。大墅镇特色化发展属于起步阶段,需尽早矫正现有模式下的核心问题。通过反思总结,本文认为大墅镇存在定位模糊、策略单一、支撑不足等问题。这些问题共同指向的是缺乏将外部要素转化为内生循环动力的考虑,需要地方政府在后期发展中及时调整模式,避免出现特色不显、营销失灵、地方发展仅能昙花一现的问题。

3.1.1 特色定位模糊

大墅镇的特色化定位仅停留在"健康"主题,但这一主题之下,整个产业新城平台所面向的招商引资对象是否具有某集中细分领域的倾向目前还不清晰。现有工业类项目、旅游项目、农业项目的类型依然较为分散,它们如何来支撑"健康小镇"这一特色定位,地方政府还给不出答案。对比国内外较成功的健康小镇案例,其往往会针对养老类服务、养生类服务、医疗康复类服务等细分方向,重点青睐相关领域的工农业产品加工和专业服务企业。明确细分方向,有助于地方发展识别清楚区域产业分工格局下自身所能获取的资源是哪些,有助于地方产业形成某一领域的专业化特色,从而具备正向的集聚效应和可持续的链条延伸性。

3.1.2 发展策略单一

由于特色定位的模糊,也受制于起步阶段的项目支撑不足,目前大墅镇的特色化营销策略仍以传统的节庆活动宣传为主要方式。政府主体和开发商主体还没有对全镇域的资源特色进行梳理和组合,特色化的标识、场所、产品都还未形成。典型的案例是日本越后妻有地区,它示范了一种外部主体主导下系统性加强地方特色的模式,从生态景观、场所感受、文化交互等各方面强调地方的发展个性。很显然一个地方独具魅力的个性和特色,将会为地方发展赢得持续的外部关注度,进而促进地方获取更多有利资源,也会不断地激发地方民众与外部主体达成更融洽的合作方式。

3.1.3 空间支撑不足

具有标识性的特色风貌空间、城市型的综合服务设施是支撑小城镇成为区域特色功能节点的重要支撑。大墅镇现有特色风貌空间分布比较零散,没有形成全域型的风貌观光路线或重点廊道。重点空间的体验功能业态没有超出传统乡村旅游的水平,即缺乏针对都市人消费需求的空间设计。中心镇区尚未进行风貌整治与特色符号设计,综合性的服务设施仍较缺乏。塑造成为一个高空间品质、传递特色文化与生态体验感、能提供类城市配套服务功能的特色服务聚落是小城镇特色化发展的未来趋势,唯有此才能让远离核心城市紧密圈层的一般小城镇对都市人产生强大的吸引力。

3.1.4 合作机制不明

达成有效的营销需要一个合作机制合理的营销共同体予以支撑。大墅镇目前的参与主体以地方政府为龙头,整合了龙山旅游开发、核桃种植基地两方主要的企业主体,高速以南的新片区开发主体尚在接洽中。现有模式下,第三方主体还没有真正参与到全镇特色化营销方案的制定,而地方政府在全域统筹推进方面还在观望中、仍以局部项目开发为主。地方民众如何在后续发展中参与进来,获得自我造血能力,也还是未知数。实际上,在诸多成功案例中无论是产业新城还是特色小镇,综合性的开发运营主体将会对小镇资源的统筹、空间格局的优化与品质升级起到重要的推动作用,更加有效地解决地方政府融资困难的现实困境。后期发展中,大墅镇需要着重关注这一类主体的引进,与现有龙山景区开发主体形成合力。

3.2 应对的建议

3.2.1 研判特色定位

大墅镇无论是依托产业新城还是特色小镇平台,都应重视整体区域发展环境能够给予自身发展带来的机会,紧密根植于区域经济的分工格局、紧密贴合区域消费的诉求。本文认为,未来面向南京与合肥两大核心城市,需要综合研判南京江北新区与合肥的产业外溢趋势、周边特色小镇的发展格局与错位空间、产业新城发展的主导趋势,在此基础上对应本镇的资源基础,筛选特色定位的细分方向。综合上述研判,本文认为大墅镇未来特色化发展的细分方向应主要聚焦对接区域的健康制造和旅游养老两个方向,其中健康制造主要面向核心城市健康产业的梯度外溢,旅游养老主要迎合区域未来的消费需求、并与周边特色小镇形成错位。

3.2.2 丰富营销策略

在明确细分定位方向的基础上,大墅镇需要进一步系统性地描绘未来的发展体系和发展路径,由此来指引地方政府更有策略地选择外部资源、争取有利项目。本文认为,一方面健康制造的未来发展体系应紧密贴近南京江北新区的生命健康产业发展态势,可聚焦医疗器械及其专业配件的加工制造,在高精尖临床医疗器械、家用理疗康复设备以及高端耗材等领域发展配套的上游材料与零部件生产环节。除此之外,大墅镇还应关注更多新兴健康领域的关联产业,例如有机食品、健康家居、运动装备等。另一方面旅游养老的未来发展体系可以结合龙山生态景观与文化底蕴,以及未来的健康主导产业,重点突破老年人度假疗养、特色养生这一方向。与此同时,可以充分利用正在逐步完善的龙山旅游度假区,结合国际露营基地、现代农业生态园等项目,重点突破老年人户外运动、健身康体方向。

在上述两大主导体系的基础上,大墅镇的未来总体发展路径需要再叠合考虑外来产业项目与本地工农业基础的耦合与升级关系。本文认为其发展路径可分为三个阶段:第一阶段明确健康产业+旅游养老的双产业方向,联合综合运营与开发机构谋划发展空间,引导传统产业升级转型;同步改变基础产业的发展模式,以改善生产效率和服务质量为先,积极向主导产业靠拢。第二阶段随着逐步建立其与江北新区、合肥市的合作关系,企业进驻规模扩大,两大主导产业能够基本形成集群规模,产业新城、城镇空间前期建设基本完善,从而具备更强的综合实力和物质载体向市场争取更多资源和机会,吸聚更多知名专业机构联合开发运营。第三阶段两大主导产业进一步优化产业体系,加强向研发设计环节延伸,形成食品、专业化设备、家居建材等多个健康领域的品牌影响力,具备多元产业竞争力。同时能够成为皖东地区最具体验价值的旅游养老目的地,不断提升旅游服务项目的文化个性与环境品质(图8)。

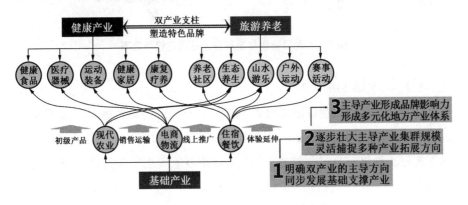

图8 大墅镇特色化发展路径建议示意图

3.2.3　统筹空间格局

本文建议镇域未来发展可构建"双轴联动、双核五区"的总体格局——双核包括以龙山健康、养老旅游为核心的龙山健康旅游核和以健康制造业为核心的大墅产业新城核。双核构成大墅镇新经济增长节点。五区包括：产城融合创新区、健康旅游度假区、特色农业示范区、绿色粮油种植区、传统农业种植区。在此基础上，重点强化两条空间轴线：连接龙山健康旅游核、健康旅游度假区与传统农业种植区的东西向健康旅游拓展轴；连接健康旅游度假区、产业融合创新区与大墅产业新城核的产城融合拓展轴（图9）。

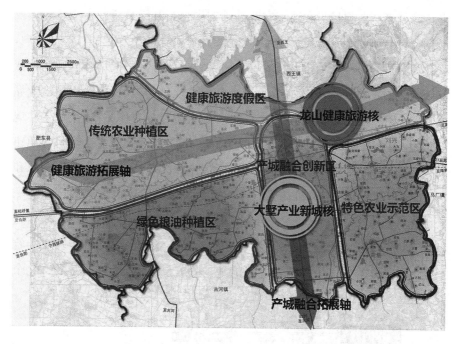

图9　大墅镇特色化发展空间格局建议示意图

3.2.4　完善 PPP 机制

政企合作对于大墅镇既是机遇，也是一个全新的模式，务必在落实操作过程中因地制宜地构建"PPP"模式的操作框架。其中，本地政府的核心任务是把控好土地供应与过程监管，始终坚持并力争实现的是经济与城镇化的可持续发展。"PPP"项目公司在整个操作过程中发挥主要作用，是展开包括土地整理、规划建设、研究策划、招商融资等一系列建设活动的实施主体，是政府与其他社会资本、服务机构之间的中间桥梁。政府务必处理好与其的合作与监管关系,最终达成共同提升区域影响力、共享城市发展红利的目的。

后续发展需要在新片区开发环节利用好这一合作机制。在前期建设和招商引资的过程中,地方政府除了保障前期的土地供应,应当更加深入参与整个建设规划与招商服务平台的建设过程,在依然以项目公司为运营主体的前提下,制定更加完善的准入/退出机制与过程评估方法。随着产业新城的核心生产与办公空间建成并初步形成发展规模,政府应同步开展围绕产业新城的周边综合生活服务片区的建设工作,可以继续采用和项目公司合作的模式共同策划建设,也可由政府主导,同时合理增加市场化购买的服务内容。

4 结语

迈入一体化发展全新阶段的长三角区域内,小城镇的发展将愈加受到周边区域环境的深刻影响。对于试图超越传统职能、跃迁成为区域中专业化特色化功能节点的一般小城镇而言,无疑需要以一种更加主动的态度,即积极合理地运用营销工具,加速导入区域要素网络中的人流、物流、资金,并与本地资源重新组合转化为专业化的生产空间或特色化的消费空间。大墅镇作为合肥与南京两大都市圈叠合区域内的一般小城镇,正在经历这样一个寻求特色化突破的阶段,地方政府在努力尝试运用好营销工具为地方发展赢得更多外部关注。在后续发展中,大墅镇需要及时矫正现有模式下外部要素与本地资源组合不充分、内循环动力培育不足的核心问题,才能避免营销失灵、特色不显的危机。

参 考 文 献

[1] 罗震东,何鹤鸣.全球城市区域中的小城镇发展特征与趋势研究——以长江三角洲为例[J].城市规划,2013,37(1):9-16.

[2] 武前波,徐伟.新时期传统小城镇向特色小镇转型的理论逻辑[J].经济地理,2018,

38(2)：82-89.

[3] 于涛,张京祥.城市营销的发展历程、研究进展及思考[J].城市问题,2007,146(9)：96-101.

[4] 踪家峰.小城镇营销——小城镇发展的新战略[J].科技进步与对策,2015,12：25-26.

新时代美丽城镇建设行动方案编制探索

——以宁波市东钱湖镇为例

夏　羚　李听听　刘颖奇

（宁波市鄞州区规划设计院）

【摘要】　在浙江省小城镇环境综合整治取得良好成效的基础上，紧扣生态文明建设推进高质量发展以及协调推进乡村振兴战略和新型城镇化战略，重塑新型城乡关系这两大新时代发展旋律，浙江省迎来了新一轮城镇建设运动，称为"美丽城镇建设行动"。本文从规划编制的视角阐述了美丽城镇的研究对象、重点内容，以及结合在实际编制过程中的思考，提出从理念定调、求同存异、行动体现三方面，把握美丽城镇样板镇建设行动方案的编制的核心主线，并以宁波市东钱湖镇美丽城镇建设行动方案为例，从研判层面明确方向、规划层面彰显初心、实施层面有序推进等进行详细阐述，以期通过理论联系实际的方式，更好地展现编制思路，为同类规划编制提供参考。

【关键词】　美丽城镇　城乡融合　东钱湖镇

1　引言

我国步入中国特色社会主义新时代，社会主要矛盾已经转化为人民日益增长的美好生活需要和不平衡、不充分的发展之间的矛盾，这其中的"不平衡"在国务院发展研究中心李伟认为，其中之一表现为城乡发展的不平衡[1]。党的十八大以来，我国在推进城镇化进程中为缓解城乡发展不平衡的矛盾，先后提出了新型城镇化战略和乡村振兴战略，在双重战略的切实引导下,在城乡建设的蓬勃发展中,介于城和乡之间的小城镇便不由的成为了被忽视的空间。

小城镇作为协调城乡发展的重要抓手、建设"两个高水平"的重要载体有着极为重要的意义。浙江省为了弥补在小城镇建设方面的不足,于2016年印发《浙江省小城镇环境综合整治行动方案》,围绕治脏、治乱、治差等方面,通过提升规划设计、完善配套设施、强化风貌管控等措施,解决生产生活设施供给滞后、特色缺失、管理薄弱等问题,历经3年取得阶段性成效。在小城镇环境综合整治的基础上,浙江省于2019年印发《关于高水平推进美丽城镇建设的意见》,围绕环境美、生活美、产业美、人文美、治理美和城乡融合体制机制等六方面,继续补足城镇发展短板,至此,新一轮小城镇建设以"美丽城镇"为名正式拉开建设新帷幕。

浙江省美丽城镇建设将全省1 000个左右的城镇划分为都市节点型、县域副中心型、特色型、一般型等四种类型,并分批次进行美丽城镇样板镇创建。笔者组织编制的《东钱湖镇美丽城镇建设行动方案》规划获评浙江省2020年度优秀样板创建乡镇行动方案,同时入选优秀样板镇行动方案汇编,本文以期通过编制视角以东钱湖镇为例,探讨新时代美丽城镇行动方案编制重点。

2　美丽城镇建设编制思考

2.1　概念内涵

2.1.1　研究对象

我国对于小城镇的概念界定有狭义和广义之分,狭义上指除设市以外的建制镇,包括县城;而广义上的小城镇,还包括集镇的概念[2]。孔春浩、蒋征波认为小城镇是"城市之尾、农村之首",承接城市辐射农村,是连接城与乡的纽带,而发展小城镇面临的首要问题即环境脏乱差的面貌问题[3]。中共浙江省委办公厅、浙江省人民政府办公厅在《关于高水平推进美丽城镇建设的意见》中将美丽城镇定义为,以全省所有建制镇(不含城关镇)、乡、独立于城区的街道及若干规模特大村为主要对象[4]。可见,美丽城镇相较于小城镇而言在研究对象上有所扩大。

美丽城镇根据所处位置、发展基础、带动能力、特色优势等方面,分为都市节点型、县域副中心型、特色型、一般型等四种类型,其中,特色型又细分为文旅特色型、商贸特色型、工业特色型和农业特色型,各城镇的创建类型由县域美丽城镇建设行动方案确定。

2.1.2 重点内容

美丽城镇建设主要围绕"5+5+1"展开,即"五大行动"(设施、服务、产业、品质、治理)、"五美建设"(功能便民环境美、共享乐民生活美、兴业富民产业美、魅力亲民人文美、善治为民治理美)和城乡融合体制机制。

美丽城镇建设是全域全要素全覆盖的建设,它不只是小城镇环境综合整治的升级版,更多地体现了新型城镇化、乡村振兴、生态文明建设等国家战略要求,展示了城镇与自然的融洽共生、城镇村的联动发展,创造了居民的宜居生活,开启了产业的深度融合,传承了当地文化与特色,凝聚了符合实际的共建共治理念,代表了新时代城镇建设的主力方向。

2.2 编制理解

截至 2020 年,全省首批美丽城镇建设行动方案已经编制完成,各乡镇也正在紧锣密鼓地实施建设以争创省级样板,其余批次的美丽城镇也相继开展建设行动方案的编制工作,但这并不是说每个乡镇都需要编制美丽城镇行动方案,《浙江省县域美丽城镇建设行动方案暨"一县一计划""一镇一方案"编制技术要点》指出,鼓励各地创建应量力而行,除列入省级美丽城镇样板镇培育名单的城镇外,其他小城镇无需单独编制行动方案,依据县域美丽城镇建设行动方案中简明实用的"一镇一方案"实施即可。行文至此,关于美丽城镇的大体架构跃然而出。

为了有效指导美丽城镇样板镇建设行动方案的编制,浙江省美丽城镇建设办公室联合浙江省城乡规划设计研究院出台了相应编制技术要点。对美丽城镇理解的偏差,会造成规划编制工作者背离开展美丽城镇建设工作的初心,出现只抓特色,不重民生;只抓发展,不重保护;只抓蓝图,不重实际等问题。此外,就宁波市而言,首批美丽城镇建设省级样板创建申报乡镇共计 19 个,其中文旅特色型有 9 个,占比约 47.37%,如何在同类型美丽城镇方案编制竞争中彰显特色,显得尤为重要。笔者认为,在谋划编制框架时,需要重点把握以下方面。

2.2.1 理念定调

美丽城镇建设需围绕"生态、民生、融合"这三个关键词,具体来说:生态方面,应以生态优先,绿色发展的"两山"发展理念为指引,优先完善城镇生态本底的构建,确保"先布棋盘再落子",逐步实现"山—水—镇—村"共融的美丽格局。民生方面,应全面排摸城镇发展现状以发现问题短板,并务必切实了解当地城镇居民生活需求,将"问需与民、问政于民、问情于民、问效于民"贯穿编制的全过程,明确下一步提升和改进的方向。融合方面,应从区域协同的角度开展城乡基础设施一体化规划与优质设施供给等,以推动城乡基础设施互联互通、共建共享,推动公共服务全面覆盖、同质同权。

2.2.2 求同存异

美丽城镇建设包含功能便民环境美、共享乐民生活美、兴业富民产业美、魅力亲民人文美、善治为民治理美以及城乡融合体制机制等主要任务,六大主要任务之下又细分了 21 个中类和 128 个小类,内容十分庞大,同时也是各个美丽城镇编制都需要关注的内容。前文提及美丽城镇是有类型划分的,那么不同类型的美丽城镇一定有其特色化的创建方面,它可以是理念特色、做法特色、路径特色、项目特色等,在框架体系架构中合理编排特色彰显篇章,可以突出不同类型美丽城镇建设行动方案的差异,但切勿失了"同""异"之间的比重关系,造成只见特色不见生活的方向性偏差。

2.2.3 行动体现

美丽城镇建设行动方案并不是纸上画画的终极蓝图式文本,它的落脚点是"行动",是需要切实指导美丽城镇向其目标愿景所进进的建设计划安排。因此,在规划编制过程中,需结合城镇发展所需、民生生活所需等,合理安排建设项目库。这里强调的是规划文本编制的因果关系,"因"是指对城镇现状问题的提炼、对居民意见的反馈、对城镇目标的分解等;"果"是指对环境、生活、产业、人文、治理等方面的建设项目安排,因而建设项目库不能直接"搬运"政府拟定的年度报建计划,这样"因"的分析就毫无意义。此外,也不能简单粗暴的在美丽城镇考核当年期内安排全部建设项目,科学合理地提出建设时序,安排当年项目、三年项目以及远期项目,才有利于美丽城镇建设工作的高效开展。

3 东钱湖镇美丽城镇规划策略

3.1 编制概况

　　东钱湖镇位于宁波市地理中心位置,是宁波 2049 城市发展空间的重要节点,是构建"拥江揽湖滨海"都市空间形态的关键区域,同时也是宁波东钱湖国家级旅游度假区的主要载体,镇域总面积约 130 平方公里(图 1,图 2)。

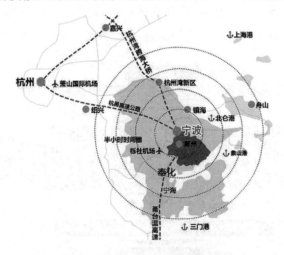

图 1　宁波市—鄞州区空间区位图

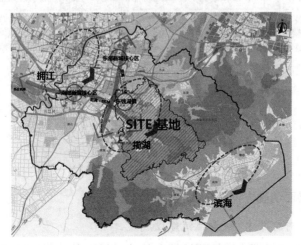

图 2　鄞州区—东钱湖镇空间区位图

东钱湖镇拥有浙江省最大的天然淡水湖,全镇沿湖而建,因湖闻名,得天独厚的自然资源禀赋,让东钱湖镇外揽山水之幽、内得人文之胜。根据《宁波市鄞州区美丽城镇建设行动方案》,东钱湖镇是宁波市首批美丽城镇建设样板创建名单之一,创建类型为文旅特色型美丽城镇。

规划在充分审视东钱湖镇现状建设基础的条件下,明确城镇总体谋划与着力方向,提出将东钱湖镇打造为生态为底,"开放、活力、智慧"绘就的国际化文旅融合新标杆的总目标,并通过引领宁波走向国际化的世界之窗、唤醒人居回归生态化的闲逸山湖、支撑都市升级品质化的创智储地三个分目标进行传导,实现一手抓基础,查漏补缺,造福民生;一手抓亮点,突出文旅,彰显特色,行动方案编制注重全局谋划,同时聚焦近期,讲求落实(图3)。

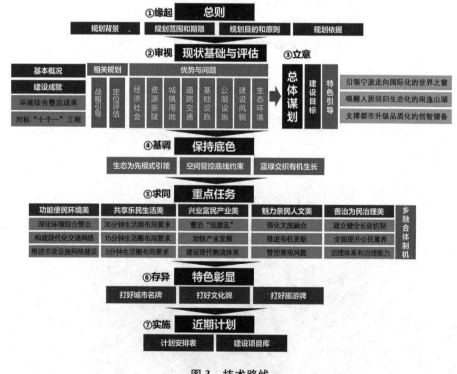

图3 技术路线

3.2 研判层面明确方向

3.2.1 对标要求,初看城镇建设成效

规划对标东钱湖小城镇环境综合整治成果以及美丽城镇建设"十个一"

标志性工程,对东钱湖镇现状建设情况进行初步评估,总体上来说建设成效显著,有条件争创样板模范。此外,规划发放美丽城镇建设群众满意度调查问卷百余份,试从群众角度问需求,综合群众反馈结果可知,东钱湖镇各方面较前两年均有好转,但仍需聚焦聚力于交通出行、医疗、教育等公服设施,不仅满足量上需求,更需关注质上提升。

3.2.2 评估规划,找准城镇发展方位

规划从城镇职能、区位价值、产业发展、交通导向等方面,通过对《宁波2049城市发展战略规划》《宁波市产业布局》《宁波市城市综合交通规划》《东钱湖镇总体规划调整》等一系列规划的解读,明确东钱湖镇需始终贯彻国家级旅游度假区的目标主线;明确东钱湖镇需从"揽湖聚文化""湖城联动、一体发展"的区域期望中谋求自身价值,并承担推动支撑与辐射带动作用;明确东钱湖镇需更加关注国际会议、旅游度假、智力产业、文化创意、科教医体等产业发展方向;明确东钱湖镇需从交通多维联动、高品质建设、一体化架构等出发,构建"效率+品质"的区域交通格局。

3.2.3 研判现状,厘清城镇着力要点

规划对东钱湖现状进行全方面深度体检,从经济社会、资源禀赋、城镇用地、道路交通、基础设施、公服设施、建设风貌、生态环境等方面分类进行摸排,除了运用传统调查技术方法外,还结合百度常住人口、实时热力等大数据手段分析,明确优势与短板。由于篇幅有限,就不针对东钱湖镇现状评估一一展开,这里主要提一下东钱湖镇现状需解决的问题,主要表现在:国民生产总值逐年攀高,但发展动力错配的问题;文化活动与社会节事丰富且能级高,但夜间活动相对较弱的问题;对外交通联系方便,但区域内部交通供需相对失衡的问题;公共服务设施基本能满足现状需求,但局部分配不均、高能级缺乏的问题。

3.3 规划层面彰显初心

3.3.1 坚持固本与增长双手段,高品质谋划美丽城镇底图

东钱湖镇自然山水资源极其优越,规划先明本底再谈发展,并与在编的区级国土空间规划相衔接,通过"三区三线"管控对美丽城镇建设底图进行约束,建立底线约束层。继而,梳理蓝绿网络骨架,做好东钱湖蓝绿文章,强

化湖区与城区、山区的连接，并进一步还湖于民，还绿于民，建立蓝绿网络层。在此基础上，严格控制环湖敏感区域建设规模，不搞大开发大建设，优先挖潜城镇低效空间，精准投入基础设施、公共服务设施、产业发展用地等以保障美丽城镇建设需求，建立精明增长层。最终，规划围绕活力智心，打通环湖绿环，强化组团主题性，秀出东钱湖创新功能，提出"一心一轴联区域，一环多脉串组团"的"山—水—镇—村"共融的城镇空间结构（图4，图5）。

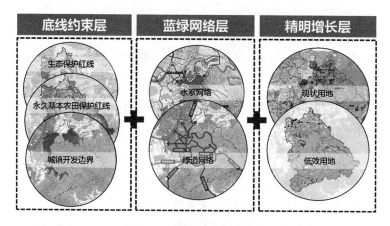

图4　城镇底图生成框架图

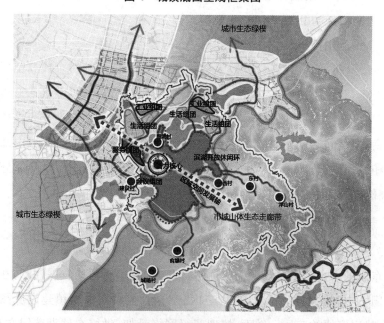

图5　城镇空间结构图

3.3.2　坚持民生与特色双导向，全方面打造美丽城镇内容

规划从民生和特色两个层面明确建设重点，实现从物质提升到内涵提升，从民生工程到城镇特色的全面开花建设。在聚焦民生方面，(1)打造与周边一体化发展的区域交通，并从轨道接驳、特色公交、三级慢行道、智慧停车等方面优化出行环境。实现垃圾分类覆盖、公共厕所覆盖、农污收益率、饮用水达标率等方面提升，谱写功能便民环境美图景。(2)充分考虑当地居民、务工人员、高端人才、创客青年等不同人群的设施需求，分级分类地补足与提升公共服务设施供给能力。结合交通联系、共建共享等因素，划定"1-5-15"三级生活圈，谱写共享乐民生活美图景。(3)通过区域联动和地区带动，打造以大旅游业为龙头，现代都市休闲农业、绿色都市工业、"幸福＋智慧"服务现代产业体系，实现传统产业模式向休闲型、生态型、高附加值的复合型产业模式转化，谱写兴业富民产业美图景。(4)通过保护与挖掘历史要素，开展文化研究工程、宣传工作，传承性、记忆性地彰显城镇人文之美。通过明确有机更新门类，实施老旧小区改造工程、轨道周边区域更新改造等项目，渐进式地推进城镇空间与功能提质升级，谱写魅力亲民人文美图景。(5)逐步扩大智慧政务服务范围，形成"15分钟行政服务圈"，不断推动"大数据＋政务"创新，打造"云端上的东钱湖"。在全领域发动文明实践，打造韩岭新时代文明宁波城市标杆，发扬"钱湖之心"志愿者等品牌，依托文化礼堂、文明村社等载体为文明乡镇建设注入精神动力，谱写善治为民治理美图景。(6)不断完善美丽城镇规划设计及实施评估机制，利用合作机会邀请吴志强等专家学者指导东钱湖镇发展建设。充分利用区位优势，积极探索与中心城区、周边乡镇的共建共享和优势互补，建立区域统筹的合作机制，加强区域竞争力。在刻画特色方面，注重打好三张牌，即聚焦项目、资本、智慧三大优势，打好城市名牌；发扬原生文化，注入新生文化，打好文化牌；组合旅游资源，培育内生力量，打好旅游牌三张牌，明确美丽城镇亮点任务。

3.3.3　坚持政府与社会双投入，多主体参与美丽城镇建设

规划坚持将公众参与置于首要地位，鼓励当地居民积极参与美丽城镇建设全过程，发放群众满意度调查问卷，将群众满意度作为评价的重要内容，推动决策共谋、发展共建、建设共管、效果共评、成果共享。同时，积极对

接城建办、发展服务办、农办、社会事务办等多个政府部门,共同研讨编制规划内容,确保东钱湖镇现状情况真实性、发展方向准确性、项目安排实施性。此外,借由美丽城镇契机积极探索开发建设新模式,引导社会资本从城市交通领域拓展到教育、文化、医疗、体育、生态等城市基础设施领域,激发社会资本参与城镇基础设施建设的热情,解决投融资问题,摆脱城镇建设对政府财政的完全依赖(图 6,图 7)。

图 6　多主体参与示意图

3.4　实施层面有序推进

在开展美丽城镇样板镇创建之前,有序谋划各阶段工作,从撰写美丽城镇建设样板创建申报材料,到编制美丽城镇样板建设行动方案,到落实美丽城镇实施项目库,再到开展实施成效评估,使得规划与实施不脱节。在具体制定建设计划方面采用"项目清单＋作战图"形式,明确建设内容、项目进度,确保有效落地。计划围绕环境美、生活美、产业美、人文美、治理美共安排 80 个建设项目,总投资金额达 90 余亿元,社会投资金额 70 余亿元(图 8,图 9)。

东钱湖镇美丽城镇建设群众满意度调查问卷

填表时间 2020.1

性别 ☑男 □女

年龄 □18 岁以下 □18—25 岁 ☑26—35 岁 □36—45 岁 □46—60 岁 □60 岁以上

户籍 □本镇户籍 ☑外地户籍，在本镇一年以上 □外地户籍，在本镇一年以下

文化 □初中及以下 □高中、中专或职校 ☑大专及本科 □硕士及以上

职业 □私营企业主 □创业人员 □老师 □医生 □工人 □自由职业者 □公务员
☑外来务工人员 □学生 □军人 □其他从业人员

一、环境功能满意度

1、 1）您对城镇环境功能满意度？

☑A 非常满意 B 基本满意 C 一般 D 不满意 E 非常不满意

2）您觉得环境功能与前两年比较？

A 大幅好转 ☑B 好转 C 没有变化 D 变差 E 大幅变差

2、 1）您认为城镇外部交通的主要问题？（可多选）

A 缺乏高等级公路或高铁站等高等级交通设施 B 高速公路或高铁站与城镇联系不顺畅

C 与都市区、城市中心区、县城联系不够便捷 ☑D 其他 _____

2）您认为城镇道路交通的主要问题？（可多选）

A 过境交通对城镇干扰严重 B 机动车道不足 ☑C 缺少停车设施

D 交通管理水平欠缺 ☑E 居民交通意识差 F 公共交通不便捷

3、您认为目前公共厕所存在的主要问题？（可多选） 挺好的

A 布点不合理 B 设施配置不完善 C 标识不清晰 D 管理维护不到位

4、您认为需要增设部分设施 停车场 **（请填写设施名称）**

二、生活服务满意度

5、 1）您对城镇生活服务满意度？

☑A 非常满意 B 基本满意 C 一般 D 不满意 E 非常不满意

2）您觉得生活服务质量与前两年比较？

A 大幅好转 ☑B 好转 C 没有变化 D 变差 E 大幅变差

6、您希望哪些住房设施条件得到改善？（可多选）

☑A 增设电梯 B 改善卫生条件 C 整修厨房设施 D 改善防晒、保暖条件
E 改善水箱、管线等设施 F 其他（请注明）_____

图 7 调查问卷（节选）

项目属性	项目类别	序号	项目名称	项目类型		建设规模及主要内容	计划开工时间/完工时间		资金来源
				新建	续建		开工时间	完工时间	
	环境综合	1	东钱湖流域生态治理及植被修复工程		续建	东钱湖水域及周围河道。主要建设内容为生态治理、污染物治理及植被修复（包括浅滩湿地修复、挺水植物及沉水植物种植）。	2019.05	2020.08	区财政
		2	东钱湖鄞县大道机动车尾气遥感系统项目		续建	在鄞县大道（东外环至215省道）路段安装固定式机动车尾气遥感监测系统。该项目包括龙门架、固定式机动车尾气遥感监测系统、LED显示屏。该设备利用视频抓拍、图像识别等技术，对超标排放的机动车进行识别，对不合格车辆数据将定期移交公安交警部门依法予以处罚。	2019.12	2020.08	区财政

项目属性	项目类别	序号	项目名称	项目类型		建设规模及主要内容	计划开工时间/完工时间		资金来源
				新建	续建		开工时间	完工时间	
县（一）	老旧小区改造类项目	1	2020年度旧住宅区改造维修工程	新建		对区域内旧住宅及安置小区公共设施设备维修；墙面、屋顶渗水维修及内外墙粉刷；小区道路整治提升；停车位改造；南污水管道及地库排水系统疏通改造提升；门禁系统改造提升；对老旧小区环境整治以及品质提升。	2020.04	2020.12	区财政
		2	公有住房维护改造	新建		公有住房建设与维修改造	2020.05	2020.12	区财政

项目属性	项目类别	序号	项目名称	项目类型		建设规模及主要内容	计划开工时间/完工时间		资金来源
				新建	续建		开工时间	完工时间	
县（市、区）级	产业平台建设类项目	1	宁波院士中心		续建	拟对原宁波师学院旧校舍进行改造，包括东西两幢教学楼、食堂和宿舍，其中东西两楼建筑面积为6921平米、6631平米。项目总占地面积52.57亩，总投资约9.4.2亿元，其中红线内改造总投资3.5亿元。	2019.07	2020.06	企业
产业	产业投资类项目	2	云尚谷		续建	致力于围绕纺织服装产业链，部署创业创新服务链，为纺织服装产业高度集群的区域特色经济构建共享与赋能的产业链生态。	2019.11	2020.10	企业

项目属性	项目类别	序号	项目名称	项目类型		建设规模及主要内容	计划开工时间/完工时间		资金来源
				新建	续建		开工时间	完工时间	
	历史文化保护项目	1	南宋石刻公园修缮工程	新建		南宋石刻公园设施设备修缮，内容包括门柱石头、广场铺装、风水柱、凉亭、指示牌附属设施、室内展厅墙体等。	2020.07	2020.12	区财政
	历史景观	2	东钱湖环湖景观提升及亮化工程（一期）		续建	为打造东钱湖滨沿线透绿现湖、亲水宜游生态景观带，对绿化植物进行梳理和配置，形成东钱湖风格特色的绿化景观带，提升湖滨公园展观照明，更新相应城市功能配套设施，完善慢行系统设施，贯通新沿旅游线路，打开滨湖周边空间。对部分梅湖片区沿路景观进行改造，场地平整，完善配套设施。同时实施环湖岸线、湖心堤景观亮化工程。	2019.04	2020.10	区财政

项目属性	项目类别	序号	项目名称	项目类型		建设规模及主要内容	计划开工时间/完工时间		资金来源
				新建	续建		开工时间	完工时间	
	县级（市、区） 运维管理类项目	1	东钱湖南湖水质自动监测站工程	新建		自动检测站建筑面积约30平方米，同时建设电力及相应配套设施。	2020.08	2020.12	区财政
治理美		2	桥隧定期检测	新建		公路水路运输	2020.05	2020.12	区财政
	镇级 运维管理类项目	3	小城镇综合整治维护	新建		对小城镇建设项目进行后期维护	2020.04	2020.12	区财政
		4	两路两侧整治	新建		两路两侧可视范围内环境卫生整治、绿化提升	2020.04	2020.12	区财政

图8　建设项目清单（节选）

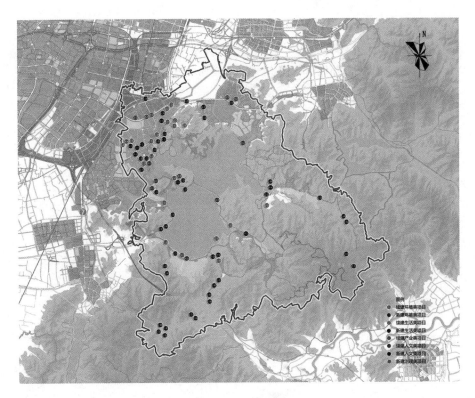

图 9　实施项目库

4　结语

美丽城镇建设是新时代赋予地方的重要使命,是全面带动乡村振兴发展与城乡高质量发展的重要力量,是惠及亿万群众的民生工程、民心工程。浙江省美丽城镇建设的号角已经吹响,先规划后实施,科学、真切地编制美丽城镇样板镇建设行动方案是保障美丽城镇良性开展的重要依据与关键环节。在美丽城镇规划编制过程仍有许多要点需要思考和把握,这里只是选取了一些主要想法与大家分享,以期为同类规划编制提供借鉴。

参 考 文 献

[1] 李伟.不平衡不充分的发展主要表现在六个方面[DB/OL].[2018-01-13].http://

cn. chinagate. cn/news/2018-01/13/content_50223130. htm.

［2］赵颖捷.苏南"美丽城镇"规划策略研究［D］.苏州：苏州科技学院,2015.

［3］孔春浩,蒋征波.从小城镇环境综合整治到美丽城镇——城乡融合发展的杭州实践［J］.创意城市学刊,2020(1)：103-112.

［4］中共浙江省委办公厅.浙江省人民政府办公厅关于高水平推进美丽城镇建设的意见［J］.新农村,2020(2)：3-4.

三、乡镇级国土空间
规划探索

国土空间规划体系重构语境下乡镇级
国土空间规划编制探索

——以重庆市兴隆镇国土空间规划为例[*]

庄凯月[1]　杨培峰[2]　谭少华[1]　刘诗芳[1]

（1 重庆大学建筑城规学院　2 福建工程学院建筑与城乡规划学院）

【摘要】　正值国土空间规划体系构建的初步阶段,本文在充分认识新时代下国土空间改革对乡镇层面国土空间规划提出的新要求的基础上,探讨了乡镇层级国土空间规划的定位与主要内容,从管控范围、工作内容和实施方式指出编制转变的新要点,并且梳理了编制技术新路径。结合《重庆市奉节县兴隆镇国土空间规划(2020—2035)》编制实践,探索乡镇层级国土空间规划编制路径,以期为量大面广的乡镇层级国土空间规划编制提供一定的技术范式借鉴。

【关键词】　国土空间规划　乡镇层级　国土空间改革　兴隆镇

1　引言

中共中央、国务院于 2019 年 5 月颁布了《关于建立国土空间规划体系并监督实施的若干意见》,提出建立五级三类的国土空间规划体系,即国家级、省级、市级、县级、乡镇级五级和总体规划、详细规划、专项规划三类,标志着我国规划编制体系正式开展重构[1]。2020 年部分省份如山东省、河北省和湖南省,积极出台地方层面乡镇级国土空间规划的编制导则与技术指南。

---

* 本文发表于《小城镇建设》2021 年第 2 期。

乡镇层级国土空间规划作为五类中最基本的规划层级,是细化落实县级国土空间规划要求的编制单元,并统筹引导村庄规划和控制性详细规划,同时也是多规冲突最直接的呈现平台。然而目前对县级及以上层级的国土空间规划探讨较多,省级和市级已出台国土空间总体规划编制指南,但有关乡镇层级展开的探讨尚少。

彭震伟等系统性地探讨了乡镇总体规划的尴尬处境,提出保护乡镇自然资源、刚性管控乡镇国土空间的开发利用、统筹空间格局、弹性划定镇区空间和底线管控村庄建设的刑侦国土空间规划的重点内容[2],具有纲领性的研究价值,但缺乏具体的编制思路探讨;王志玲等以广西融水县香粉乡为例,提出了生态优先、全域管控和精明发展三大逻辑认识是乡镇国土空间规划编制重点[3],但未总结国土空间改革下乡镇国土空间规划的转变要点;谭朝艺总结了乡镇级空间性规划的现状,概括性地提出完善乡镇级空间规划编制的建议[4],但缺乏实证研究。目前乡镇层级国土空间规划研究存在的空白主要有:一是基本认识的不足,乡镇层级在国土空间改革下的新要求、定位和主要内容皆缺乏探讨,规划转变要点未提炼;二是编制思路缺乏导向性,乡镇的多样性与多元性决定了乡镇层级国土空间规划编制具有明确的导向性;三是乡镇国土空间如何实现底线保护基础下的准确落点和系统规划,新兴技术和多源数据的融合能够助力乡镇国土空间的规划与编制;四是传导机制方面缺乏探讨,如何有效衔接县级国土空间规划和传导村庄规划,如何落实解决乡村问题是值得探讨的命题。本文结合《重庆市奉节县兴隆镇国土空间规划(2020—2035)》规划编制,重点研究针对于乡镇层级的空间编制规划对策,对工作中的重难点进行了统一梳理与规划,以期为其他地区的乡镇层级国土空间规划编制提供借鉴。

2 乡镇层级国土空间规划在国土空间改革的新要求

2.1 生态本底作为编制首要前提

生态文明时代下,生态文明建设优先是国土空间规划体系构建的核心价值观[5]。乡镇作为国土空间规划体系直接实施落实的基本单元,是生态保护实施最基础且最关键的一环,因此在国土空间改革下新的要求是将生态本底和自然资源本底作为乡镇国土空间规划编制的首要前提,强调自然资源和生态的管控与保护。

2.2　高质量发展、高品质生活作为发展导向

"十四五"新型城镇化提出了高质量发展的新要求,推进高质量发展、高品质生活的关键路径则是乡镇国土空间规划是否将高质量发展及生活作为国土空间规划体系的重构目标,通过"双评价""双评估",有效落实"多规合一",科学划定"三区三线",实现发展方式、生活方式及治理方式的积极转变。

2.3　全域全要素全生命周期综合管控

国家治理体系和治理能力现代化推动国土空间规划管控体系的重塑与改革,要求新时期的乡镇国土空间规划实现全域、全要素、全覆盖的综合管控,转变过往上位总体规划对乡镇规划的管控缺失,并且实现全生命周期管理。

3　乡镇层级国土空间规划编制探索

3.1　定位与主要内容

3.1.1　定位——国土空间规划最终空间落实平台

乡镇层级国土空间规划是国土空间规划的最终空间落实平台,作为空间治理的基本单元,其治理本质是解决好城市内生发展矛盾——社会发展与经济建设的不均衡,当乡镇层级的本质问题解决后,生态文明建设指引、全域管控与城乡发展才能切实落地。目前,解决本质问题关键在于空间上的精准有效落地,以及政策上的分级分类监管落实,是衔接县级国土空间规划与控制性详细规划的精准环节。

3.1.2　主要内容——落实县级国土空间指标,引导村庄规划和详规编制

乡镇层级国土空间规划首要内容是构建全域"一张蓝图",化解"多规冲突"。在生态约束的前提下,合理预留各类发展用地,高效集约可利用资源。

开展资源环境承载能力和国土空间开发适宜性评价，构建全域保护与开发协调发展的国土空间总体格局。

传导上级市县层级国土空间规划的管控要求，其主要内容包括：（1）各类指标、各类要素的紧密衔接，其中包括永久基本农田红线、生态红线等保护类指标、城镇建设用地规模、乡村建设用地规模等开发类指标及高标准农田建设面积等修复整治类指标。（2）分区指标之间的密切衔接，如"三区三线"的划定和二级控制线的划定，如黄线、蓝线、紫线等。（3）各类名录的衔接，以及自然保护区、历史文化保护范围、文保单位的保护等[2]。

引导下级村庄规划和控制性详细规划的编制与实施，需要明确的是乡镇国土空间规划和村庄规划的分界面在其规划类型。乡镇国土空间规划是总体规划类型，具有战略性和实施性，总领村庄规划，并向村庄规划提出约束性要求；而村庄规划是乡村地域的详细性规划，具有承接并具体落实上位规划的功能，强调适用性。其管控的主要内容是：（1）刚性的规模边界管控。科学划分村庄类型及布局，划定村庄土地用途分区和建设用地边界，明确村庄的建设用地规模；在生态保护红线、基本农田保护红线划定并确保一定耕地保有量的前提下，合理布局农村居民点。根据上位规划制定的村庄分类与规划指标，细化各行政村的耕地保有量、基本农田保护面积和建设用地总规划等控制性约束指标，确定各个村庄土地利用约束性指标，有效指导村庄规划的编制。通过"要素＋指标＋图示＋名录"的方式进行底线管控，并转译乡镇国土空间规划的要素标准，作为一般村庄的建设依据，以实现对乡镇域范围内各个村庄建设的有效约束。乡镇国土空间规划中对于数量较多、面积较小的要素，如历史文化名村、重大项目等，村庄规划需要采用名录表达，细化落实其内容。（2）弹性的空间布局指引。预留弹性用地指标，合理规划村庄道路交通、农房建设、公共服务设施和公共空间建设，注重村庄资源环境保护与修复，开展乡村人居环境优化设计。

3.2　规划转变要点

3.2.1　管控范围的转变

传统乡镇层级的总体规划编制主要是以建设空间作为管控范围的，重点是建设空间的用地布局与统筹谋划。存在的问题在于，一是缺乏对土地利用规划的对接,农村土地制度存在产权模糊、权限不清的制度性特点,永久基本农田被农村宅基地占用,未涉及对基本农田的整改补划问题;二是土地流转问题,土地利益纠纷依旧严峻,传统总体规划的编制未涉及此问题的解决方法,对农民、政府、土地租赁经营主体、经营企业等多方之间的实际土地利益协调互动关系重视不足;三是缺乏有效的乡镇总体规划评估机制,过于注重对物质空间的建设,以完成乡镇硬件设施和改造为主要目标,缺乏高质量发展规划和特色化路径安排,导致人口流失、空心村现象愈加凸显。

新时代下的乡镇层级总体规划扩大了管控范围,由建设空间、物质空间转变到全域空间,统筹乡镇全域全要素,既注重建设空间的建设,又兼顾非建设空间,强调生态的保护与修复,将永久基本农田红线作为底线,对自然资源开展全域登记,加强农用地、生态用地向建设用地转用的管控,也要加强对非耕农地、生态用地之间的用途转用管控。妥善处理历史遗留问题,最大限度推进宅基地确权登记;探索农村产权交易平台,完善农村产权制度;预留乡镇发展空间,实现国土空间规划治理全域全要素覆盖。

3.2.2 工作内容的转变

传统乡镇层级的总体规划是由乡镇地方政府主导编制的,主要是定性引导,欠缺对定量综合多要素的管控。国土空间规划体系重构语境下的乡镇层级国土空间规划需要在"一张蓝图"的基础上,融合乡镇总体规划对建设用地的分类管控与引导方法,传承土地利用规划对耕地、林地的内容,融合乡镇土规和总规等多个规划指标体系,衔接上级市县层级国土空间规划各项管控内容,定性与定量相结合构建乡镇层级的国土空间规划全域管控与治理体系,统筹生态保护与修复、自然历史文化传承与保护,实现全域全要素管控。

3.2.3 实施方式的转变

实施方式由原来的"静态蓝图式规划"的一步到位模式转变为分阶段、分时期步步动态推进。传统的总体规划忽视了乡村地区规模小却多变的发展特征,在乡村发展过程中受限于发展动力与资金等不确定因素,按图按规划进行发展实施的村庄较少,难以落实总规制定的各项指标与目标。而新时代下的乡镇层级总体规划是在有效落实上级国土空间规划确定的城镇开发边界、"三区三线"和永久基本农田红线的基础上,统筹上下级的传导与管控,定制设计与动态调整配合实施,尤其是针对乡村重大发展机遇的改变迅速响应,分阶段按照中远期发展目标稳步推进,统筹好各个阶段的规划连续性与整体性。

3.3 编制技术新路径

3.3.1 无缝衔接县级国土空间底图底数

实现全域"一张图"是国土空间规划改革的关键内容。乡镇国土空间规划作为最终落实的基本单元,必须无缝衔接县级国土空间规划的底图底数,并在此基础上深化乡镇级的底图底数。以第三次全国国土调查成果作为基础空间数据,建立地类对照表统一地类转换标准,补充最新的土地变更调查数据、地方行政管理数据和农村地基调查数据,融合手机信令、POI等新兴数据;其次通过直接转换、细化调查和补充调查等方式开展基数转化,形成与县级统一的底图底数数据库。

3.3.2 对接县级双评价,精细化落实镇域双评价

"双评价"是乡镇层级国土空间规划中的关键环节和规划载体。通过"双评价"可以实现乡镇生态本底的识别,研判开发利用问题和风险,为"三区三线"的划定提供科学、准确的数据基础,也为国土用途管制和生态保护提供技术支撑。"双评价"主要是通过以下三方面实现:

(1)生态保护重要性评价。综合叠加水土涵养重要性与生态敏感性评价,通过重要性程度等级模糊的划分,聚合图斑集中度,初步生成生态保护重要性备选区;其次通过高程分析、水体缓冲带分析形成生态廊道重要性等级,对生态保护性分区进行修正,经过聚合后,得到镇域生态保护重要性分区及分布面积,并且统计镇域内各行政村生态保护重要性评价用地面积。

(2)农业生产承载力与适宜性评价。以农业耕作条件为基础划分的坡度为单要素刻画农业耕作条件,以水资源单要素评价刻画农业用水条件,以农业耕作条件和用水条件形成水土资源条件刻画农业功能指向的承载等级,评价农业生产承载力与适宜性。

(3)城镇建设承载能力与适宜性评价。以地质灾害易发生条件为基础,结合城镇建设用地条件划分的坡度等级刻画城镇建设条件,以水资源单要

素评价刻画城镇用水条件,以城镇建设条件和供水条件形成水土资源条件刻画城镇功能指向的承载等级。

3.3.3 衔接县级专题,划定"三区三线"

生态保护红线、永久基本农田、城镇开发边界三条控制线,具有乡镇调整产业结构、规划空间总体格局的重要作用。但是乡镇在"三线"划定中依旧存在较多细节性的问题,一是生态保护红线与永久基本农田、村镇建设、矿业权、人工商品林之间存在矛盾冲突;二是镇区存在永久基本农田零星不连片的问题,其小规模分散分布在镇域建成区当中,造成永久基本农田保护线与城镇开发边界职能冲突。如何科学调节和划定"三线"是目前国土空间规划需要继续探索的方面之一(图1)。

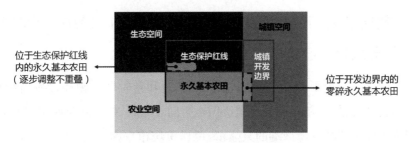

图1 "三线"关系示意图

三线重叠的调整原则是将已划入自然保护地核心保护区的永久基本农田、镇村、矿业权、重大项目、人工商品林逐步有序退出,补划双评价中的生态功能极重要区域和生态极敏感区域、自然保护地。永久基本农田保护线与城镇开发边界职能发生冲突,为了保证城镇建设对空间的需求,以及空间形态的完整性,在城镇开发边界内的建设用地占用了基本农田的,永久基本农田逐步退出,在其他镇域空间补划,否则导致空间效率低下;永久基本农田内千里林带、25度以上退耕还林还草的逐步退出。同时设定三条控制线的管控机制,设立生态保护红线的补偿机制,对于生态空间、农业空间调整幅度大的地方政府,可适当地给与一定程度的政策倾斜及多样化的补偿方式。三区的划定是通过双评价的科学评估,将农业适宜性评价、城镇建设适宜性评价、生态保护等级评价进行叠加分析,并根据叠加分析规则得到三类空间划分初步结果。结合主体功能定位,基本农田保护,城镇发展需求等现实需求对"三区三线"进行反复校验与修正,生态空间采取分类分级管控,农业空间采用分区与图斑相结合的方式管控,而城镇空间采用总量结合边界管控,最终形成"三区三线"划定成果。

3.3.4 镇域空间指标体系实现数据融合

乡镇层面国土空间规划需融合乡镇总体规划与土地利用总体规划,实现"多规合一",按照全域全要素管控的原则,形成建设用地、农用地、未利用地 3 大类空间,城镇建设用地、农村居民点用地、耕地、园地、林地、河流、湿地、滩涂地等其他未利用用地 12 个中类,同时统筹考虑城镇建设空间功能结构空间布局情况,对中类图斑进行再分类,细化至小类来进行精准分类及管控。

4 《重庆市奉节县兴隆镇国土空间规划(2020—2035)》编制案例

在国土空间规划改革、国家生态文明建设和新时期乡镇建设发展的战略引领宏观背景下,新一轮的乡镇级国土空间规划将在 2020 年底编制完成。位于重庆市奉节县县境南端的兴隆镇,位居重庆市东大门,处于绝世奇观天坑地缝风景名胜区的腹心地带。规划镇域面积 354.2 平方公里,镇域辖三角坝、荆竹、庙湾 3 个社区、20 个行政村,共 364 个社,镇政府驻三角坝居委会。兴隆镇于 2019 年 10 月启动了国土空间总体规划编制工作,并将生态本底和自然资源本底作为规划编制的首要前提。

4.1 以三个导向为指引的编制思路

乡镇级层级国土空间规划以 3 个导向,即问题导向、目标导向和行动导向为纲领,围绕"生态优先,高质量发展、高品质生活"规划内容开展(图 2)。问题导向下,通过现状分析和问题识别、人口流动和城镇化发展特征研判、规划实施评估和风险识别评估,以及双评价的基础分析与评价,提出目标与发展战略;在目标导向下,兴隆镇国土空间规划分为镇域国土空间规划和中心城区国土空间规划;将规划的传导与管控和实施监督作为行动导向。

4.2 对接县级国土空间规划底图底数

建立与县域国土空间规划统一的底图数据库是乡镇国土空间规划的重

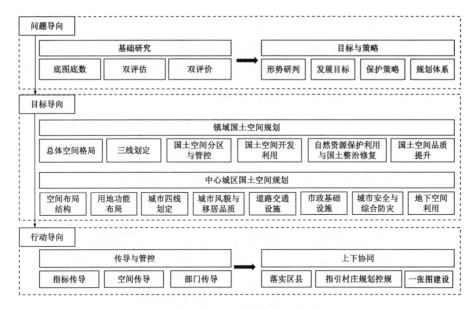

图2　兴隆镇国土空间规划编制思路图
资料来源：作者自绘

要工作。兴隆镇国土空间规划按照《国土空间调查、规划、用途管制用地用海分类指南（试行）》要求，以奉节县第三次全国国土调查成果为规划编制的现状基础数据，积极对接奉节县国土空间规划底图数据库，并利用"三调"分类与国土空间规划用图分类转换规则，将镇域全域层面使用用地用海分类的二级分类，而中心城区针对城镇空间重点内容进行细化，三调数据与卫星遥感影像、POI数据、城乡用地监测数据、城乡规划数据、地形地籍图和实地调研相结合，采用三级分类。在转换标准上，"三调"与规划用地分类衔接，"一对一"地直接通过三调地类与规划地类对应关系进行转换；"多对一"将三调地类合并转换为规划地类；"一对多"通过现场实地调研、影像判读、控规管理数据等方式细化转换。其次，校核并修正三调中与土地管理情况不一致的地类图斑。最后数据叠加，形成"两图两表"——全域和中心城区的国土空间规划用地统计表和现状分布图，为双评价研究、三区三线划定夯实基础。

4.3　镇域国土空间规划重点

　　本文探讨兴隆镇镇域国土空间规划的编制重点，研究内容为兴隆镇国土空间规划的阶段性研究成果,具体内容和数据仅供参考,非最终成果。

4.3.1 对接县级"双评价",精细化落实镇域"双评价"

兴隆镇国土空间规划评价工作建立在奉节县评价结果基础上,从具体落实生态保护要求的视角,从规划规模与空间布局两个维度开展研究(图3)。首先,评价国土用地单要素,主要包括土地资源的承载力、水土涵养的重要性、水资源的可利用度,以及生态服务功能的重要性(图4)。其次,针对生态保护、农业生产、城镇建设三大核心功能开展兴隆镇的本底评价(图5)。

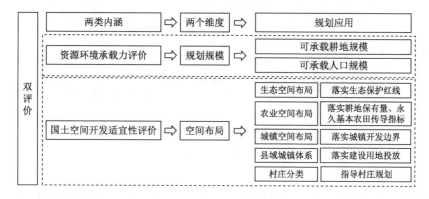

图3 双评价研究作用图

图4 国土用地单要素评价分析结果图

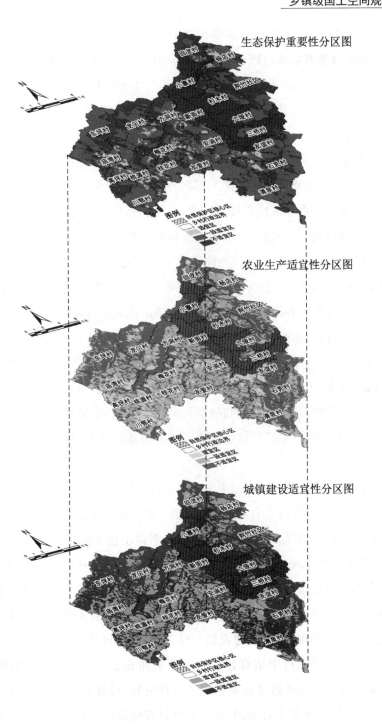

图5 双评价本底评价结果图

（1）生态保护重要性评价得出兴隆镇整体生态功能较差,生态环境敏感,生态保护极重要区域占镇域国土面积的约 1/3,存在农用地和建设用地被侵占的问题。其中东部各村现状建设用地与生态保护重要性评价区域矛盾点凸显,存在部分现状建设用地与农业生产适宜性评价区域矛盾点,镇区周边村占比较大。

（2）农业生产承载力与适宜性评价得出全域农业适宜性较低,且用地规模分散,农业生产适宜区占镇域国土面积的 1/10,镇区周边村现状建设用地与农业生产适宜性评价区域矛盾点较突出。同时,农业适宜区面积较小,不利于开展大规模的传统农业方式,需调整新型农业生产方式。

（3）城镇建设承载能力与适宜性评价得出全域城镇建设适宜性较高,城镇建设适宜区相对集中,主要位于镇区三角坝社区。适宜区分布情况基本上确定了城镇开发边界的范围,划定了未来城镇建设空间规模。

综合以上分析,本次评价是在奉节县双评价的基础上,结合兴隆镇级特色和尺度差异,进行了深化和补充,得出城镇建设、农业生产、生态保护三类空间比值约为 3∶11∶86。兴隆镇的生态保护压力较大,全域较不适宜农业生产,城镇建设适宜区呈现典型的高山谷地地区特征,形成了较为明晰的三类空间雏形,为指导"三线"的划定提供了科学的数据支撑,从而预判国土空间格局。

4.3.2 锚固"三区三线",形成安全高效的空间底盘

对接奉节县"双评价",优化并调整县级划定的兴隆镇"三区三线",优化兴隆镇各乡村行政范围内的三类空间,分析得出在生态、农业、发展建设方面,兴隆镇整体呈现出西高东低的发展格局(图6)。在生态保护方面,兴隆镇东部各村生态保护压力明显高于西部乡村;在农业发展方面,也呈现出西高东低的格局;同时龙门村、庙湾村、川鄂村的农业空间面积较大,具有较高的发展基础;在发展建设适宜性上面,除镇区所在的友谊村、石乳村之外,庙湾村、川鄂村中适宜建设的用地更加充足。"三区三线"范围内主要农业矛盾点的解决通过农业用地适宜性分析,可补划农业空间合计面积 327.84 公顷,主要集中在庙湾社区、高坪村和桃源村。最终确定空间面积(表1)。

图 6　兴隆镇三区三线划定成果图

表 1　三区三线面积及占比统计表

空间名称	面积（平方公里）	占比
生态空间	299.09	84.44%
生态保护红线	229.73	64.86%
一般生态空间	69.36	19.58%
农业空间	48.05	13.57%
永久基本农田	33.43	9.44%
一般农业空间	14.62	4.13%
城镇空间	7.06	1.99%
城镇开发边界	6.72	1.90%
边界外城镇空间	0.34	0.10%
总计	354.20	100.00%

4.3.3　优化镇域国土空间分区,差异化发展功能区划

结合镇域内资源禀赋条件,划定全域规划分区,明确各分区的管控目标与管控政策(图7,表2)。主要包括：城镇集中建设区、城镇有条件建设区、特别用途区、核心生态保护区、生态保护修复区、自然保留区等9类分区。并在国土空间总体格局上,构建"三轴一副多点"的极核引领、中心集聚、多点支撑的镇域空间发展格局。借助乡镇撤并改革,乘势拉开镇区、核心村等发展骨架,增强镇区聚集产业、承载人口、辐射带动区域发展的能力。

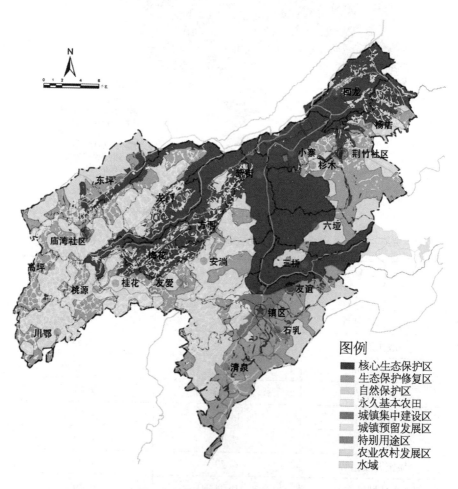

图7　兴隆镇国土空间规划分区图

表2　国土空间规划分区面积及占比表

目标	分区名称	面积（平方公里）	占比
保护与修复	核心生态保护区	58.76	16.59%
	生态保护修复区	145.20	40.99%
	自然保留区	98.29	27.75%
	永久基本农田	33.28	9.44%
开发与利用	城镇集中建设区	6.72	1.90%
	城镇预留发展区	1.12	0.32%
	特殊用途区	1.32	0.37%
	农业农村发展区	9.36	2.64%
	合计	354.20	100%

4.3.4 挖掘乡村特色，支撑国土空间开发利用

利用天坑地缝国家级重点风景名胜区，确立兴隆镇康养度假旅游的目标定位，以"地质奇观＋生态康养"文化为主，集猎奇观光产业、中医药产业、旅游度假养生业，联动区域建设宜居、宜业、宜游的特色村镇。重点从人的需求角度，对产、游、休、学、研五个方面进行集中考虑，未来形成四大方面的功能：联动奉节与兴隆的资源、适应各层次的人群需求、尊重当地文化并发扬兴隆奇特地质文化，以及各功能板块之间的相互衔接。

在产业发展方面，以产业发展基础为本底，以全域旅游为引擎，形成三轴四片区的产业结构。规划全局旅游的自然观光区、综合服务区、文化体验区三大板块，挖掘每个乡村特色，为其制定个性化的发展方向，抓准地区种植特色的高质量、高品质农业产业体系，梳理挖掘全域旅游资源，构建镇区—服务村—旅游村—农户的四级旅游服务体系，塑造全域旅游目的地品牌，实现兴隆镇产业的转型升级。将兴隆镇区打造为全域旅游集散服务中心，作为全域旅游系统一级服务中心，重点建设客运服务、旅游集散、文化风情展示、旅游公共办公等设施；其次将庙湾社区、荆竹社区、方洞村3个核心村打造成为全域旅游服务村，作为全域旅游系统二级服务中心，重点提供交通换乘、旅游咨询、休闲购物等功能；再次是打造一批具有优良旅游资源的示范旅游村，作为全域旅游系统三级服务中心，以旅游接待、风光体验、休闲

娱乐为服务重点;最后旅游发展红利全民共享,响应中央精准扶贫号召,构建兴隆特色农家休闲体系,为全域旅游系统四级末梢,以农家乐、农家风情体验游为主。

4.3.5 保山理水护田,推进自然资源保护利用与生态修复

因兴隆镇独特的高山地理区位,自然资源与生态显得尤为重要。依托"山水林田湖"自然格局,"保山、理水、护田、优城",统筹全域自然资源保护利用与生态修复。

在水资源保护利用方面,统筹协调人与经济社会发展用水,优化配置水资源,促进区域水利工程有序建设;强化水源涵养与保护,加强北、西部山区及深、中丘区水源涵养区的保护,构建水环境治理、水生态修复、水安全保障和水管理建设相结合的水资源保护利用体系。

在森林资源保护利用方面,强化天坑地缝自然保护区的保护与利用,巩固退耕还林成果,构建森林资源保护体系。

在耕地资源保护利用与土地整治方面,将耕地保有量和基本农田保护目标分解到各个村庄,纳入年终考核,为未来耕地和基本农田的发展夯实基础。评估耕地的后备资源,改造和复垦村庄低效建设用地。涉及复垦的居民采用"集中居住"的模式,复垦整理指标优先用于农村集中安置用地需求及为村民生产生活服务的各类设施的完善提升;推进乡镇建设用地增减挂钩,逐步将分散零星农村居民点适度集中归并。

4.3.6 整合全域要素资源,提升镇域空间品质

整合镇域全域的要素资源,通过公共服务设施的提升、魅力景观体系的塑造来提升乡镇国土空间品质。以服务人口需求为导向,确定分类设施配建以镇区社区—农村社区—行政村为单元,构建分级合理、多元复合及层次分明的三级公共服务体系;增强教育、医疗、文化等公共服务设施配套标准,大力吸引跨区域乡镇人口聚集。

统筹镇域历史文化资源的传承与保护。尊重乡镇山水格局,延续镇域自然历史文化、传统空间格局,深入挖掘乡镇历史文化资源,将历史文化资源落实到历史空间,点转化为面,并明确相应的保护与规划措施。

4.4 落实动态传导机制,强化管控手段与路径

首先,兴隆镇国土空间规划的传导与管控由指标传导、空间传导和部门传导三部分组成。指标传导主要是细化并精准落实奉节县国土空间规划管控内容,包括各项区划、历史文化名镇和重大项目的名录、结构与位置等,精准承接各项发展预期性指标和资源约束性指标,实现管控要素的定量化。

其次,空间传导是构建兴隆镇国土空间总体规划—村庄规划的规划传导体系。分解生态保护红线规模、永久基本农田保护面积、耕地保有量等约束性指标,制定相应的村庄规划用途管制规则;划分规划管控单元,明确各单元的人口规划、主导功能和设施配置要求等要素,在村庄建设边界内布局用地,合理安排村域范围内基础设施、公共服务设施、国土综合整治、安全与防灾减灾设施、历史文化传承与保护、规划管制规则等,明确近期实施项目,实现管控要素的空间化,引导乡村振兴。

最后,部门传导,打通向上传导与向下反馈的双向路径,落实动态传导机制,扭转传统规划单一向下传导导致的"静态失衡"[6]。同时,强化管控手段与路径,对接县级国土空间的基础信息数据平台,实现真正意义上的"一张图",逐级汇交,动态更新,实现空间数据共享,引导各村庄空间管控要素的精准落实。

5 结语

目前我国国土空间规划体系构建方兴未艾,无论省域、县域或乡镇层级都在积极探索和研究国土空间规划编制,作为最基本单元的乡镇层级,其国土空间规划更应立足于价值与意义。本文综合考量了生态文明建设、新型城镇化发展和国家治理现代化对乡镇层级国土空间规划的新要求,核心要点是明确乡镇国土空间规划的定位和主要内容,重点阐述了国土空间规划改革下乡镇层级管控范围、工作内容、实施方式的转变要点,探讨了乡镇国土空间规划编制技术的新路径,即无缝衔接县级国土空间底图底数、对接县级双评价精细化落实镇域"双评价"、衔接县级专题划定"三区三线"和镇域空间指标体系,实现数据融合的四大技术路径。以重庆市奉节县兴隆镇国

土空间规划编制作为实证研究,以三个导向即问题导向、目标导向和行动导向为指引,落实上述提出的乡镇层级国土空间规划编制核心要点,以期为量大面广的乡镇层级国土空间规划提供借鉴意义,解决差异化、特色化、多元化的乡镇发展诉求。

参 考 文 献

[1] 牛俊蜻,雷会霞,谢永尊.制度政策导向下国土空间规划编制方法探讨[J].小城镇建设,2019,37(11):11-16.

[2] 彭震伟,张立,董舒婷,等.乡镇级国土空间总体规划的必要性、定位与重点内容[J].城市规划学刊,2020(1):31-36.

[3] 王志玲,董彦,张琳,等.乡镇国土空间总体规划编制重点及对策——以广西融水县香粉乡国土空间总体规划为例[J].规划师,2020,36(11):40-48.

[4] 谭朝艺.乡镇级国土空间规划编制的思考[J].中国土地,2021(1):19-21.

[5] 杨保军,陈鹏,董珂,等.生态文明背景下的国土空间规划体系构建[J].城市规划学刊,2019(4):16-23.

[6] 赵颖,宁昱西.网络化治理视角下的国土空间规划传导机制研究——对广州市黄埔区规划实施路径的思考[J].规划师,2020,36(12):72-77.

基于"双评价"的山地小城镇国土空间格局优化研究

——以贵州省石阡县国荣乡为例

何远艳　潘　斌

（苏州科技大学建筑与城市规划学院）

【摘要】　我国建立国土空间规划体系的最终目的是要形成生产空间集约高效、生活空间宜居适度、生态空间山清水秀的国土空间开发保护格局,让国土空间开发保护能够达到一个安全和谐、富有竞争力和可持续发展的状态。以贵州省铜仁市石阡县的国荣乡为例,运用"双评价"的技术方法对山地小城镇的国土空间进行预判,利用 GIS 进行叠加分析,从而初步划定"三区三线"的山地小城镇的国土空间开发格局。以此为基础引导未来山地小城镇的国土空间开发格局优化配置,从而保障小城镇国土空间的优化发展,并且满足生态安全和经济发展的双重需要,也为其他山地小城镇国土空间格局优化的实施方案提供借鉴。

【关键词】　山地小城镇　资源环境承载能力　国土空间开发适宜性评价
国土空间格局　优化配置

1　引言

2019 年 5 月 23 日,中共中央、国务院发布《关于建立国土空间规划体系并监督实施的若干意见》,国土空间保护开发格局的划定和管理,成为各级国土空间规划编制与监督实施的重要内容。目前,以资源环境承载能力和国土空间开发适宜性评价为支撑来编制国土空间规划已成为广泛共识,因而"双评价"的预判结果如何与"三区三线"的划定形成有机关联,"三区三线"管控体系如何在实践中细化落实,成为亟待深入探讨的问题[1]。2020 年 1 月 19 日自然资源部发布《资源环境承载能力和国土空间开发适宜性评价指南(试行)》,为各地市县及以上单位开展"双评价"工作提供了参考依据。

乡镇是我国基本的地域单元,其国土空间开发格局优化关系到生态文明建设的成效[1],目前乡镇级国土空间规划尚处于探索阶段,只有少数省市有试行的编制指南。山地小城镇的特别之处,在于其地域广、地形起伏大、生态脆弱敏感,且经济技术条件相对落后。与大城市相比较而言,山地小城镇在发展规模、强度和速度上相对较小,但又不能仅仅看作是城市的缩小体,而需要以城镇的人力、财力、物力等的承受能力及其本身问题的特殊性为基础[2],因此通过国土空间格局优化来满足生态安全和经济发展的双重需要十分必要,以贵州国荣乡为例,通过运用市县级国土空间规划中的"双评价"技术方法,来提出优化思路,是一种代表山地小城镇国土空间格局优化的实施方案的探索。

国荣乡位于贵州省铜仁市石阡县西南部,距县城 14.8 公里,平均海拔 800 米(图 1)。国荣乡地处中亚热带区,具有明显的中亚热带季风性湿调气候特征,伏旱频繁,倒春寒,绵雨,秋风等灾害性天气时有发生,多年平均温度为 16.8℃,霜期月数的分布受海拔高度的制约,地势越高,无霜期越短,地势越低,无霜期越长;无霜期 280～295 天,四季多雾,秋雨绵绵,冬日有短期冰雪封山,属不完整的半高寒山区。全乡域土地总面积 55.61 平方公里,森林覆盖面积大于 50%,下辖 14 个行政村,共 101 个村民组,总人口 1.6 万人,汇聚了汉、侗、仡佬、苗、蒙古等少数民族,其中楼上村为国家历史文化传统村落。2016 年国荣乡列为全省 20 个极贫乡镇脱贫示范点,2018 年全乡GDP 为 5 875 万元,其中第一产业生产总值占比最大。国荣乡地理位置特殊,历史悠久,文化丰富,土地肥沃,属典型的山地小城镇(图 2)。

2 研究技术路线

国土空间保护开发格局划定一般以资源环境承载力评价和国土空间开

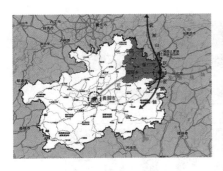
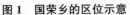

图1　国荣乡的区位示意　　　　　　图2　国荣乡的山地风貌

发适宜性评价作为对国土空间格局和"三区三线"划定的重要支撑依据[3]。市县级以上的"双评价"的目标是要分析区域资源禀赋与环境条件,研判国土空间开发利用问题和风险,识别生态保护极重要区(含生态系统服务功能极重要区和生态及脆弱区),明确农业生产、城镇建设的最大合理规模和适宜空间,为编制国土空间规划,优化国土空间开发保护格局,完善区域主体功能定位,划定三条控制线,为实施国土空间生态修复和国土综合整治重大工程提供基础性依据,促进形成以生态优先、绿色发展为主导的高质量发展新路子。"双评价"预判生态、农业和城镇空间"三区"的划定,同时也为生态保护红线、永久基本农田、城镇开发边界"三线"的划定提供参考依据。其工作本质上是对规划区域国土空间资源环境承载力和国土开发适宜性的客观摸底,"双评价"的预判结果只是从生态视角进行的一个科学预判,不能直接决定国土保护开发格局的划定,最终"三区三线"划分仍需以实际国土空间现状情况为根本依据。乡镇级国土空间保护开发格局规划不仅是对上一级规划的细化落实,同时也为上级规划提供更微观精细的基础信息,辅助达成评价目标。

　　国荣乡的国土空间格局优化是以"双评价"为技术方法,基于现状各项单要素资料,在GIS技术的支持下对人口、经济等社会资源和水资源、生态资源、地形、空间区位、灾害等进行定性和定量的分析,得到单项要素评价结果,再分别进行生态、农业、城镇空间资源环境承载力等级判定,从而结合土地利用现状各用地集中度进行国土空间开发适宜性评价,最后进行国土空间开发保护格局的优化配置。具体包括现状要素调查、"双评价"技术过程、"三区三线"划定、格局优化配置4个研究步骤(图3)。

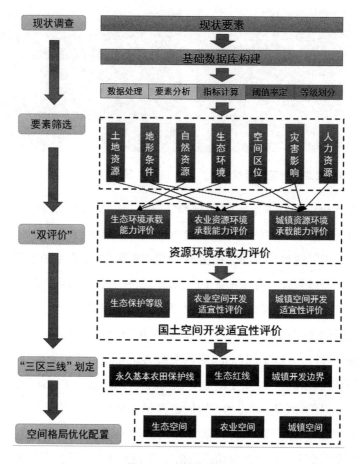

图3　研究技术路线

2.1　现状要素调查

现状要素调查包自然资源、地形条件、土地资源、自然灾害、空间区位、生态环境、人力资源等要素的全息调查。具体数据和信息通过国荣乡地形图、现行国荣乡总体规划土地利用现状图和实地调研访谈数据与影像资料获取。

2.2　"双评价"技术过程

依据山地小城镇的特点并考虑数据资料与技术条件的限制，尽量选取影响力较大、权重较高、信息获取较易的单项要素，本文选取了包括高程、坡度、坡向、水资源丰富度、植被覆盖情况、灾害影响、空间区位等在内的几项要素进行评价,并对评价结果进行初步等级划分。根据现有技术条件,对数据信息完整的要素进行 GIS 技术平台处理得到定量评价结果,对数据相对缺乏的要素进行定性分析,得到定性评价结果。分别针对生态、农业、城镇三个空间筛选各自的影响单项要素进行集成评价,得到生态保护、农业生产、城镇建设等不同功能指向下的承载能力等级,并划分生态保护等级。

在资源环境承载能力评价的基础上,进行国土空间开发适宜性评价,划分农业生产和城镇建设的适宜区、一般适宜区和不适宜区。根据"双评价",对应不同的生态保护等级、农业生产适宜性、城镇建设适宜性。最后,还要以生态、农业、城镇三类空间单项评价结果为基础进行集成,从而得出"双评价"的最终预判结果[4]。

2.3 "三区三线"划定

基于上述评价步骤,结合生态、农业、城镇三类空间的评价结果与土地利用现状中用地分布情况进行国土空间保护开发格局的初步划定,初步划定为生态保护区线、永久基本农田保护区线与城镇开发区线(表 1)。

表 1 "三区三线"包含关系

三区	三线及其他	
生态空间	生态保护红线	
	其他生态空间	
农业空间	永久基本农田	
	一般农业空间	
城镇空间	城镇开发边界	城镇集中建设区
		城镇弹性发展区
		特别用途区
	城镇开发边界外城镇空间	

2.4 格局优化配置

将林地、陆地水域及其他自然保留用地纳入生态空间；将农村居住用地、耕地、园地及其他农用地纳入农业空间；将绿地与广场用地、城镇居住用地、公共管理与公共服务设施用地、商服用地、公用设施用地、特殊用地、道路与交通设施用地、区域基础设施用地、采矿盐田用地、工业用地、物流仓储用地纳入城镇空间。客观分析"双评价"预判结果并结合现状国土空间存在的问题分别对生态空间、农业空间、城镇空间提出相应的优化策略。

3 基于"双评价"的国土空间预判

3.1 单项评价

3.1.1 土地资源

由于乡境属海相干沉积地层，在地壳形成过程中，沉积环境复杂，灰岩、砂岩、砂页岩、白云岩交替沉积，加之地壳外受自然因素的影响，使得整个地层在垂直向和水平向复杂多样，成土母层多替分布，相间出现。由于地形起伏大，切割破碎，坡度变化大，所形成的土壤类型多样，性状复杂。此类地质条件导致国荣乡乡域类土壤质量偏低，作物产量低，且土地开垦难度大。

3.1.2 人力资源

国荣乡为贵州省极贫乡镇之一，常年存在劳动力外流、空心化等社会问题，乡域内人口呈现出小聚集、大分散的特点（图4）。但其文化资源、旅游资源储备量丰富，未来可加以利用，发展乡域文旅产业。

3.1.3 自然资源

国荣乡盛产红石，当地以红石建房，极具国荣乡地方特色。但由于地形、海拔限制，国荣乡境内矿产资源虽较丰富，却极难开发利用。国荣乡境内大面积河流只有廖贤河一条，流经国荣乡东南部，国荣乡水资源比较稀缺，水资源承载力弱，地区现状水资源分布由东南向西北地区递减（图5）。将水资源丰富度分为高、较高、中等、较低、低五级，分别赋值5、4、3、2、1（表2）。

表2　水资源丰富度评价

指标	分级	分类
降水量 （毫米）	>1 200	高
	800—1 200	较高
	400—800	中等
	200—400	较低
	<200	低
本地水资源量 （立方米/平方千米）	>50万	丰富
	20—50	较丰富
	10—20	一般
	5—10	较贫乏
	<5	贫乏

3.1.4　生态环境

国荣乡总体生态环境较好,但其地处的气候环境和特有的喀斯特地貌、地质同时使其生态环境具有敏感、脆弱的特性。国荣乡属中亚热带常绿阔叶林带,全乡森林覆盖面积为25 600亩(图6),全乡森林覆盖率接近50%,平均海拔高度780米,马尾松林分布多,其次为针阔混交林,植被覆盖指数:

$$EECC_{vc} = NDVI_{区域与均值} = A_{vc}\left(\frac{\sum\limits_{i}^{n}P_i}{n}\right)$$

(式中,Pi：5—9月象元NDVI月最大值的均值,首先考虑采用MOD13的NDV1数据,空间分辨率250米,也可用分辨率和光谱特征类似的遥感影像产品;N：区域象元数;Aveg：植被覆盖指数的归一化系数。)

将植被覆盖板块集中度分为高、较高、中等、较低、低五级,分别赋值5、4、3、2、1。

3.1.5　地形条件

由于地壳运动抬升,河流下切,溯源侵蚀强烈高原面多遭破坏,乡境内形成以山地为主的多种地貌类型,即不仅有山地,山原,而且有低山丘陵,山间小盆地和河谷阶地,沟谷纵横,地面破碎,即是在一个小范围内,既有溶蚀

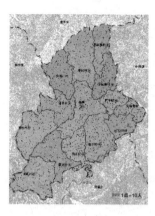 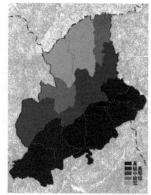 

图4　国荣乡人口分布　　　　图5　水资源丰富度　　　　图6　植被覆盖率

的溶丘、峰丛、峰林、溶洞,又有侵蚀山脊和沟谷。海拔较高(图7)、坡度较大(图8)的区域多集中于国荣乡北部,开发难度较大(表3)。

表3　地形条件评价

指标	分级	分值
地形高程 (米)	≤250	5
	250—450	4
	450—650	3
	650—850	2
	≥850	1
地形坡度 (度)	≤17	5
	17—36	4
	36—56	3
	56—72	2
	72—86	1

3.1.6　空间区位条件

乡域内交通条件较差,现状仅一条酒国公路与县城及周边乡镇联系,尽管为沥青路面,但线性弯曲、坡度较大,一旦下雨,易形成滑坡而阻断国荣乡与外界的联系。尽管通村路已连接各村民组,但通村路路况较差,通行困难,部分通村路甚至为泥石路面,易出现"晴通雨阻"的现象。旅游区位较好,位于佛顶山旅游文化区、凯峡河景区、石阡温泉与古建筑景区之间,处于石阡旅游带上,旅游开发适宜性较强。

3.1.7 自然灾害影响

由于地处中亚热带区,具有明显的中亚热带季风性湿调气候特征,即雨热同季,暖湿共节,冬有严寒,夏少酷暑,春秋湿凉,下雨日数较多光照时数少,伏旱频繁,倒春寒,绵雨,秋风等灾害性天气时有发生。常见的自然灾害有干旱、洪涝、寒潮、冰雹和森林火灾。国荣乡几乎每年都有不同程度的夏旱,夏旱期间正是主要粮食产量形成的关键时期,连晴少雨伴随高温,严重影响水稻、玉米等作物穗、扬花和灌浆。受此类自然灾害影响,国荣乡适宜开发的土地面积极大缩减,国荣乡国土空间的开发难度加大(图9)。

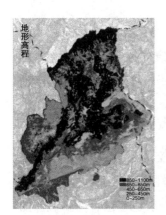  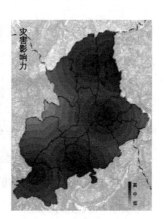

图7 地形高程　　　　　图8 地形坡度　　　　　图9 灾害影响力

3.2 集成评价

3.2.1 生态环境承载能力评价

生态环境承载力主要根据现有国荣乡土地利用现状图林地覆盖情况与水资源分布丰富度两项单项要素进行要素叠加分析得出(图10)。

3.2.2 农业资源环境承载能力评价

农业资源环境承载力主要根据地形高程、坡度、灾害影响、水资源丰富度、灾害影响几项单要素进行要素叠加分析得出(图11)。

3.2.3 城镇资源环境承载能力评价

城镇资源环境承载力主要根据地形高程、坡度、灾害影响、水资源丰富度、人口分布几项单要素进行要素叠加分析得出(图12)。

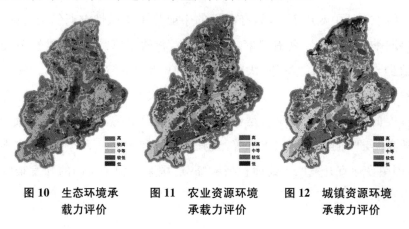

图10 生态环境承载力评价　　图11 农业资源环境承载力评价　　图12 城镇资源环境承载力评价

3.3 国土空间开发适宜性评价

国土空间开发适宜性是指在维系生态系统健康前提下,综合考虑资源环境要素和区位条件,在特定国土空间进行农业生产、城镇建设等人类活动的适宜程度。

3.3.1 农业空间开发适宜性

将农业资源环境承载能力五个等级区域进行空间聚合,形成地块集中度。根据地块集中连片度初步确定农业生产适宜性等级,按照地块集中度与农业承载能力判断矩阵,划分农业生产适宜区、一般适宜区、不适宜区(图13)。一般地势越平坦,水资源丰度越高,土壤环境容量越高,气象灾害风险越低,且地块规模和连片程度越高,农业生产适宜性等级越高。

3.3.2 城镇空间开发适宜性评价

将城镇承载能力五个等级区域进行空间聚合,形成地块集中度。利用地块集中度和城镇承载力等级,进行基于地块集中度的开发适应性初划。再将适宜性初划叠加综合优势度进行修正,最后以生态保护红线等法定管控要素做修正,得出最终城镇空间开发适宜性评价的结果,划分城镇建设适宜区、一般适宜区、不适宜区(图14)。一般地势越平坦,人口越密集,水资源越丰富,气象灾害影响越小,且地块规模和连片程度越高,城镇建设适宜性等级越高。

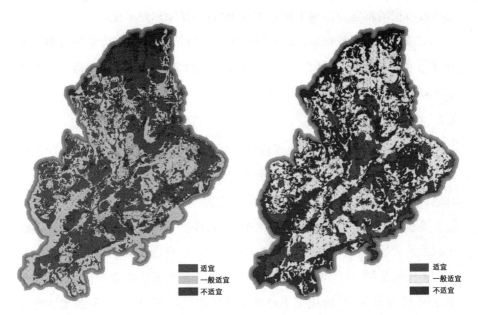

图 13　农业空间开发适宜性评价　　　　图 14　城镇空间开发适宜性评价

4　国土空间保护开发格局初步划定

4.1　"三区三线"划定现实操作原则

"三区三线"协调的总原则：生态优先。在空间划定有矛盾或者模棱两可的时候，生态优先原则始终是"三区三线"划定的首要原则。在与实际校核进行调整与取舍时，以生态优先为前提，必要时农业空间与城镇空间均需为生态让位。

生态保护红线校核原则：只增不减。为了避免遗漏其他生态资源优异以及一些亟需生态修复的区域，需要依据只增不减的原则，坚持生态优先，将初步划定的生态保护红线与现有管控边界进行相互校核。

基本农田校核原则：总量指标锚定。校核的原则为基本农田的总量指标维持不变，在空间位置上允许适当优化。在生态保护红线与基本农田边界出现矛盾的情况下，应以生态保护优先为原则，在区内优化基本农田的布局范围,区内不能平衡时,可将部分基本农田调出生态保护红线区域,在上级行政单位的辖区范围内平衡基本农田指标,保障总量不变。

城镇开发边界校核原则:集约利用。当城镇适宜性评价结果与拟开发建设用地出现矛盾时,评价为一般适宜或不适宜的地区,并尊重适宜性评价结果,适度缩减调整用地开发边界[4]。

4.2　生态保护区线划定

小城镇经济、人以及用地规模的扩展将对其生态空间结构和功能产生重要影响,生态安全格局规划是促进其良性发展的基础[5]。生态空间包括林地、草地、水域、滩涂沼泽以及其他生态空间。根据"双评价",将生态保护能力等级高、较高,同时生态斑块集中度高、较高的区域,初步划定为生态保护红线的管控范围。通过科学评估,识别国荣乡范围内具有重要水源涵养、生物多样性维护、水土保持、防风固沙等功能的生态功能重要区域,以及水土流失、土地沙化、盐渍化等生态环境敏感脆弱区域,根据国荣乡地区特点以及保护要求,合理划定土地沙化敏感区生态保护红线、江河湖库滨岸带敏感区生态保护红线、生物多样性维护功能区生态保护红线、森林生态系统保护红线、禁止开发区生态系统保护红线等各类生态保护红线(图15)。

4.3　永久基本农田保护区线划定

收集国荣乡范围土地利用总体规划资料、土地利用现状调查资料、已有基本农田保护资料、农用地分等级资料、其他土地管理相关资料,整理出划定的永久基本农田、最新的土地利用变更调查、耕地质量等别评定、耕地地力调查与质量评价等成果数据。依据国荣乡土地利用变更调查、耕地质量等别评定、耕地地力调查与质量评价等成果数据,统计分析划出国荣乡基本农田的数量和质量情况。按照数量不减少、质量不降低要求,校核划出国荣乡永久基本农田和可补划耕地的数量和质量情况(图16)。

4.4　城镇开发区与开发边界划定

城镇空间划定:城镇空间包括15项功能区域,主要从资源环境、承载能力、战略区位、交通、工业化和城镇化发展等角度,根据资源环境承载能力评价和国土空间开发适宜性评价结果,结合国荣乡现状地表情况,进行城镇功能适宜性评价,并依据城镇开发边界及城镇功能适宜性评价结果划定国荣乡城镇空间。当城镇适宜性评价结果与拟开发建设用地出现矛盾时,评价为一般适宜或不适宜的地区,应尊重适宜性评价结果,适度缩减调整用地开发边界,以限制未来开发建设活动(图 17)。

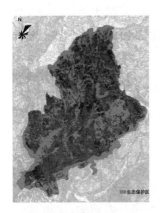 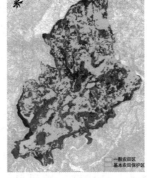 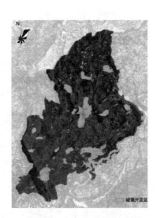

图 15　生态保护区　　图 16　永久基本农田保护区　　图 17　城镇开发区

5　国土空间保护开发格局优化配置

目前,国土空间在开发、保护、整治修复等方面存在一系列问题,与既有的国土空间用途管制制度不完善、不适应于新时代统一的国土空间规划体系的要求密切相关。国家已经基本确立了"国家—省—市—县—乡镇"的五级国土空间规划体系,其中真正与用途管制落地实施直接相关的是市县和乡镇国土空间规划[6]。由此可见乡镇级国土空间保护开发格局的优化配置的必要性。宏观与中观尺度重点强化数量约束,主要用于国家、省级行政单元确定"市—县"指标分解;而微观尺度(县—乡镇),应更注重空间约束,不同区域、不同层级的承载能力与适宜性评价的指标选择也应因地制宜,反映区域特征及短板要素[7]。

5.1　生态空间优化

(1)坚持生态空间保护优先。对自然生态空间的保护要落实在面上,与生产、生活区域的重点开发相协调。结合敏感性和生态功能性,将生态用地分为保护、维护、修复等类型，分别管控。生态保护区主要为辖区内饮用水源地、自然保护区、风景名胜区、湿地、森林、公益林地等，划定生态保护红线重点，分级管控：一级管控区内严禁一切形式的开发建设活动，二级管控区内严禁实施影响管控区主导生态功能的开发建设活动。

（2）疏通串联生态用地。乡镇与城市、县城相连的交通干道，中心镇与村相连的道路两侧，保留林木、林盘、农田，作为连接斑块间的生态廊道，使乡村景观的多样化得以保持并加强其特征；辖区内水系除了保护和涵养水源，也可作为廊道以加强城镇区与各生态功能区的生态联系。从而由生态区配合城镇绿地，通过生态廊道连接，形成区域生态系统的网络，巩固乡镇生态资源的优势。

（3）修复生态破损空间。生态修复区包括生态功能脆弱区、地质灾害频发区域、矿产资源集中开发区等，有重点地推进国土综合整治，修复国土功能，增强国土可持续发展能力。建成区也要尽可能兼顾生态功能，注重景观绿地系统的配置，适度扩大绿地面积。在街头广场建设一定规模的园林景观绿地系统的配置，适度扩大绿地面积。在街头广场建设一定规模的园林景观和有当地特色的绿点，道路适当配置绿地景观，改善建成区的内部环境。

5.2 农业空间优化

（1）强化耕地和永久基本农田保护，落实粮食生产安全。集约开发提升农田耕地产出效益，保障优质农产品生产供应，保证国家粮食安全，通过整理农业用地形成成片的规模化种植，划定耕地保护红线，保护基本农田和优质耕地资源。同时调出低质量永久基本农田，补划优质耕地。

（2）调整永久基本农田布局。实行基本农田保护制度，建设高标准基本农田，废弃建设用地和荒地可恢复为耕地，严格控制耕地转为非耕地，条件好的地区适度发展农业旅游观光。打破各村趋同发展，同质竞争的局面，实施"一村一品"发展战略，因地制宜地错位发展，形成以重点农产品为特色的产业链。三是以土地集约利用促进农业合作社向规模型，专业型转变，以"公司＋基地＋农户"和"合作社＋农户"等模式扩大规模经营，集聚产业和劳动力，发挥产业集聚效益和规模效益。

（3）结合山地地形特征，打造立体农业生产空间，集约空间土地，加强生产联系。打造农业生产空间的同时，借助山地景观优势，在不破坏生态空间的条件下进行农业山地特色农业景观生产，保证农业生产的同时辅助二、三产业加快成型。

5.3　城镇空间优化

（1）节约集约，优化村庄建设用地结构，实现农村建设用地减量化。山地乡镇宜采取点式开发的方式，建成区是对外交流的窗口，承接城市主要农产品供应基地、休闲旅游服务等功能，同时辐射周边区域带动整个镇域产业发展，必须重点开发，通过基础设施向周围区域辐射其影响力，促进农村人口向城镇集中；同时农村地区建设聚居地，提高建筑容积率，使生活空间更紧凑。合理进行空间布局，建立公共服务区，商业区，卫生教育机构，依托公共核心发展的居住区，加大基本公共服务供给力度，引导人口和产业向基础设施完善的区域聚集。

（2）守住开发底线，深入挖掘用地潜力，零星分散地块腾退集聚。采取"大分散，小集中"的原则，将分散的农村居民点相对集中形成一定规模的聚居地，改善人居环境，提高生活的舒适度。

（3）以道路交通引领建设用地。山地小城镇道路建设难度大且投资成本高，在交通干道附近建设农村聚居点有利于提高道路利用率。推动闲置用地、低效用地再开发，以此来调整人均居住用地，提高生活空间利用效率。

6　结语

山地小城镇的规划需要满足生态安全与经济发展的双重需要，而乡镇域面积较大，上位规划传导可能不到位，所以可以参考"双评价"的技术方法来评价山地小城镇的国土空间格局，并且对其国土空间保护开发格局进行初步划定和优化配置，从而为形成"三生协调"的全域国土空间格局打下基础，并且为乡镇级国土空间总体规划提供决策。

参考文献

［1］杨露茜,姚建,徐瑞,等.基于生态文明建设的乡镇国土空间格局优化探讨[J].四川境,2015,34(5):55-6.

［2］何红霞,陈彩虹.山地小城镇规划中应注意的问题[J].小城镇建设,2004(10):38-41.

［3］王亚飞,樊杰,周侃.基于"双评价"集成的国土空间地域功能优化分区[J].地理究,2019,38(10):2415-2429.

［4］魏旭红,开欣,王颖,等.基于"双评价"的市县级国土空间"三区三线"技术方法探讨[J].城市规划,2019,43(7):10-20.

［5］王晓琳.基于生态质量评价的小城镇生态安全格局规划研究——以青海省民和县官中镇区为例[C]//中国城市科学研究会,天津市滨海新区人民政府.2014(第九届)城市发展与规划大会论文集——S14生态景观规划营建与城市设计.[出版者不详],2014:38-43.

［6］林坚,武婷,张叶笑,等.统一国土空间用途管制制度的思考[J].自然资源学报,2019,34(10):2200-2208.

［7］贾克敬,何鸿飞,张辉,等.基于"双评价"的国土空间格局优化[J].中国土地科学,2020,34(5):43-51.

国土空间规划改革背景下近郊小城镇规划探索

——以池州市近郊街道为例

李沐寒　施　展　王晶晶

（华设设计集团国土空间及城乡规划研究中心）

【摘要】　文章总结了城市近郊小城镇的发展机遇与瓶颈，选取池州市近郊街道为研究对象，分析了其发展背景，提出该区域小城镇存在着"灯下黑"处境、生态环境的冲击和产业发展缺乏内生动力等三方面困境。进而探索国土空间规划改革背景下小城镇的土地控制、产业路径并提出相应的发展策略和规划应对，以期对新时期城市近郊小城镇转型发展提供一定指导与借鉴。

【关键词】　近郊小城镇　池州市　国土空间规划

1 引言

近年，我国宏观经济进入新常态，城镇化的重点也从规模速度转向高质量发展，从一味经济增长转向生态优先。随着国家城乡统筹战略的不断推进，小城镇作为农村和城市相互联系、相互补充、相互促进的纽带，是乡村振兴的主战场，亦是城乡新型发展格局中的重要版块。在多规融合和国土空间规划改革的背景下，国土空间成为城镇化建设和生态文明建设的空间载体和对象，承载着城乡发展潜力和意图。同时，作为国土空间规划五级三类体系的基础环节，如何通过城乡资源的统筹利用与合理分配实现小城镇的可持续发展，成为规划研究中的关键问题。本文以池州市五镇街为例，探讨近郊小城镇发展背景与困境,进而探索国土空间规划中小城镇土地控制和产业路径,并提出相应的发展策略和规划应对。

2 发展机遇与瓶颈并存的近郊小城镇

2.1 中心城市带动与边缘化

近郊小城镇主要指位于中心城区边缘,并依托中心城区带动辐射呈现快速发展的小城镇。从区域视角来看,中心城市作为地区中的重要增长极,为周边小城镇提供了教育、商业、医疗等共享公共服务设施,并通过经济外溢促进小城镇逐步融入区域发展进而成为其重要功能载体。除了区位特点带来的优势,近郊小城镇也可能因自身发展条件受限而被边缘化。中心城市需要通过不断吸引周边地区的社会、经济、人口等要素集聚从而壮大自身,导致"虹吸"效应出现。近郊小城镇由于在城镇体系结构中所处的边缘位置,加之生态环境制约、基础设施建设不足、土地利用方式粗放、吸纳人口能力有限等问题,成为中心城市的盲区。

2.2 跨越式发展与混杂性

随着中心城市快速发展,各类要素聚集导致用地空间不足、生态环境恶化、房价过高等城市问题。城市近郊小城镇由于便利的交通条件、良好的生态环境、较低的土地成本逐步吸引中心城市部分人口、产业和基础设施转移,从而实现跨越式发展。与之同步的是城市近郊区管理、经济和空间的混杂性:受中心城市扩张影响,镇区、开发区、产业园区在近郊小城镇交错分布,造成行政区划和管理层级的复杂性;由于特殊的交通和地理区位,近郊小城镇除了本地产业外,还聚集有中心城市转移产业,以及依托交通便利吸引来的外来产业,经济发展呈现混杂性;近郊小城镇的建设风貌呈现典型的城乡混合特征,临近中心城区的开发建设区域展现为城市风貌,原有小城镇由于基础设施建设落后展现为传统小城镇风貌,同时外围区域穿插聚集大片乡村景观,最终呈现出城、厂、田、村、镇的混杂性空间。

3 池州市近郊小城镇发展概况

3.1 发展背景

3.1.1 发展机遇

随着长三角一体化上升为国家三大战略之一,池州市将打造长三角西向门户节点城市,逐步推进交通大通道建设,构建沿江立体综合交通走廊。池州市东部三区(皖江江南新型产业集中区、池州经济技术开发区、池州高新区)作为融入长三角产业合作的先行区,是承接区域产业转移的重要空间载体(图1)。另一方面,全域旅游转型是大势所趋,又是推动长三角三省一市旅游产业高质量发展的内在需求。在此背景下,池州市应着力谋划自身区域旅游定位,整合自身旅游资源,以绿色、生态、可持续为发展理念,提高经济发展的质量与效益,打破旧有发展模式下经济发展与自然环境保护之间的零和博弈,打造长三角旅游休闲后花园和健康养生首选地。

本文研究对象为池州市中心城区周边五镇街,分别为江口街道、梅龙街道、马衙街道、里山街道和墩上街道,其中江口街道与梅龙街道部分位于中心城区(图2)。该区域北临长江,与池州市中心城区相交叉,境内有九华山机场、池州站、沿江高速公路、铜九铁路和城际铁路穿境而过,交通优势明显。

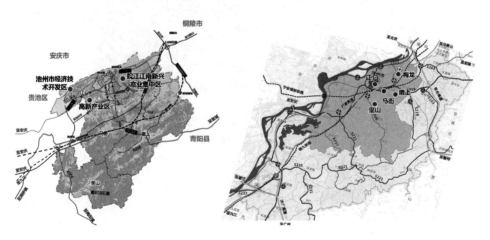

图 1 五镇街与东部三区　　　图 2 五镇街在池州市位置

3.1.2 产业资源特色

研究区北临浩荡长江,拥有"城—山—江—湖—村"一体化的自然格局,小城镇特色明显,生态经济发展基础优势明显。五镇街矿产资源丰富,分布广泛,拥有悠久的采冶历史。同时历史文化底蕴深厚,佛教文化、古人类遗址文化和家风文化等交织于此,境内分布有十八索自然保护区、渚湖姜村、九华天池、万罗山景区等旅游资源。

对比贵池区内各街道经济发展情况,五个街道经济发展处于全区中等偏上水平。近五年各镇街依托资源优势,积极培育了非金属矿产品深加工和大健康产业,整体发展较为均衡。通过分析各镇街内部产业发展情况,目前五个街道产业发展体系基本相似,总体上:第一产业以现代生态农业为主,特色种植业发展较好;第二产业以矿产品和农副产品加工等小型加工业为主,产业层级较低,布局零散;第三产业依托九华天池、万罗山等景区发展生态旅游业和乡村休闲旅游业(图3)。

图3 重要产业载体

3.2 发展困境

3.2.1 "灯下黑"处境

纵观小城镇改革开放以来的发展历程,其成长离不开大城市的辐射带动,但临近中心城市的地理区位也带来了一定消极影响。池州市三大经济区坐落在江口街道和梅龙街道,是以高新产业为主导的重点开发区域,五镇街可利用先天的区位优势抓住机遇,找准在池州市及皖南生态经济带大生产链中的具体位置。但由于其在池州市产业体系结构中所处的边缘位置,政策难以惠及,逐步被外来资本所抛弃,易形成"灯下黑"处境。

3.2.2 生态环境的冲击

中心城市快速发展的过程中,建设用地不断扩张,原先受农业支配的非城市化区域逐渐转化为以非农产业为主的城市区域,导致农村在城镇化过程中侵蚀生态用地、破坏生态环境的现象十分普遍。池州市矿产资源丰富,小城镇更是以非金属矿产品深加工为主导产业,大量的开山采矿和运输活动破坏了自然山体和传统村落风貌,同时落后的生产和加工方式也加速了环境的恶化。五镇街自然风光秀美,乡村景观丰富,破坏环境无异于自行切断大健康产业和乡村旅游之路。由此可见,未来发展不能盲目走粗放工业化、城镇化道路,需要探索一条高质量的生态文明之路。

3.2.3 产业发展缺乏内生动力

深入剖析五镇街产业发展现状,近年来受限于开发区产业影响,被动式承接产业转移,导致自身产业缺乏内生动力。首先,由于发展阶段和资源禀赋相似,各街道均以特色农业和乡村旅游业为主,竞争态势严重。其次,一二三产间联动不足,缺乏产业融合,农业均以基础种植为主;工矿业产业链较短,产品附加值较低;旅游产业发展不温不火,旅游产品主要为初级的观光型产品,品牌塑造待进一步提升。

4 发展策略及规划应对

4.1 土地控制:"三区三线"

在国土空间规划体系中,"三区三线"作为城镇资源分配与国土空间格局划分的前提尤为重要,对于城乡建设规模与环境开发有一定的约束作用,体现了新时代国土空间规划的核心价值。本次规划中的永久基本农田划定沿用已有成果,确保数量不减少、质量不降低;生态保护红线划定结合新一轮成果同步划定;城镇开发边界暂未划定,是本次规划重点研究内容。总结国内外城镇开发边界划定相关案例研究,其中较为典型的是空间拓展导向下的边界划定,通过预测人口和就业增长来确定城镇用地需求,进而结合城镇拓展方向划定城镇开发边界。另一种国内城镇开发边界划定常用的是以生态优先为导向的反规划法,通过确定不能建设的区域反推城镇建设空间。通过对划定方法的综合比较和地方实践的共识,结合研究区五镇街的地形、区位等客观条件,确定了本次"三区三线"划定原则:既要坚持节约优先、保护优先,也要顺应城镇发展的需求,同时提升人居环境品质,统筹安排城镇生产、生活和生态空间。

近郊小城镇土地利用的混杂性决定了其城镇开发边界划定的复杂性。研究区生态资源丰富,尤其东部与南部的马衙、里山、墩上三街道,拥有十八索湿地保护区、九华天池等重要生态空间。江口街道与梅龙街道隶属中心城区,由于开发区与建设用地不断拓展,同时受经济吸引自发地在近郊区形成工厂、小规模零售等城镇建设用地,侵占了部分农田,生态环境遭到破坏。本次规划中城镇开发边界的划定从资源本底约束、现有规划指引、开发边界划定和划定方案协调四步着手:首先通过用地适宜性分析,坚持生态空间和农业空间优先,在上位规划的统筹协调下落实相关规划建设用地指标,其次结合规模预测、以人定地、以产定地、城镇发展方向等初步划定各街道的城镇开发边界,最后对三区之间重合区域进行边界调整与勘误(图 4)。最终形成研究区"三区三线"划定结果(图 5)。

(1) 资源本底约束

资源本底约束主要是通过城市的地形、生态环境和土地需求进行用地适宜性评价。首先利用地形数据、遥感数据和调研数据构建基础地理数据库,通过区域水体指数、植被指数和湿度指数来进行综合生态分析,然后叠加地质灾害隐患点、区域扰动指数和区域地形指数进行需求和风险分析,从而评价研究区用地适宜性,引导未来用地布局。结果可以看出,研究区适宜

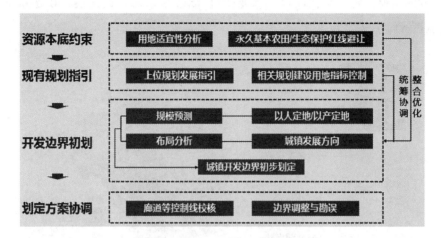

图 4 城镇开发边界划定思路

图 5 三线划定图

开发的用地主要分布在江口和梅龙街道,能够为未来城镇发展提供足量空间(图6)。

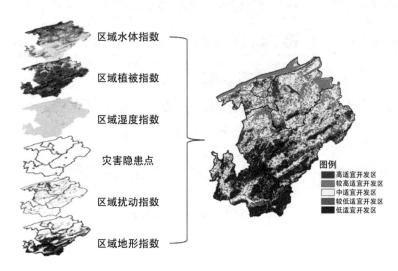

图6 用地适宜性评价

(2)现有规划指引

现有相关规划中,《池州市城市总体规划(2013—2030)》明确了镇区的人均建设用地规模,也将梅龙街道和江口街道划在中心城区范围内,里山、马衙和墩上三街道则规划为集贸型城镇。《贵池区土地利用总体规划(2006—2020)》对各街道永久基本农田、城镇建设用地规模等指标进行了控制。《高新技术产业开发区总体规划(2016—2030)》《池州市经济技术开发区规划(2010—2030)》和《安徽省江南产业集中区总体规划》中将池州市经开区、贵池区高新区规划在江口街道范围内,江南产业集中区规划在梅龙街道范围内。可见江口和梅龙街道是中心城区及各开发区的主要载体,其城市建设用地规模划定尤为重要;里山、马衙和墩上三街道作为近郊小城镇具有独立城镇空间,城镇开发边界的划分即为镇区建设规模的确定。

(3)开发边界划定

城镇开发边界划定受多重因素影响,以江口街道和马衙街道为例进行本次开发边界划定说明。江口街道位于池州市中心城区,是未来主城区空间拓展的主方向,随着城镇化和产业规模不断扩张,产业空间需求逐渐增

大。通过调研可知江口街道人口城镇化进程较快,截止 2019 年年底
54.85%的农村人口实现就地城镇化,剩余人口也已纳入拆迁计划,因此规
划将江口街道除长江和湖泊以外的区域划定为城镇开发空间。马衙街道位
于中心城区东南方向,部分承接了池州市中心城区拓展功能。街道城镇建
设用地主要包括 4 个片区,马衙集镇区、灵芝片区、教育园区和政务新区,其
中教育园区和政务新区的城镇开发边界根据池州市国土空间总体规划予以
明确,马衙集镇区和灵芝片区主要提供旅游服务配套设施,以灵芝片区为
例,由于片区南部分布有大量生态空间,同时西部和北部受永久基本农田限
制,因此城镇发展空间有限。规划未来依托马衙铁路站及 G318 拓展城镇空
间,完善基础设施和生活配套设施,为区域提供旅游服务功能,最终综合考
虑弹性发展空间和特殊用途区划定城镇开发边界(图 7)。

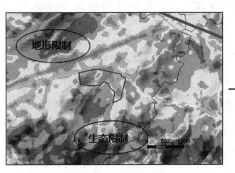

灵芝片区用地适宜性评价

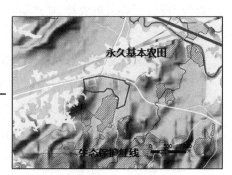

灵芝片区基本农田、生态保护红线分布

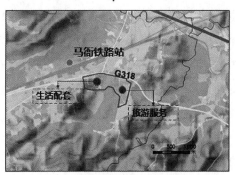

灵芝片区城镇开发边界

图 7 灵芝片区城镇开发边界划定过程

4.2　产业路径：三产联动

池州市近郊镇街虽区位条件良好、资源优势明显,但目前仍存在产业发展分散、基础设施建设薄弱等问题,短期内空间格局难以改变。处于强中心外围的小城镇(尤其马衙、墩上和里山三街道)势必要走全域统筹发展道路,承担相应产业及服务功能,实现"从小依附到大融合"、从"独立发展到协作共赢"。结合研究区域产业发展以及自身现状产业基础,努力避免与周边产业的同质性竞争发展,未来将选择差异化、链条化、绿色生态和高效集约的协同发展路径。

(1)产业选择

基于资源优势的产业选择。以产业现状为基础,各街道可利用矿产资源继续深化矿产品精深加工业。利用优越的资源禀赋条件,依托区域农业和矿产资源优势发展农林、矿产资源的精深加工业,尤其是注重非金属新材料的发展。

基于生态优势的产业选择。各街道可依托良好的生态环境和乡村建设发展休闲旅游业。研究区具备良好的自然生态景观条件,从国内外三产发展经验来看,良好的生态环境和人文底蕴能促进现代服务提升规模和档次,也有利于旅游休闲度假业的发展。应加强规划控制,政府积极引导,依托九华山、万罗山、九华天池等景区将美丽乡村与休闲度假结合,大力发展旅游、休闲、养生、健康产业。

基于转移承接的产业选择。各街道应提升招商引资环境,积极承接周边江南产业集中区和高新技术开发区的先进制造业和服务业外溢。研究区江口和梅龙街道作为皖江城市带承接长三角和珠三角产业转移的核心区,各经济开发区以电子信息产业、高端装备制造和高端服务业为主导,传统行业不断向外转移和扩张,使得其余街道乡镇可有选择地承接相关溢出产业。

通过产业选择分析,选拔出特色农产品种植、矿产品精深加工、非金属新材料制造和畜牧养殖业等传统产业,提高产业层次和产品档次。同时以市场需求和区域合作为导向,着力培育乡村休闲旅游业、健康旅游业,以及承接区域产业外溢的新型产业。最终确定街道主导产业为特色生态农业、加工制造产业和乡村旅游业。

（2）联动策略

打造"生态农业＋"。立足特色生态农业充分挖掘各街道现状资源要素，打造农业种植、农产品加工、农业旅游、农事体验等为一体的产业集群。通过合理规划和引导，确定各街道主要种植的特色农作物和主导载体功能，形成"一镇一业"（表1）。构建三产联动的产业架构体系，推动农业产业向全产业链扩展提升，建设产品种植、产品加工、旅游商贸于一体的农业综合体。以旅游市场不断扩大为契机积极发展乡村旅游、休闲度假和生态旅游，形成一批特色旅游线路，吸引池州市乃至长三角地区游客，促进商贸、文化、旅游等产业的联动和多元化发展。同时依托农业特色资源打造创意农田、特色农家乐，在农夫集市和农家乐中销售特色产品，丰富乡村文化体验功能。

表1　生态农业发展引导

	马衙街道	梅龙街道	里山街道	墩上街道
现状资源要素	农产品种类丰富 农副食品加工 牲畜、鱼虾养殖业	旅游业 非金属矿物加工 商贸物流基础	特色种植 养殖业 矿产资源	田园综合体 初级加工业 养殖业
承载功能	农产品加工 茶类种植 畜禽养殖	油菜种植 集贸市场 设施蔬菜	中草药种植 矿产品加工 商贸物流	观光农业 梨种植园 农产品加工
特色农作物	油茶	油菜	黄精	梨
主导方向	商贸服务型	农业产业型	三生融合型	三生融合型

拓宽制造业产业链。依托中心城区三大开发区的产业转移优势，打通制造业上游、中游和下游，促进区域全产业链合作。上游主要为矿物和原料的开采；中游包括机械装备以及建筑材料的制造；下游为所开采原材料的进一步深加工，包括建筑材料生产、机械制造、汽车制造、石材中的建材、工艺品制造等。各镇街依据交通与区位的不同，分工协作，明确在产业链条中的功能定位。

5　结语

近郊小城镇因其自身独特的区位条件和相对廉价的土地资源，在中心城市快速城镇化过程中不断承接各项功能转移,寻求不同程度的发展契机。但在区域一体化发展中其受限于自身行政级别导致话语权不足,长期以来被动式发展,面临着边缘化等困境。研究深入剖析池州市近郊镇街的发展问题,提出未来小城镇在土地控制和产业发展方面的策略及规划应对,以期对其他相类似小城镇的发展提供一定的借鉴。

参考文献

[1] 张飞,闰海.南京大都市边缘区小城镇发展问题及策略研究——以句容市宝华镇为例[J].小城镇建设,2018,36(8):11-18.

[2] 仇保兴.我国小城镇建设的问题与对策[J].小城镇建设,2012(2):20-26.

[3] 黄亚平,周敏,肖璇.从"小依附"到"大融合":城郊型小城镇发展模式与路径研究——以武汉市五里界为例[C]//中国城市规划学会.城乡治理与规划改革——2014中国城市规划年会论文集(14小城镇与农村规划).北京:中国建筑工业出版社,2014:63-72.

[4] 陈白磊,齐同军.城乡统筹下大城市郊区小城镇发展研究——以杭州市为例[J].城市规划,2009,33(5):84-87.

[5] 彭震伟,张立,董舒婷,等.乡镇级国土空间总体规划的必要性、定位与重点内容[J].城市规划学刊,2020(1):31-36.

鲁南沂蒙山区小城镇国土空间规划编制探索

——以莒南县文疃镇为例

李　鹏　王雪梅　张　悦

（山东建大建筑规划设计研究院）

【摘要】　各地国土空间规划均已开展编制，新时期国土空间规划体系的政策、研究及试点探索经验成果层出不穷，本文尝试以乡镇国土空间总体规划编制主体为突破口，通过实施评估、多规合一、适宜性评价等基础分析摸清小镇的底数和底图，通过区域一体化协同发展、定位等确定小镇的发展方向，通过总体格局、生态安全格局、乡村振兴和镇村体系等划定城镇开发利用格局，通过社区发展评价、折减系数等将约束指标传导至各社区单元、控规单元，探索小城镇在国土空间规划体系下的编制技术手段、思考内容，以及乡村振兴下城乡融合发展的侧重点，并选择具有"山水林田湖"空间要素的莒南县文疃镇为研究对象，深入思考未来小城镇在国土空间规划体系下的编制方向。

【关键词】　小城镇　国土空间规划　多规合一　开发利用　单元传导

1　引言

2019年5月，《中共中央　国务院关于建立国土空间规划体系并监督实施的若干意见》正式印发，标志着我国进入国土空间规划新时代。乡镇国土空间总体规划是对市、县(市)国土空间总体规划的细化落实，是乡镇人民政府对本行政区域国土空间开发保护做出的具体安排，是指导专项规划和村庄规划的重要依据。

当前,按照山东省政府《山东省国土空间规划编制工作方案》的通知,"省市县镇"四级国土空间总体规划的研究和编制工作正式积极开展;地方层面,莒南县以县和镇两级同时开展国土空间总体规划的编制,"上下互动"编制,扎实上位规划传控要求,实现资源有序流动和城乡融合发展。

2 新背景分析——政策要求与地域特征

2.1 乡镇国土空间规划体系的背景梳理

乡镇国土空间总体规划作为国土空间规划的最后一层级,也是最贴近百姓福祉的最后一环。不同于国家省级的战略性规划,也不同于市县级的协调性规划,其其更偏向规划落地实施性,是对市县国土空间总体规划的细化落实。2019年11月,山东省出台《山东省乡镇国土空间总体规划编制导则》(以下称为《乡镇导则》),对于乡镇国土空间总体规划具有非常大的指导性意义。

2.2 关于乡镇国土空间规划特点概述

(1)涉足三农问题,乡村振兴,还需保障农民利益

乡镇国土空间规划坚持以人为本,注重品质提升,其中涉及耕地、基本农田、城乡建设用地量等指标关乎农民福祉,与农民生产生活息息相关,规划坚持以人民为中心的发展思想,处理好人与自然的和谐关系,统筹全要素全方位一体化的空间保护开发。

(2)数据获取困难,政策不明,还需夯实研究导向

现阶段的乡镇国土空间规划更多为落实传导规划为主,没有针对性的政策等指导性文件,其编制过程存在的细节问题无法找到切实依据,尤其乡镇国土空间规划环节中涉及的数据获取存在困难,涉及的主体部门也存在资料提供不完善的困难。

（3）土地混杂零碎，集约利用，还需要精准落位

乡镇虽为最低层级的国土空间总体规划，但涉及地类图斑全面，土地混杂零碎，加上数据源较少且难以通过现代智能手段辅助统计，导致上一层级传导下来的空间下一层级的界定无法精准地落实在空间上。

2.3 鲁南沂蒙山区文瞳镇发展特色简介

鲁南地区山地、丘陵、平原、水网密布的格局以及华东滨海、京沪纽带位置，使得这里建设模式多样、文化交汇、发展较鲁北地区超前。文瞳镇恰好位于鲁南沂蒙山区南部，低山与缓丘两种地形的交汇处。一方面，这里依托华东地区京沪连接带快速发展，镇域范围内类型丰富的地貌；另一方面，这里有着山下缓丘平原原汁原味的乡村风貌，同时，依托城乡融合的发展和"沂蒙山红色革命老区"的特色招牌，正处在乡村振兴发展的攻坚期。总而言之，凭借丰富多样的地貌与发展态势，文瞳镇一定程度上代表了鲁南沂蒙山区小城镇发展的样板。

3 基础分析——明确国土空间规划的焦点问题

3.1 实施评估，明确国土现状欠账与倒挂

（1）"三调"转国土，摸清家底、厘清底数

"三调"地类转国土空间规划地类，根据《乡镇导则》要求，乡镇国土空间总体规划对土地用途做到一级类，详细规划做到二级类和三级类；为方便用地统计和测算，规划暂时将居住用地，分为城镇居住用地与村庄居住用地（表1）。

现状统计分析，耕地包含旱地和水浇地，面积为 5 596.34 公顷，与《文瞳镇土地利用总体规划（2006—2020 年）》（下文称为《土规》）下达的耕地指标为 5 790 公顷相比，欠账 193.66 公顷。城乡建设用地包含城镇居住用地、村庄居住用地、公共设施用地、工业用地、仓储用地、道路与交通设施用地、公用设施用地、绿地与广场用地、留白用地等，面积总计为 911.29 公顷，与《土规》下达的城乡建设指标为 840.66 公顷相比，倒挂 70.63 公顷。其他指标不作为约束指标要求，不再一一赘述。

表 1 "三调"地类转国土空间规划用途表

三调地类名称	国土空间类别	
旱地	农林用地	耕地
水浇地		耕地
沟渠		其他农用地
坑塘水面		其他农用地
农村道路		其他农用地
设施农用地		其他农用地
养殖坑塘		其他农用地
乔木林地		林地
竹林地		林地
其他林地		林地
茶园		园地
果园		园地
其他园地		园地
城镇住宅用地	城乡建设用地	城镇居住用地
农村宅基地		村庄居住用地
机关团体新闻出版用地		公共设施用地
科教文卫用地		公共设施用地
商业服务业设施用地		公共设施用地
工业用地		工业用地
物流仓储用地		仓储用地
城镇村道路用地		道路与交通设施用地
交通服务场站用地		道路与交通设施用地
广场用地		绿地与广场用地
公用设施用地		公用设施用地
特殊用地	其他建设用地	特殊用地
采矿用地		采矿盐田用地

三调地类名称	国土空间类别	
水工建筑用地	其他建设用地	区域基础设施用地
公路用地		
铁路用地		
河流水面	自然保护与保留用地	陆地水域
水库水面		
裸土地		其他自然保留地
裸岩石砾地		
其他草地		

（2）人口城镇化，探明劳动力资源、保障人群

文疃镇现辖 37 个行政村，全镇总户数 16 428 户，行政村户籍总人口 45 677 人，常住人口 41 188 人，外出务工人口 4 489 人，劳动力总数 25 600 人，占户籍总人口的 56%。行政村平均人口为 1 234 人，最大的行政村为文疃村（2 800 人），最小的行政村为城山后村（459 人），人口规模低于平均数的有 22 个村。

文疃镇外出务工 20—30 岁占比 10%，30—40 岁占比 47%，40—50 岁占比 36%，50—60 岁占比 7%，外出务工以青壮年为主（图 1）。2019 年 60 岁及以上老人占户籍总人口 18.1%，参照人口年龄结构判定标准，远远超过 10% 的老龄化水平，人口老龄化将是今后相当长时间内人口发展的趋势（图 2，表 2）。

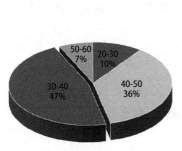

图 1　文疃镇外出人口结构

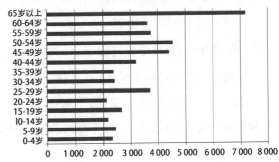

图 2　文疃镇人口年龄结构

表 2　文疃镇人口年龄结构对应表

人口年龄结构类型	老年人口系数	少年儿童人口系数（14 岁以下人口占比）	老少比	年龄中位数
年轻型	5％以下	40％以上	15％以下	20 岁以下
成年型	5—10％	30—40％	15—30％	20—30 岁
年老型	10％以上	30％以下	30％以上	30 岁以上
文疃镇	18.10％	15.30％	118.10％	—

（3）社会经济发展，摸透未来动力

第一产业。农业种植以传统作物为主，主要种植小麦、花生、玉米、红薯。特色农业呈片区化，优质花生、黄金冠加工桃、大樱桃、优质板栗等种植，生猪、水库等养殖等已初具规模。近几年随着农业产业结构不断调整和优化，文疃的农业现代化程度也不断加快，但整体上农业规模小、成本高、效益低。

第二产业。镇域内企业包含饮料灌装企业 3 家，石材石子加工企业 40 余家，玩具加工企业 2 家，新能源风电项目已并网发电。现已形成食品加工、石材加工、玩具加工、新能源等产业，工业总产值和利税波动较大。瞄准临港开发区不锈钢产业配套园区，淘汰石材产业园，驻地招商引入仪表产业园。

第三产业。依托沂蒙山革命老区创建国家全域旅游示范区，以农业观光体验游和山水休闲度假游两大主题融入大旅游区域。现阶段正以三皇山旅游度假区为重点，将文疃镇打造成集生态观光、探奇体验、康体养生、民宿度假于一体的旅游目的地。休闲服务商贸缺少支柱企业，仍集中在传统的服务领域，服务水平低，配套设施落后，引力不足。

总而言之：一产特色弱，二产规模小，三产层次低，产业缺乏深度融合。

3.2　多规合一，查找差异与确定合一原则

数据来源：《莒南县文疃镇总体规划（2019—2035 年）》（下文称为城规），镇区与农村社区建设布局；土规中的城镇村交通等建设用地、林地，林业规划中的重点公益林、一般公益林、重点商品林、一般商品林。

（1）城规与土规对比，差异处理

两规一致图斑，城规与土规同为建设用地图斑面积为 369.15 公顷，占比

25.96%;"土规超城规"差异图斑面积为701.37公顷,占比49.33%;"城规超土规"差异图斑面积为351.23公顷,占比24.70%。差异原因在于城规更聚焦城乡建设用地聚集布局,土规依项目派发建设用地,导致在镇区和社区城规超土规,在外围工矿用地土规超城规(图3)。

两规差异处理原则。"土规超城规"处理原则,符合城乡重大建设项目优先;符合城乡建设用地的三调与权属现状优先。"城规超土规"处理原则,区域重大交通设施优先;永久基本农田优先;符合城乡建设用地的"三调"与权属现状优先(图4)。

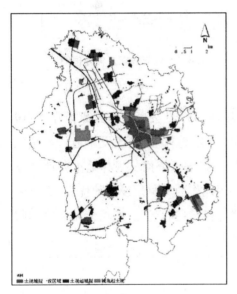

图3　城规与土规差异分析图　　　　图4　城规与土规差异处理图

(2)土规与林规对比,差异处理

土规林规均为林地,1 447.41公顷,占比44.39%;土规超林规的林地,624.73公顷,占比16.77%;林规超土规的林地,1 653.88公顷,占比38.85%。差异原因在于两规对林地的认定和管理差异导致,依现状实际情况确定(图5)。两规差异处理原则:省级及以上公益林优先;永久基本农田优先;重大基础设施优先;符合城乡建设用地的三调与权属现状优先;按功能相近原则归并空间类型(图6)。

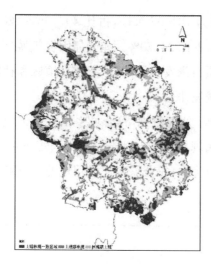

图5 土规与林规差异分析图 图6 土规与林规差异处理图

（3）林规与城规对比,差异处理

城规占林规,13.90公顷;林规占城规,45.59公顷。差异原因在于,城规镇区沿路、沿河绿地（建设用地）,林规认定为林地（非建设用地）,依城规调整;城规用地集中布局,占用了林规中的林地,依据林规林地重要性调整（图7）。两规差异处理原则:绿地广场用地作为城镇建设用地优先;重点公益林优先;符合城乡建设用地的"三调"与权属现状优先;按功能相近原则归并空间类型（图8）。

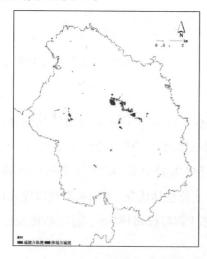

图7 林规与城规差异分析图 图8 林规与城规差异处理图

（4）初划"一张图"

多规合一后，耕地面积 5 684.52 公顷，较现状增加 88.18 公顷，较《土规》耕地下达目标欠账 105.48 公顷。城乡建设用地 1 117.27 公顷，较现状增加 205.98 公顷，较《土规》城乡建设用地下达目标倒挂 276.61 公顷。多规合一可实现差异一致化处理，但是不能实现用地集约利用，还需要国土空间规划进一步研究，方可构筑人与"山水林田湖"共同体。

4 发展策略——提出战略目标与区域协同发展

4.1 区域一体化协同发展

（1）生态一体化，"流域+片区"建构保护共同体

流域：基于从源头到流域的饮用水安全保障系统构建，加强水生态一体的流域水环境管理，结合上位规划编制，构建"文疃河—浔河、龙王河—相邸水库"一体化格局（图9）。

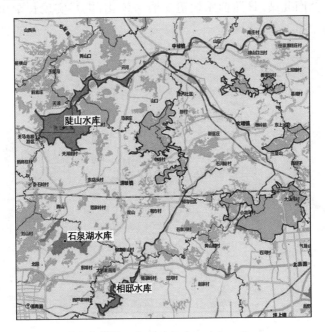

图9 区域生态一体化格局

片区：与周围山脉相连，河湖相通，生态功能相互支撑。西部山区与涝坡镇、南部山区与临港开发区、东部山区与日照市共建共享的原则，须进行山体片区化保护和利用格局。

（2）产业一体化，"配套＋融入"建构发展共同体

宏观目标：向海而生。目标地区日照市、青岛市、日本、韩国。依托山东半岛蓝色经济区鲁南经济带，华东发展带的交汇处的优势区位，承接发达地区配套产业，优化产业链（图10）。

微观目标：西进南融。目标地区临沂市、莒南县、临港经济开发区。协同莒南城区，瞄准临港开发区，加快产业转型升级，打造产业配套卫星镇（图11）。

（3）交通一体化，"拓宽＋突破"建构交通共同体

国际交通：依托35公里内的临沂启阳国际机场、日照山字河机场、日照岚山港，构建多层次、一体化的区域交通系统，是文疃镇融入城镇群发展的重要前提和保障。

快速物流交通：与日兰高速、长深高速、岚曹高速等快速公路衔接紧密；与临沂站、莒南北站、日照西站轨道交通一体化，更好实现长距离快速交通的需求（图12）。

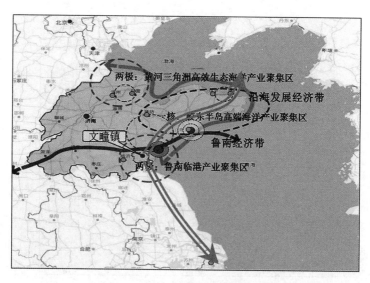

图10　融入山东半岛蓝色经济区分析图

　　城乡基础交通：打通境内国省县乡道与莒南、临港开发区、重大交通枢纽的通道，提高城乡道路的密度，提高交通服务水平和公共服务设施可达性，满足城乡居民基本交通要求。

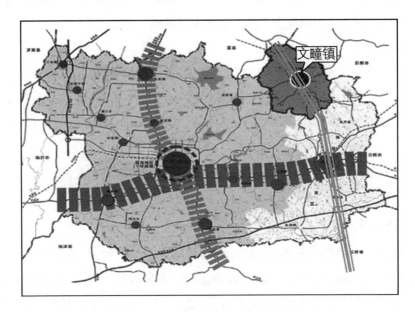

图11　融入莒南临港经济区分析图

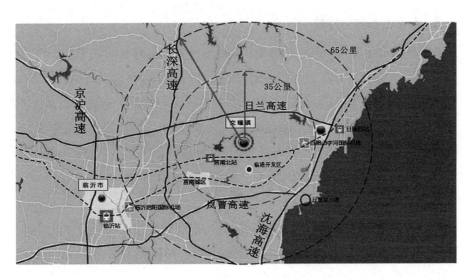

图12　文疃镇交通一体化发展分析

4.2 城镇总体定位与指标体系

（1）总体定位

综合区域协同和城镇职能优化的两个方面，将城镇定位为"莒南县东北部以特色农业、休闲服务为主导的山水生态城镇"。

（2）发展指标

基于城镇总体定位，提出了生态康养、美丽漫城、配套小镇的三大发展目标，制定约束性和预期性两种类型指标，涉及五大方面，包含社会经济发展、资源环境约束、空间利用效率、城乡品质提升、国土整治修复（图 13）。

5 空间布局——划定总体格局与镇村体系融合

5.1 国土空间总体格局

结合文疃镇的实际情况，构建流域和片区生态共治、产业融合、城镇协同、设施共建共享的目标，因地制宜确定国土空间保护、开发、利用、修复、治理的协调发展的国土空间格局，形成"一心、两点、三轴、两廊、两带、两板块"的总体格局（图 14）。

5.2 国土生态安全格局

（1）重要生态空间与生态廊道识别

基于生态景观学知识，建构生态源地＋生态阻力面，识别重要的生态廊道。生态源地识别，以生态适宜性评价＋生态保护红线＋自然保护地＋生态保护重要性较强的河流水系形成生态源地（图 15）。生态阻力面建构，基于生物迁徙特性，对每一类用地进行赋值，再以地形因素进行修正（图 16）。借助 ArcGIS 中的生态成本分析，识别出重要生态廊道（图 17）。

（2）划定生态格局与生态空间管控

基于生态廊道识别和生态适宜性评价、生态保护红线规划、自然保留地的规划，文疃镇建构"一链两带两轴多廊·一心两区多节点"的生态安全格局（图 18）。

☐ 生态康养
山水起势，生态传承
中地旅游、中草药种植

☐ 美丽漫城
美丽起势，浪漫塑造
特色小镇、美丽村居、民宿

☐ 配套小镇
活力起势，产业配套
仪表产业园、精品钢产业园

社会经济发展			资源环境约束			空间利用效率			城乡品质提升			国土整治修复		
1	常住人口规模（万人）	预期性	1	生态保护红线控制面积（公顷）	约束性	1	人均农村居民点用地面积（平方米）	预期性	1	城乡社区15分钟生活圈覆盖率（%）	预期性	1	新增国土生态修复面积（公顷）	预期性
2	常住人口城镇化率（%）	预期性	2	永久基本农田保护面积（公顷）	约束性	2	人均城镇建设用地面积（平方米/人）	预期性	2	城镇人均公园绿地面积（平方米/人）	预期性	2	历史遗留矿山综合治理面积（公顷）	预期性
3	三次产业结构	预期性	3	城镇开发边界面积（公顷）	预期性	3	单位建设用地二、三产业增加值（万元/公顷）	预期性	3	城镇人均公共体育服务设施用地面积（平方米/人）	预期性	3	高标准农田建设面积（公顷）	预期性
4	城乡居民人均可支配收入（元）	预期性	4	耕地保有量（公顷）	约束性	4	单位地区生产总值地耗（公顷/万元）	约束性	4	城乡千人医疗卫生机构床位数（床/千人）	预期性	4	城乡建设用地增减挂钩指标（公顷）	预期性
5	R&D经费支出占地区生产总值比重（%）	预期性	5	城乡建设用地规模（公顷）	约束性	5	单位地区生产总值能耗（吨标准煤/万元）	预期性	5	历史文化风貌保护面积（公顷）	预期性	5	存量土地供应占比（%）	预期性
			6	国土开发强度（%）	预期性				6	城镇道路网密度（公里/平方公里）	预期性			
			7	河湖水面率（%）	预期性				7	城市公共交通出行方式比重（%）	预期性			
			8	湿地保有量（公顷）	预期性				8	城乡生活垃圾无害化处理率（%）	预期性			
			9	森林覆盖率（%）	约束性				9	城乡污水处理率（%）	预期性			
			10	饮用水水质达标率（%）	预期性				10	城镇人均紧急避难场所面积（平方米/人）	约束性			

图 13 文疃镇国土空间总体规划指标体系图

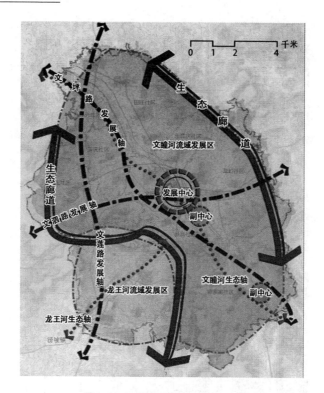

图 14 文疃镇总体格局规划图

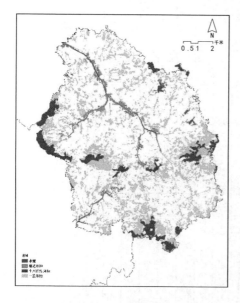

图 15 生态源地图

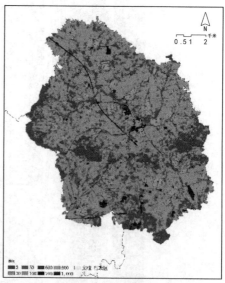

图 16 生态阻力图

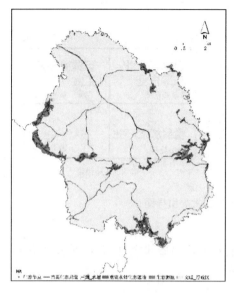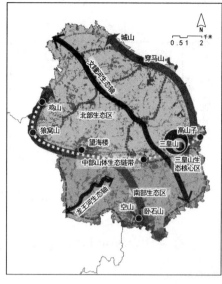

图17 生态廊道图　　　　　　图18 生态安全格局规划图

5.3 乡村振兴产业发展

（1）一产发展策略：保障粮食安全，适当发展特色优质农产品。

以"特色种植引领、规模种植示范、普通种植保障"为导向的种植结构（图19）。加强农用地整治，增加耕地数量和提高质量，加强农民培训教育，建立生态环保、高效优美的农业生产环境。

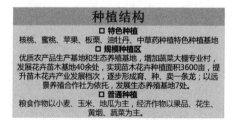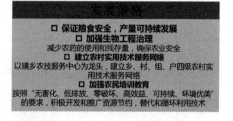

图19 农业种植结构规划图

（2）二产发展引导：成熟维持、新兴培育、问题挖潜、夕阳淘汰。

对现有"食品加工、石材加工、新能源、玩具加工、不锈钢产业园"五大产业，进行波士顿矩阵分析，其金牛业务为食品加工，明星业务为精品钢、仪表，问题业务为玩具加工,瘦狗业务为石材加工,分类引导产业进行发展(图20)。

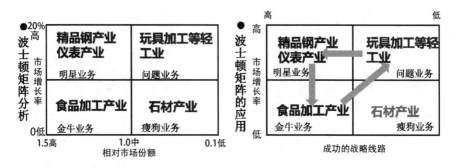

图 20　波士顿矩阵产业发展引导图

(3) 三产发展引导:"本地化商贸服务 + 外向型休闲度假"两种模式商业服务。

本地化的商贸服务,形成6大集贸市场,以文疃镇集贸市场为核心交易市场,滕家河集贸市场为中草药特色交易市场,以大薛庆集贸市场、魏家潘店集贸市场、陈家庄集贸市场、石河峪集贸市场为基础保障型交易市场,形成"一核一特四基础"的本地化商贸服务格局。

外向型休闲度假,"农业观光体验 + 山水休闲度假"融入沂蒙山革命老区、莒南全域旅游的发展策略。依托文疃河,打造沿河旅游观光带;中部河谷平原,打造现代农业的乡村观光游;以"石城哆嘻湾、尚园田园综合体、文圣田园综合体"三大田园综合体,打造新六产服务区;围绕三皇山景区,打造山水休闲度假服务区(图21)。

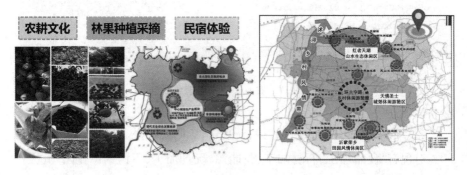

图 21　三产发展引导图

5.4 城乡统筹与镇村体系

（1）村庄评价与村庄分类

村庄评价。基于村庄管区（地方政府村庄管理片区模式）分析、村庄人口评价、村庄建设用地评价、村庄耕地评价、村庄公共服务评价等进行村庄社会发展评价；再基于区位分析、交通可达性分析、高程、坡度、起伏度、地质灾害等进行修正评价（图22）。

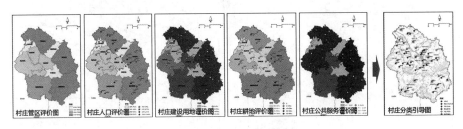

图22　村庄发展评价图

村庄分类。依据《山东省村庄规划编制导则（试行）》，对全域村庄分为城镇开发边界内和城镇开发边界外，城镇开发边界外又分为集聚发展类、存续提升类、特色保护类、搬迁撤并类、其他类。在国家乡村振兴规划中，集聚发展类、存续提升类属于集聚提升类。通过村庄评价，文曈镇最终形成城镇开发边界内村庄3个，集聚发展类村庄7个，存续提升类村庄16个，特色保护类村庄2个，搬迁撤并类村庄2个，其他类村庄18个（图23）。

（2）镇村体系与社区单元

为更好地实现城乡统筹，保障农村基础保障，实现公共服务的均等化的要求，基于现状村庄分类和社区生活圈原理，以半径2.5公里、1 500—3 000人口规模划定社区生活圈。文曈镇属于低山缓丘地形，人口密度较平原地区低，出行不便，生活圈半径不易过大。最终，文曈镇形成"1个城镇社区＋5个新型农村社区"的城乡社区单元格局。

5.5 单元利用与指标分配

（1）单元评价

建立社区单元综合发展潜力指数确定社区单元空间竞争力，从而为6个

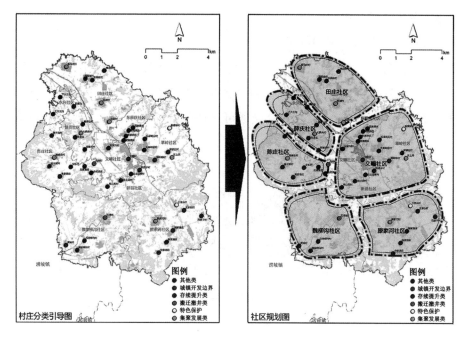

图 23　乡村社区规划图

社区城乡建设用地的分配提供参考依据。其中主要影响因素可以分为现状
因子、规划因子、区位因子三类,通过层次分析法确定三大因子的权重系数
(表3)。最终,得出一级社区为文疃社区、滕家河社区,二级社区为田庄社区
和刘家沟社区,三级社区为薛庆社区、陈庄社区。

表3　社区单元评价表

评价因子	评价内容
现状因子	社区人口、经济、用地规模、高程、坡度等现状基础
规划因子	规划确定重点社区、一般社区
区位因子	主要是国省县乡道等交通优势

(2)单元发展指引

根据社区发展评价和各自现有的特色产品,进行功能定位和发展指引。
最终确定文疃社区为城乡融合型,田庄社区为农业生产型,薛庆社区为特色
功能型,陈庄社区为生态保育型,魏柳沟社区为农业生产型,滕家河社区为

生态保育型(表4)。

表4 社区定位发展引导表

社区类型	社区名称	功能定位	发展指引
城镇社区	文疃社区	城乡融合型	政治、经济、文化中心,产业科创中心
新型农村社区	田庄社区	农业生产型	现代农业园:种植基地、生态养殖基地
	薛庆社区	特色功能型	田园综合体:花卉苗木基地、生态养殖基地、种植基地
	陈庄社区	生态保育型	提供生态服务或生态产品:种植基地
	魏柳沟社区	农业生产型	现代农业园:种植基地
	滕家河社区	生态保育型	提供生态服务或生态产品:乡村旅游服务、集贸

(3)单元指标分配

保障城市和城镇优先发展,实现农村资源向城镇有序的流动,需要对农村低效用地进行整合。而单纯的依据城镇化水平和人均城乡建设用地标准,进行人口和城乡建设用地的分配,有失公允和科学,还会出现规划导向的"合村并居"行动。"总量把控、合理减量、集中建设、提高效率"的导向下,兼顾历史公平,向重点地区倾斜,进行社区的人口和城乡建设用地总量分配。

"社区基数"=社区现状建设用地

"折减系数"=[(现状社区建设用地)/(城乡建设用地总量目标值－城镇集中区建设用地)]×修正系数

"折减系数":城乡建设用地总量目标值为上位规划下达的城乡建设用地总量,城镇集中区建设用地为城镇开发边界内的建设用地,修正系数为各社区发展确定的发展指标。最终,确定一级社区折减系数为1.35,二级社区折减系数为0.82,三级社区折减系数为0.63。

各社区城乡建设用地总量="社区基数"×"折减系数"

6 传导管控——制定传导内容与单元传导要求

(1)国土空间传导内容

依据《乡镇导则》,乡镇国土空间总体规划应向镇区和园区的控规编制单元、村庄规划编制单元传导,传导内容主要分为"边界传导、指标传导、名录传导"三大部分。

边界传导。边界是对各类需要明确界定的保护区、保护红线、政策区域等,通过定界、立桩、挂牌等综合技术手段落实边界线。线性边界,全域包含城镇开发边界、永久性农田、生态保护红线;镇区包含绿线、蓝线、黄线、紫线、红线。

指标传导。指标是对管控工作实施的量化安排和考核的依据。资源环境指标,包含耕地保有量、河湖水面率、森林覆盖率、自然岸线保有率、用水总量等;空间利用效率指标,包含单位地区生产总值地耗等;城乡品质指标,包含城乡社区 15 分钟生活圈覆盖率、城镇人均公园绿地面积、城市人均紧急避难场所面积等。

名录传导。名录是指将重点的保护区、管控区、对象或者各类生态要素进行登记、造册、建档,便于落实对应的保护责任主体和责任人。项目类,包含铁路、国省道、水库等;文保类名录,包含甲子山医院等;生态要素类,包含文疃河、龙王河、城山、鸡山等。

(2) 单元传导:包含社区单元和控规单元两类单元传导

乡镇国土空间规划向社区单元传导,包含资源环境约束和品质提升两大类。资源环境约束类包含城镇开发边界、生态红线、基本农田、耕地保有量、城乡建设用地、河湖水面率、森林覆盖率等;城乡品质提升包含城镇人均公园绿地、人均公共服务设施、城乡千人医疗卫生机构床位数、城乡生活垃圾无害化处理率、城乡污水处理率、紧急避难场所面积(表5)。

乡镇国土空间规划向控规单元传导,分为核心控制内容、强制性内容、引导性内容 3 大类型。核心控制内容包含主导功能、建设用地面积、居住人数、公园绿地面积;强制性内容包含城市四线(道路红线、城市绿线、城市蓝线、城市紫线)、公共服务设施(小学、中学、社区服务中心、社区绿地)、应急救援空间;引导性内容包含建筑色彩、建筑风格、建筑高度、公共空间、停车位(图 24)。

表 5　乡镇国土空间规划向社区单元传导示意图

单位	资源环境约束									城乡品质提升					
	城镇开发边界（公顷）	生态红线（公顷）	永久基本农田（公顷）	耕地保有量（公顷）	城乡建设用地（公顷）	河湖水面率	森林覆盖率	用水总量（亿立方米）	水功能区水质达标率	城镇人均公园绿地面积（平方米/人）	城镇人均公共服务设施用地（平方米/人）	城乡千人医疗卫生机构床位数（床/千人）	城乡生活垃圾无害化处理率	城乡污水处理率	城市人均紧急避难场所面积（平方米/人）
镇区	40.49	—	—	1.21	32.41	—	—	—	100%	11.3	7	7	100%	100%	1.5
城镇社区	40.49	—	42.56	51.67	64.86	—	—	—	100%	8	5	7	100%	100%	1.5
农村社区一	—	36.12	89.76	97.63	12.81	—	—	—	100%	8	5	7	100%	100%	1.5
某某农村社区二	—	—	49.38	64.82	15.63	—	—	—	100%	8	5	7	100%	100%	1.5
合计	—								100%	8	5	7	100%	100%	1.5

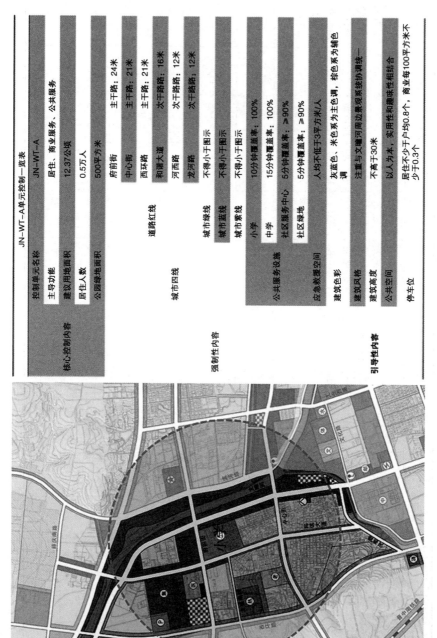

JN-WT-A单元控制一览表			
核心控制内容	控制单元名称		JN-WT-A
	主导功能		居住、商业服务、公共服务
	建设用地面积		12.37公顷
	居住人数		0.5万人
	公园绿地面积		500平方米
强制性内容	道路红线	府前街	主干路:24米
		中心街	主干路:21米
		西环路	主干路:21米
		和谐大道	次干路:16米
		河西路	次干路:12米
		龙河路	次干路:12米
	城市四线	城市绿线	不得小于图示
		城市蓝线	不得小于图示
		城市紫线	不得小于图示
	公共服务设施	小学	10分钟覆盖率:100%
		中学	15分钟覆盖率:100%
		社区服务中心	5分钟覆盖率:≥90%
		社区绿地	5分钟覆盖率:≥90%
	应急救援空间		人均不低于3平方米/人
引导性内容	建筑色彩		灰蓝色、米色系为主色调、棕色系为辅色调
	建筑风格		注重与文曲河周边景观系统协调统一
	建筑高度		不高于30米
	公共空间		以人为本,实用性和艺术性相结合
	停车位		居住不少于0.8个、商业每100平方米不少于0.3个

图 24　乡镇国土空间规划向控规单元传导示意图

7 结论

选择鲁南沂蒙山区乡镇——文疃镇,一定程度能够代表小城镇国土空间利用和发展模式,通过实施评估、多规合一、适宜性评价等基础分析摸清了小城镇的底数和底图,通过区域一体化协同发展、定位等确定了小城镇的发展方向,通过总体格局、生态安全格局、乡村振兴和镇村体系等划定了城镇开发利用格局,通过社区发展评价、折减系数等将约束指标传导至各社区单元、控规单元。

在国土空间规划编制探索中,总结乡镇国土空间总体规划编制经验,具有非常意义。一方面,此时乡镇国土空间规划可很好地衔接上位规划,实现"上下互动编制";另一方面,乡镇数量远比市县数量多,而其又更偏向实施性,是更艰巨的规划任务。笔者认为,现阶段应选择不同类型的乡镇作为试点,推动国土空间总体规划的编制。

参 考 文 献

[1] 王唯山.机构改革背景下城乡规划行业之"变"与"化"[J].规划师,2019(1):5-10.

[2] 罗彦,蒋国翔,邱凯付.机构改革背景下我国空间规划的改革趋势与行业应对[J].规划师,2019(1):11-18.

[3] 许景权.基于空间规划体系构建对我国空间治理变革的认识与思考[J].城乡规划,2018(5):14-20.

[4] 陈思琪.珠海市三灶镇总规修编的多规协调经验与思考—从"多规合一"到国土空间规划[C]//中国城市规划学会,重庆市人民政府.活力城乡 美好人居——2019中国城市规划年会论文集(14 规划实施与管理).北京:中国建筑工业出版社,2019:655-664.

[5] 马行,陆伟杰.浙北地区小城镇国土空间规划体系构建方法初探——以古银杏之都长兴县小浦镇为例[C]//中国城市规划学会,重庆市人民政府.活力城乡 美好人居——2019中国城市规划年会论文集(19 小城镇规划).北京:中国建筑工业出版社,2019:21-29.

国土空间规划视角下的乡镇路网优化路径思考

——以重庆长寿区龙河镇为例

胡　鹏[1]　周洪君[2]　李奇为[2]　郭　强[2]

（1 重庆市长寿勘测规划院　2 重庆市长寿区规划和自然资源局）

【摘要】　自国土空间规划体系构建以来,主要以市县级国土空间规划编制探索为主。乡镇级国土空间规划是"五级三类"国土空间规划体系中最侧重于实施的一级规划。乡镇路网建设是乡镇级项目中是最能够带动乡镇域发展的基础设施,在以往的乡镇域路网建设过程中存在着道路功能不明、带动效应不明显、道路等级差等问题。文章通过对传统乡镇级路网构建的反思,认识乡镇级国土空间规划编制的趋势,通过对案例空间格局的分析,提出乡镇路网优化的具体路径,从而保障乡镇级国土空间规划编制的科学性与可操作性。

【关键词】　国土空间　乡镇路网　格局趋势　优化路径

引言

　　新中国成立以来,道路交通领域得到了长足的发展,按照行政级别形成了国、省、县、乡道、专用公路五类公路,按照功能、流量区分形成了高速、一级、二级、三级、四级等五级的公路[1]。回顾新中国成立70年来交通建设成就,484.65万公里公路纵横交错、四通八达,每百平方公里土地公路里程从0.84公里提升至50.48公里[2]。党的十八大以来,随着乡村振兴战略的推进,"四好农村路"的建设促使乡镇路网体系得到了进一步完善。

　　2019 年随着《中共中央 国务院关于建立国土空间规划体系并监督实施的若干意见》的发布，国土空间规划"五级三类"的体系架构已基本清晰[3]，乡镇级国土空间规划作为注重实施的基层国土空间规划，路网规划的合理性就显得尤为重要。长久以来，公路网体系的构建都是围绕交通运输功能开展。传统的路网构建模式，是否能与生态文明发展理念相融合，是否能有效支撑国土空间规划编制，值得规划从业者思考。

　　龙河镇位于重庆市长寿区东部(图 1)，幅员面积 90.64 平方公里，下辖 1 个社区、17 个村、119 个村民小组、645 个乡村湾落。集镇有合兴场、龙河场、乐温场，合兴场为镇政府所在地。龙河镇既是长寿区现代农业园区的核心区域，近两年又依托"橘香福地、长寿慢城"项目，获得了快速的发展。镇域

图 1　龙河镇在长寿区的空间位置

东部咸丰、太和等4村部分区域还属于长寿湖风景区的范畴。多元化的区域特征,对于研究乡镇路网优化路径具有典型参考意义。

1 龙河镇发展现状及路网存在的问题

1.1 镇域发展呈现出发展不平衡的3个梯级,4个版块

通过 2017 年龙河镇村规划编制过程中取得的基础资料[4],从中筛选出人口、用地、建筑、公共服务、道路交通、市政公用、产业发展 7 个方面、13 个可横向比较的指标进行排序平均,发现龙河镇发展水平呈现出 3 个梯级(表1,图2)。

图 2 龙河镇发展梯级示意图

第一梯级:以合兴村、明丰村、明星村、九龙村、保合村、四坪村 6 村构成的西南版块;

第二梯级:以龙河村、咸丰村、河堰村、太和村 4 村构成的中部版块;

第三梯级:以长安村、仁和村、堰塘村、永兴村构成的东部版块与骑龙村、盐井凼村、金明村 3 村构成的西北版块。

表1 龙河镇各村发展现状评估表

序号	分类	具体指标	东部版块/排名	西南版块/排名	中部版块/排名	西北版块/排名
1	人口	人口密度(人/平方公里)	308/4	661/2	673/1	566/3
2		常年外出人口比例	52.66%/2	49.43%/1	61.89%/4	53.04%/3
3	用地	人均耕地(亩)	1.15/4	1.28/2	1.22/3	1.43/1
4		人均建设用地(平方米)	120.68/4	133.55/1	132.57/2	120.73/3
5	建筑	户均住宅建筑(幢)	0.65/3	0.94/1	0.76/2	0.63/3
6		千人危房数量(幢)	13.7/4	9.07/2	7.56/1	9.57/3
7	公共服务设施	千人公共服务设施数量(个)	2.17/1	1.95/2	1.48/3	1.42/4
8	道路	每平方公里公路里程	2.51/4	5.6/1	4/2	3.89/3
9		每平方公里村级公路里程	2.08/4	4.59/1	3.33/3	3.73/2
10	市政公用	每千人变电设施(个)	5.99/1	3.71/4	4.67/2	3.97/3
11		垃圾箱平均覆盖湾落(个)	6.93/2	5.55/4	7.22/3	8.35/3
12		天然气通达村数占比	0/4	100%/1	50%/2	33%/3
13	产业发展	每万人农业企业个数	7.64/3	18.26/1	8.48/2	1.42/4
14		单项排名平均值	3	1.54	2.31	3.08

资料来源：根据2017年龙河镇村规划现状调查基础资料统计

1.2 过境道路、自然水域的分隔，使得镇域呈现出3个空间片区(图3)

镇域西部受到渝宜高速公路的分隔，骑龙、明丰、明星、九龙4村相对独立，2条主要的通道均集中于合兴场附近，西部南北两端的骑龙村、九龙村与中部联系极为不便。

镇域东部区域由于长寿湖水域的分隔，使得长安、仁和、堰塘、永和4村相对独立，仅有2个渡口与中部区域联系，使得东部4村发展明显滞后。

1.3 由于行政地位的不同，3个集镇的道路维护水平差异较大

龙河镇由"撤乡并镇"前的合兴乡、龙河乡、乐温乡合并而成，原3个乡政府所在地分别为3个独立的集镇——合兴场、龙河场、乐温场(图4)。由于渝宜高速公路出口选址合兴，使得合兴场成为了"撤乡并镇"后龙河镇政府

所在地。龙河场、乐温场由于行政机关的撤并,使得公共服务、市政维护能力大幅下降。

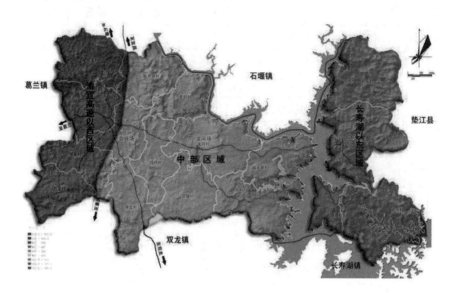

图3　镇域3个空间片区示意图

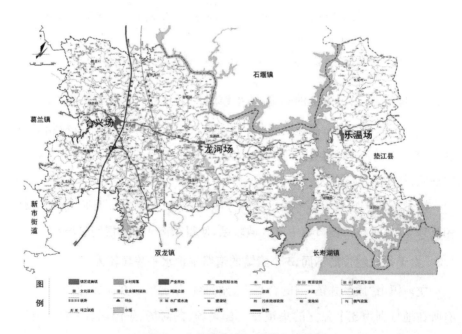

图4　3个集镇在龙河镇域空间位置

1.4 村级道路建设总量大,但带动效应不明显

龙河镇域路网长度达到了335.62公里,其中村级道路达到了283.54公里,农村公路发展程度最高的中部版块,村级公路密度达到了4.59公里/平方公里,这一密度已经超过老版《城市道路交通规划设计规范》中的城市支路网密度[5]。实际上大部分村级道路在日常基本闲置,部分路段在春节期间却又车满为患(图5)。龙河镇党委书记曾感叹"常常为了几户人,花费上百万建设农村公路,除了在春节期间使用外,平时大多数时间都是在长青苔"。2017年村规划编制过程中,17个村的村民代表均对村级道路建设提出了意见。足见农村道路网如何构建既能提升村民交通满意度,又能提升投资效率是需要重点关注的问题。

图5 部分乡村道路仍处于完善中

1.5 整体路网体系侧重于路与居的匹配,忽视路与产的匹配

龙河镇现有路网体系为两横、两纵,枝状接村落的结构,分别由东西向的合罗路、双乐路西段、南北向的葛狮路、双乐路东段构成。这套体系是基于原有乡镇连接,依托原有省道、县道、乡道构成。而龙河镇如今拥有土地流转后柑橘种植业日益壮大,围绕"长寿慢城"的乡村旅游业逐渐兴起的产业特征。"长寿慢城"寄望于吸引城市居民到乡村感受田园漫生活,而龙河镇东部区域毗邻长寿湖湖区,自然风光优美(图6)。而这些区域竟没有一条贯通亲水的道路,使大众无法亲近优美的自然风光。

图6 龙河镇东部区域优美的湖区风光

2 传统模式下的镇域路网体系形成逻辑

一个镇的路网主要由穿越辖区的高速公路、干线公路、镇政府所在地的城镇道路、乡村地区的农村公路构成。

2.1 部门"条块化"治理模式下龙河镇域路网体系形成模式

就长寿区而言,镇域路网在规划设计、项目建设、后期管护方面主要涉及以下几个部门。

2.1.1 镇政府

一是负责农村公路建设及管护,包括前期的规划、设计招标、后期作为业主进行建设及农村公路管护,二是按照法定镇规划作为业主方进行城镇道路建设,三是开展国、省、县、乡道用地协调、征迁等工作,是路网建设的核心纽带。

2.1.2 交通局

过境的高速公路主要由市级交通部门或平台进行统筹规划,建设及管护。区交通局主要制定整个长寿区内的公路网规划,指导农村公路建设,负责相关公路设计审查,后期对国、省、县、乡道进行交通管护,是路网管理的核心机构。

2.1.3 规划和自然资源局

规划和自然资源局由原规划局与国土局合并而成,规划局主要负责城镇路网规划制定后规划许可,国土局主要负责道路用地符合性审查。两局合并后,成为路网空间匹配审查的主要机构。

2.1.4 城乡统筹发展公司

作为长寿区专门为乡村地区发展成立的政府平台企业,公司承担了乡村地区重要道路资金筹措、规划设计、业主代建等主要职能,是乡村地区重要公路的建设主要载体。

2.2 镇域路网系统形成的规范逻辑

依据标准进行设计是路网建设的技术核心,在城镇化发展程度不高的地区,道路建设主要遵循公路设计的相关规范标准,在城镇区域部分主要采用城镇道路相关设计规范。

2.2.1 公路部分

公路工程现行标准应用最多的是《公路路线设计规范》(JTG D20—2017)[6]。龙河镇境内西侧穿越的渝宜高速公路、以及两横、两纵的骨架公路主要参考此标准进行设计建设。龙河镇早期的农村公路建设主要是采用经验法进行建设。目前,已经出台了《小交通量农村公路工程技术标准》(JTG 2111—2019),农村公路线型不佳、纵坡过大的问题在最新设计的农村公路中得以改善。

2.2.2 城镇道路部分

龙河镇的 3 个集镇中的龙河场、乐温场属于较早形成的乡场,其路网主要是由过境的公路形成,后期随着场镇的发展,在住房与公路之间根据空间宽度铺装了宽度不一的人行道。合兴场建设的年份较晚,场镇建设依据了《龙河镇区控制性详细规划》,采用了《镇规划标准》中的城镇道路分级。由于龙河镇规模较小,主要采用了次干路、支路、巷路四级[7]三级标准。

2.3 小结

综上所述,一方面龙河镇域的路网体系既有交通部门、规划部门、政府平台制定的各个规划或设计,对镇域内高等级公路网进行拼凑构建,也有镇政府围绕村民意愿,对农村公路进行拼凑构建。"条块式"的路网体系构建模式是当前乡镇域路网形成的核心逻辑。另一方面,由于标准的差异化,镇域公路建设标准差异化较大。

3 空间规划变革下对乡镇级路网构建的影响

3.1 自然资源管理部门具备了路网与空间协同规划的机构基础

交通部门是区域公路网发展的决定性部门,较重视道路可实施性,但忽视道路除交通外的其他作用。随着规划部门与国土部门整合为自然资源管理部门,国土空间治理聚焦于一个主体。原国土部门对于路网体系侧重于用地符合性的审查,原城乡规划部门侧重于路网体系合理性审查,使得自然资源管理部门具备了路网与空间协同规划的基础,未来路网体系构建很有可能走向:

自然资源管理部门与交通部门协同开展区域路网规划——交通部门、基层政府对近期实施路网进行规划路网优化完善——自然资源部门动态性将路网空间保障纳入国土空间规划体系——交通部门、政府平台、基层政府进行规划路网工程设计、建设、后期管护。

3.2 路网体系由单一交通功能逐渐向多元功能融合演进

传统的路网建设主要考虑道路承载的交通流量,交通预测往往是基于"点—点"的联系,对道路两侧产生的影响分析较少。随着时代演进,单一交通功能导向的路网发展逻辑会逐渐弱化。以上海崇明生态大道建设为例,该条大道定位为"生态＋交通"的目标,既考虑传统的交通功能,又增加了相关的生态景观延展功能。如江海公路段,将湿地景观与道路选线结合,规划辅以"湿地风光,水乡野趣"主题,提高了道路对重要景观区段提升带动作用。[8]

3.3 由分离的空间管制模式走向全要素的国土空间管制

传统规划体系下的空间管制涉及四大领域(城乡建设、土地用途、生态资源和主体功能区),涵盖三大类管制空间(生态空间、农业空间和城镇空间)[9],将空间资源分属于国土、城乡建设、农业、林业、水利、环保等进行管控,各部门各自分立、互不关联,难以形成合力[10]。各类管制对于路网体系的构建都有着相对独立的管控模式(表2)。

表2　各个部门对于路网建设管制的要求

管理部门	对路网建设管制主要要求
林业部门	道路建设项目使用林地应当严格执行《建设项目使用林地审核审批管理办法》规定。经国务院或者省(含自治区、直辖市,下同)人民政府批准的能源、交通、水利等基础设施建设项目,列入省级以上国民经济和社会发展规划的建设项目,确需使用林地且不符合林地保护利用规划的,可以先调整林地保护利用规划,再办理建设项目使用林地手续

（续表）

管理部门	对路网建设管制主要要求
生态环境保护部门	根据《关于划定并严守生态保护红线的若干意见》，生态保护红线原则上按禁止开发区域的要求进行管理。严禁不符合主体功能定位的各类开发活动，严禁任意改变用途。生态保护红线划定后，只能增加、不能减少，因国家重大基础设施、重大民生保障项目建设等需要调整的，由省级政府组织论证，提出调整方案，经环境保护部、国家发展改革委会同有关部门提出审核意见后，报国务院批准
原规划部门	城镇区内道路，建设方必须持有关批准文件向规划行政主管部门提出建设申请，规划行政主管部门根据城市规划提出建设工程规划设计要求，规划行政主管部门征求并综合协调有关行政主管部门对建设工程设计方案的意见，审定建设工程初步设计方案；规划行政主管部门审核建设单位或个人提供的工程施工图后，核发建设工程规划许可证
原国土部门	路面包含路基道路附属设施宽度 8 米（含 8 米）以下的可以纳入农村道路进行建设和管理，宽度超过 8 米的道路按公路进行用地审批，公路符合土地利用规划可以批准转用，不符合土地利用规划但纳入重点项目清单，可以进行土地利用规划符合性认定。不符合土地利用规划与也未纳入重点项目清单必须进行土地利用规划调整。同时，须注意耕地占补平衡的问题

2018 年 3 月中共中央《深化党和国家机构改革方案》明确提出成立自然资源部以及"统一行使所有国土空间用途管制和生态保护修复职责"。随着"三区三线"的国土空间管制模式的建立，以往管控不全或信息不对称情况将不复存在，促使路网体系研究应该更加深入、准确，从而保障管控的有效性、合理性。

4 龙河镇国土空间格局发展趋势分析

4.1 "两高一铁"的形成，使得区域空间发展潜力进一步提升

龙河镇境内现有渝宜高速合兴出入口，而镇域南侧紧邻渝万城际铁路长寿湖站，与长寿湖高速出口距离也仅有 5 公里，使得龙河镇与长寿城区的时空距离仅有 10 分钟，与重庆主城区的时空距离仅 1 小时（图 7）。通过对比分析长寿区各个镇街村的对外交通便利性，龙河镇中部的各村处于全区

最为便利的一类村。如何依托便利的对外交通条件,是镇域路网构建的重要内容。

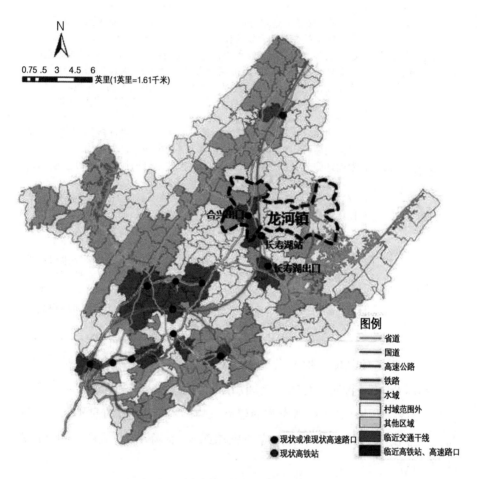

图7 龙河镇与"两高一铁"的关系

4.2 长寿慢城与长寿湖景区融合态势日益明显

2018年,长寿区启动"橘香福地,长寿慢城"的建设,围绕龙河镇保合村、河堰村打造30平方公里核心区,引入慢生活发展理念,引导城市居民到乡村享受慢生活。而早在2013年左右,长寿区为了发展长寿湖旅游,编制长寿湖旅游度假区规划,围绕长寿湖湖区进行旅游开发。两者之间的空间距离只有2公里,但是由于道路交通仍然依托原有的省道,使得整个慢城与长寿湖成为了两个独立的个体。而从两者呈现的旅游产品特征来看,两者又具有极强的互补性。以滨湖旅游观光为主的长寿湖与以乡村慢生活为依托的长寿慢城具有互补融合的极大潜力(图8)。

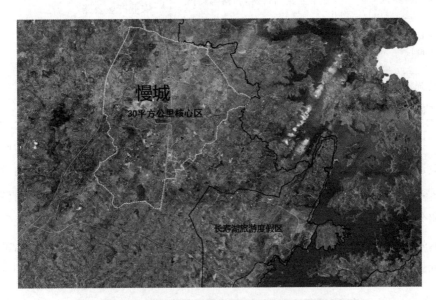

慢城
30平方公里核心区

长寿湖旅游度假区

图8　长寿慢城与长寿湖旅游度假区的空间关系

5　龙河镇域路网规划优化路径的思考

5.1　重新界定镇域路网各条道路的功能

随着"橘香福地、长寿慢城"的兴起,在土地流转基础上,龙河镇农业产业已经开始二次重构,种植农业逐渐向"种植农业 + 观光农业"靠拢。原有的部分道路已经不是单独的交通性公路。如葛狮路——既是重要干线公路,也是高速出入口进入慢城区域的核心通道,同时又可衔接长寿湖旅游度假区,交通功能逐渐向"交通 + 景观"功能转化。部分村级道路随着柑橘产量的提升,除了通达村落外,也承载了丰收季节水果采摘运输的功能。

因此,首先应对镇域的路网,结合区域情况进行功能界定分析,结果见表3。

表3 镇域道路功能建议表

所在区域	连接节点	建议道路功能类型
柑橘种植区	主干公路与村落,村落与村落	1. 普通乡村公路 2. 农业产业公路
柑橘种植区+慢城发展区	主干公路与村落,村落与村落,村落与观景点	1. 交通性公路+景观性公路 2. 农业产业公路 3. 普通乡村公路
传统粮食种植区	主干公路与村落,村落与村落	普通乡村公路
滨湖自然湿地区	主干公路与滨湖自然风光点	景观性公路

其次,对每一类功能的道路适宜的形式进行分析研究,如农业产业公路应适合于大型运输车辆进入柑橘种植园。结合龙河镇柑橘种植集中的片区,建议设置宽度6—7米的农业产业公路,公路不需要硬化,但线型与柑橘园分布紧密结合,尽量降低道路的纵坡,便于在丰收季节水果运输,也能适应果树品种调整不确定性(图9)。而景观性公路则应对门户性景观公路、滨湖景观公路分类型分析,把乡村田园风光与滨湖乡村风光充分展现出来。

图9 欧洲地区种植园生产性道路

5.2 通过慢行路网缝补长寿湖风景区与长寿慢城之间的空白。

目前,长寿慢城依托省道葛狮路构建了从合兴立交至长寿湖高铁站的"公路+骑行"的乡村慢道。长寿湖风景区在毗邻龙河镇的长寿湖镇境内构建环湖路,而衔接两个版块之间的道路却是整个区域最破败的2公里道路,形成了整个区域道路景观死角。

因此,一方面区政府应该建立区域基础设施建设协同机制,搭建乡村建设平台与旅游发展平台沟通协调机制,将此乡村慢道与长寿湖风景区门户通道有机衔接起来。另一方面,通过对长寿湖已经在建环湖路分析,将环湖路向北延伸,依托龙河镇东侧良好的滨水风光,将环湖路接入慢城核心区域。此类公路要摒弃传统公路的选线方式,尽可能串联主要景点及美丽乡村、特色林地、优美湖区[11],促使道路景观最大化。

5.3 优化城镇道路空间形式,丰富城镇道路的街道功能

龙河镇场镇道路是重庆地区小城镇典型的单块板形式,以交通功能为主,3个集镇人行道普遍较窄。尤其是龙河场、乐温场道路两侧民房多,依托于原有过境公路与民房夹角空间形成的人行便道,体验感不佳。因此城镇道路需要将道路的人行空间、道路与公共空间结合作为重点进行优化。

5.3.1 3个集镇的道路规划均应纳入镇发展边界内的详细规划统筹考虑

龙河场、乐温场由于"撤乡并镇"后,不再具有基层行政功能。道路维护与道路两侧民房建设管控主要依托村委会,使得集镇建设无序化。目前,这一问题已经在原有"撤乡并镇"后的老集镇日渐凸显。因此,这类集镇应纳入镇发展边界内的详细规划统筹考虑。

5.3.2 集镇道路规划设计要遵循规范、标准的原则,而非照般城市经验

集镇道路建设有别于城市道路具有雄厚的资金保障,特别需要注重与现实的结合。如:民房退距不足造成人行道缩减,但这并意味着不能解决人行通道不足的问题,而是需要从集镇整个区域进行分析,可以通过背街小巷的串联,弥补人行通道不足的问题。

5.3.3 更加重视与公共场所、公共空间节点的结合

从步行时间而言,龙河镇3个集镇尺度均可以控制在半小时以内,相较于城市机动化的交通特点,小集镇更应该重视步行通道的交通承载作用。因此小集镇要更加重视步行系统对农贸市场、居民广场、院坝空间的串联作用,尽量减少集镇的机动化。

6 结语

本文以龙河镇为例分析当前镇路网存在的问题,结合乡镇国土空间规划发展趋势,探讨镇域路网优化的路径。一直以来,镇域路网规划都是"以路论路"。本文建议通过重新认定镇域路网中各类道路的功能作用,以更广大视域分析路网可以衔接的空间,优化城镇道路空间形式等具体工作,希望可以对小城镇的路网优化起到积极的作用。

参 考 文 献

[1] 百度百科"公路等级"词条[EB/OL]. [2020-7-30]. https://baike.baidu.com/item/公路等级/5706463.

[2] 交通回顾.新中国成立七十周年公路交通发民成就综述[J].吉林交通科技,2019(4):40-45.

[3] 中共中央,国务院.中共中央 国务院关于建立国土空间规划体系并监督实施的若干意见[S].2019.

[4] 重庆市长寿勘测规划院.龙河镇17村村规划[R].2017.

[5] 中华人民共和国行业标准.《城市道路交通规划设计规范》(GB 50220-95)[S].

[6] 中华人民共和国行业标准.《公路路线设计规范》(JTG D20—2017)[S].

[7] 中华人民共和国行业标准.《镇规划标准》(JTG D20—2017)[S].

[8] 蒋应红,唐梦佳."生态+交通"理念下的上海市崇明岛生态大道规划建设探讨[J].规划师 2020(12):90-96.

[9] 曹春霞,张臻,朱雯雯.基于三条控制线的重庆市国土空间用途控制探索[J].规划师 2020(12):5-12.

[10] 黄征学,祁帆.从土地用途管制到空间用途管制:问题与对策[J].中国土地 2019(2):26-29.

[11] 曹庆锋,孙磊.国土空间规划体系下的城乡路网一体规划 探索 ——以界首市为例[J].小城镇建设 2020(6):22-29.

"非集中建设区"型小城镇空间规划思考

——以淮安市码头片区为例

李 伟 闾 海

（江苏省城镇与乡村规划设计院）

【摘要】 大城市"非集中建设区"是指在规划期内不被用于城市集中大规模建设的用地,随着大城市的不断发展,城市用地供需矛盾日益突显,"非集中建设区"小城镇作为一种特殊的地域空间类型,凭借其独特的区位优势,逐步成为政府和市场发展的焦点。本文首先对城市"非集中建设区"小城镇空间发展困境进行了系统分析,即"多级管理主体,土地开发权争议较大""多元发展要素集聚,各类发展矛盾逐渐凸显""发展话语权缺乏,邻避设施布局相对集中""城市虹吸效应明显,镇村发展持续沦陷"。在此基础上,提出国土空间规划过程中应当重点关注的四个方面内容,即"关注城乡全域统筹""关注空间发展权治理""关注特色发展引导""关注核心要素管控"。本文以淮安市码头片区为例进行了实证分析,剖析码头片区发展问题,探寻其空间规划策略,对于促进该地区的城乡空间健康发展具有重要的现实意义,同时也为其他同类小城镇空间规划建设提供借鉴和参考。

【关键词】 非集中建设区 小城镇 发展困境 空间规划 码头片区

1 引言

党的十九届三中全会决定指出,全面深化改革的总目标是完善和发展中国特色社会主义制度,推进国家治理体系和治理能力现代化。空间治理是国家治理不可或缺的重要组成部分,特别是随着新一轮党和国家机构改革的实施,空间治理正进入新的历史阶段。作为"空间治理"核心抓手的国土空间规划,也必须被置于新背景新形势下去重新认知,在厘清当前城乡空间特征问题的基础上,寻求解决方案[1]。

城市"非集中建设区"是指在规划期内不被用于城市集中大规模建设的用地,主要包括国土空间规划所划定的集中建设区以外的禁止建设区、限制建设区以及独立集镇、村庄及其他建设用地。随着大城市的不断发展,城市用地供需矛盾日益突显,非集中建设区作为一种特殊的地域空间类型,凭借其独特的区位优势,逐步成为政府和市场发展的焦点。在众多发展机遇悄然到来的同时,非集中建设区空间的发展矛盾也日益突出,开展空间治理势在必行[2-3]。张一凡等人指出,非集建区的规划应当做到价值回归、全域覆盖、结构落实、刚性传导、功能培育,从而实现地位、政策、重心、路径和范式的转变,更好地适应新一轮城市发展[4]。盛洪涛等人系统剖析了非集中建设区当前存在的问题和矛盾,主要体现在土地开发权的争议、规划部门的被动管控、"两规"的不同步协调、保障机制的缺位等方面[5]。

码头片区位于淮安市淮阴区南部,东部与淮安主城区隔河相望,是淮安市 28 个小城镇发展片区之一,是典型的"非集中建设区"型小城镇空间(图 1)。随着淮安城市功能产业外溢的不断加剧,该区域与淮安城区的要素流动更加频繁,城市功能和镇村功能互为渗透,社会经济发展逐渐活跃,社

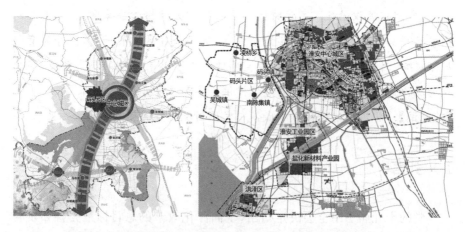

图 1   码头片区在淮安市的空间位置(左)和码头片区与中心城区的空间关系(右)

会、经济、文化与城区正逐步走向兼容并蓄。与此同时,由于缺乏有效统筹管理,该地区各类发展问题日益突显,暴露出的具体问题既有非集中建设区面上的普遍性,又有地域的代表性。因此,剖析码头片区发展问题,探寻其空间规划策略,对于促进该地区的城乡空间健康发展具有重要的现实意义,同时也为其他同类小城镇空间规划建设提供借鉴和参考。

2 城市"非集中建设区"的发展困境

2.1 多级管理主体,土地开发权争议较大

随着城乡一体化的不断推进,由于地方不同层级政府政绩的利益冲动、资本市场的逐利本性,给"非集中建设区"小城镇带来主动发展机会。但在这个过程中,各个管理主体视角、管理权、发展目标的不同,以及土地开发理性的差异,造成对土地开发利用存在一定的矛盾。城市级政府试图通过城市开发边界、生态红线保护边界和基本农田保护边界的划定精明引导该区域的发展,区政府、各类园区、乡镇级政府为落实自身经济发展意愿,屡屡尝试突破发展限制,这就不可避免造成土地开发权争议矛盾的产生。

以码头片区为例,拥有其土地开发权的政府管理主体包括淮安市、淮阴区、江苏淮安国家农业科技园区、乡镇等五个层面(图 2)。淮安市从文化振兴和生态振兴的视角,将码头片区定位为淮安城市后花园,运河文化和乡村旅游的集聚地。淮阴区从自身产业发展的需求出发,将码头片区的南陈集镇作为全区机械产业集聚区。江苏淮安国家农业科技园区从自身发展目标

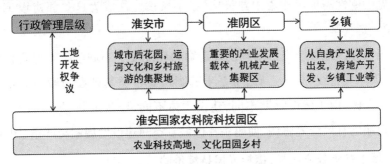

图 2 码头片区不同管理主体土地开发权争议分析图

出发,依托码头片区制定了"农业＋"的发展路径。乡镇则更多的从自身出发,房地产开发、乡镇工业成为其主要发展选择。

2.2 多元发展要素集聚,各类发展矛盾逐渐凸显

由于地缘关系,"非集中建设区"小城镇与中心城区各种要素交流密切。这主要表现在,一是产业类型多元,除传统的镇村产业类型以外,这些区域往往会布局有一定量的城市外溢功能和产业类型;二是居住人群多元,除本地居民外,"非集中建设区"小城镇还居住着大量外来创业者、旅游人群、城区外来务工人员等。由于该类区域政府管制力量的相对薄弱,以及政府开发建设理性的相对缺乏,这些发展要素里面往往含有大量对本区域发展造成负面影响的部分。

从码头片区来看,随着与中心城区一体化发展的不断演进,片区各类发展矛盾日益凸显。一方面,生态环境不断恶化,由于缺乏产业门槛设置,工业企业发展与基础设施配套水平不够匹配,造成水环境、土壤环境均受到不同程度的威胁。另一方面,城乡建设空间相对混杂,由于空间建设管制能力相对较低,造成片区建设空间低效分散、风貌特色不够彰显等问题。

2.3 发展话语权缺乏,邻避设施布局相对集中

邻避设施往往会对地方资产价值、本地居民身心健康、环境质量等带来诸多负面影响,这些主要包括殡仪馆、垃圾场、高压走廊、输油输气管线等。特别是高压走廊等现状邻避设施,往往会对地区城乡建设带来极大的空间割裂影响。由于在周边区域内发展话语权处于弱势,加之城市中心区对邻避设施的刚性需求,"非集中建设区"型小城镇往往成为这些邻避设施空间的"第一选择"。

码头片区地处淮安市基础设施走廊和环淮安中心城区生态保育核心区之中,天然气管线、高压走廊、水系生态廊道等各类基础设施廊道和生态廊道集中于此,由于建设时期不同、建设主体不同,导致限制要素与该地区城乡建设缺乏有效统筹协调,使码头片区城乡空间建设发展割裂严重(图3)。

2.4 城市虹吸效应明显,镇村发展持续沦陷

在长期城乡二元结构下,特别是城市周边更受"吸管效应"影响,"非集

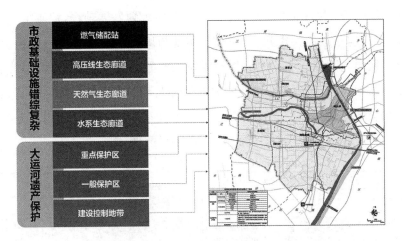

图3　码头片区现状限制性要素控制图

中建设区"内镇村发展往往会持续沦陷。这主要体现在,一是镇首位度不高,由于毗邻城区,该类地区小城镇发展无论在产业上还是在功能上都不能持续壮大。二是人口老龄化严重,受城区劳动力人口的虹吸效应,该类地区的青壮年劳动力往往会选择在城区就业。三是区域统筹缺乏,由于发展机会多,导致各乡镇、行政村都有较多的发展选择,这不可避免地造成整体处于"缺乏统筹、各自为政"的局面。从近几年数据来看,码头片区经济总量、财政收入、人均收入等主要经济指标发展相对较慢,乡镇建设和规模小区域辐射能力弱。

3　大城市"非集中建设区"空间规划的核心关注

3.1　关注城乡全域统筹——统筹全域空间布局,主动对接周边区域

3.1.1　站位区域视角,明确镇村空间发展结构和蓝图

该类地区小城镇发展,更应树立区域一体化思维,结合自身发展定位,努力实现与区域特别是与中心城区的功能互补、空间互动、产业协调、设施共享、生态共保。镇村空间结构谋划也应在中心城区对接、周边小城镇对接、核心要素对接等多个层面综合分析评价的基础上开展。码头片区结合"农业科技高地,文化田园乡村,淮安西部花园"的总体定位,首先,准确定位

片区发展引擎,主动对接淮安市中心城区总体规划发展轴线,嫁接主城发展势能,实现公共服务共建共享。其次,实现与周边区域全要素一体化发展,充分对接周边区域产业、文化、生态等发展要素。再次,重视与周边其他小城镇的互动发展,实现周边产业发展的良性互动。在区域发展结构基础上,划定镇全域"三区三线",实现"三生空间"有机融合。探索新的用地分类,形成"生态、农业、城镇"三类空间土地利用一张图(图 4)。

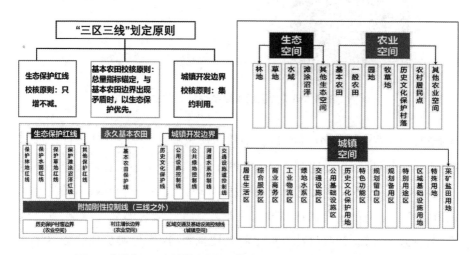

图 4　全域"三区三线"划定和三类空间土地利用一张图技术思路

3.1.2　重点关注两类空间,做好核心建设空间和乡村建设空间规划指引

未来"非集中建设区"型小城镇发展的核心空间,应该是核心产业集聚、公共服务设施配套、基础设施配建的重点区域,其选择应充分考虑交通区位、发展基础、限制条件和要素集聚情况等,其建设形式也应充分遵循小城镇特点,防止出现"摊大饼"城镇空间形态。以码头片区为例,通过对上述发展要素的综合评判,规划选取核心发展轴线两侧区域作为未来片区发展的核心空间。结合"微介入"建设理念和"蔓藤城镇"设计理念,该类地区城镇空间宜采用"组团式"的布局结构,使城镇发展融入风景、保护乡村田园、凸显自身特色的同时,获得与城区的比较优势(图 5)。

要把乡村建设空间作为重要的资产去经营,在镇村布局规划的统领下,

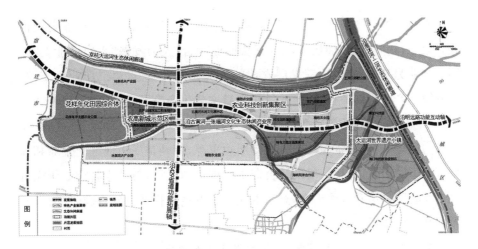

图 5　码头片区核心区空间结构图

精明指引规划发展村庄用地。一方面,对全域村庄集中居民点进行规划布局,明确其空间范围,并提出户数、容积率、建筑高度等具体要求;另一方面,要明确村庄存量资产的盘活策略,特别是要对集体经营性用地布局等进行细致的安排,为乡村农村"三块地"改革提供空间指引,为集体经营性用地上市提供法定支撑。

3.2　关注空间发展权治理——厘清自身发展主体关系,推动主体融合

3.2.1　以产业为引领促进园镇融合发展

主体融合发展必须有行政一体化、空间一体化、政策一体化等多重保障。对于码头片区而言,淮安市已经充分认识到行政一体化和空间一体化的重要性,并已付诸实施。在此基础上,码头片区构建了"农高新城示范区—乡镇社区—村庄"三级城乡空间聚落体系。依托农高新城示范区作为片区发展平台,作为未来的经济、文化和公共服务中心,带动各乡镇发展。乡镇社区完善现有城镇空间,以"精、美、特"为建设导向,为社区本身和周边乡村地区提供基本公共服务。

为推动园镇产业一体化,产业发展以农业现代服务业为引领,以历史文化旅游为特色,精准发展第二产业,做强做长第一产业,最终实现三次产业互动发展。第一,特色引领,围绕"农"字做足文章。充分认识现代农业的产业引领作用,依托农科园产业发展平台,做大做强第一产业,形成"农业+科

技""农业＋贸易""农业＋生产""农业＋旅游"等多种"农业＋"产业发展模式。第二,转型升级,加快一、二、三次产业融合,大力发展"六次产业"。以第一产业为基础,接二连三发展农业加工和休闲农业;以第二产业为支撑,提升第一产业附加值;第三产业依托自身文化生态资源条件,积极发展文化休闲、生态农业、旅游养生等产业类型。第三,融入区域,联动发展的同时充分借力区域"财、智"资源。充分调动周边资源,特别是周边地区的企业和高校资源。引入企业财团、借助社会资本发展本地经济;与周边高校或研究机构建立合作关系和合作平台,充当本地产业发展的科技后盾,共同致力产业发展和片区建设。

3.2.2 着眼宜居片区打造,保障多元人群服务配给

公共服务配给相对于中心城区滞后,是此类小城镇片区缺乏人口吸引力的重要原因。从这个角度出发,如何因地制宜有效配置公共服务设施资源,实现高质量发展,是该类地区持续发展,获得发展活力的重要保障。码头片区,基于人群调研,确定三类服务对象,即乡客、游客和创客。乡客,是指本地城乡居民;游客,主要是指外来旅游人群;创客,是指由于产业发展需求产生的科技研发人群、创业者、外来务工者等。基于这三类人群的需求,开展第三产业布局规划。首先,面向"乡客人群",做好各类公共服务设施配套。其次,面向"游客人群",从"吃、住、行、游、购、娱"全要素服务配给的思路出发,立足开展全域旅游的目标,在码头片区构建"三级旅游服务体系"。再次,面向"创客人群",将其第三产业需求分为生活服务、科研服务、生产服务三个类型。其中,生活服务需求主要包括居住(房地产)、公共服务配套等;科研服务需求主要包括科研孵化、办公创客、教育培训等;生产服务需求主要包括物流仓储等(图6)。

3.3 关注特色发展引导——搭建特色化发展体系,谋划片区特色发展路径

3.3.1 保护与发展并行,关注文化传承

唤醒文化记忆的根本目的在于留住历史,传承历史文化,保存地方特有的精神和气质,这与文化复兴的目标不谋而合,文化是否能复兴其关键便是这些文化记忆片段是否能够永远处于被唤醒状态。对于"非集中建设区"型小城镇而言,塑造独特的文化特质,是其获得区域发展权的重要支撑。码头

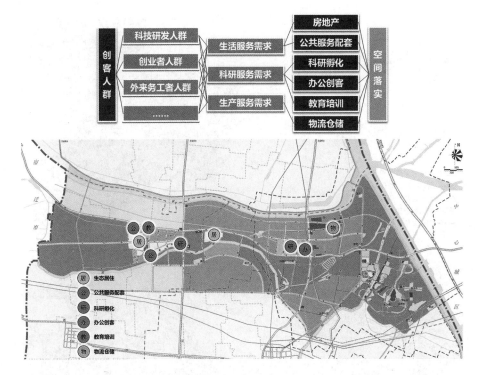

图6 码头片区"创客人群"服务设施配给分析图

片区立足"文化＋"路径,确定了区域文化互动、文化品牌建树、文化创新、文化产业融合等五个层面策略,并重点突出历史文化保护工作。以历史文化保护为例,片区依托"两个部分、四个层次",实施历史文化要素的全方位保护。两个部分是指片区范围内的物质文化遗产和非物质文化遗产。四个层次是指物质文化遗产中的大运河遗产(清口枢纽遗产)、码头历史镇区、安澜历史文化街区、历史遗存(图7)。

3.3.2 嫁接城市意向理论,谋划片区镇村风貌意向体系

片区镇村风貌意向体系包括全域风貌意向和镇村建设空间风貌意向两个层次。全域乡村风貌意向构建重点关注三个方面,一是根据村庄分类所提出的分类整治提升要求和重点。二是全域乡村风貌层次的构建,可分为重点区和协调区,重点区主要包括码头片区的窗口空间,如高速出入口及沿线空间、特色田园乡村群落等。三是全域乡村风貌意向要素建设指引,主要包括民居、道路、桥梁、农田、林地、水系等。镇村风貌意向指引层面,主要包

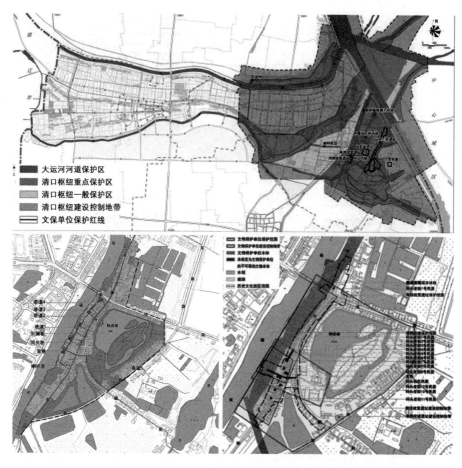

图 7   大运河遗产保护区、历史镇区历史街巷保护和历史文化街区保护规划图

括两个部分内容：一是特定空间的风貌指引，如历史文化保护区；二是不同类型建筑的风貌指引。

3.4   关注核心要素管控——落实多规融合理念，突出非建设空间管控

3.4.1   基于管控思维，划定发展控制底线

实现"非集中建设区"型小城镇可持续发展，必须运用系统化思维，树立底线意识。码头片区，注重从三个方面进行控制：第一，以安全发展为底线，完善安全防护体系。通过西气东输天然气管道安全影响评估报告编制、安全防护廊道划定、生态保护空间划定等确保城镇生态安全、生产安全和生活安全。第二，坚持绿色发展，全面落实生态保育理念。规划划定生态功能

区,明确水生态系统、农林生态系统规划内容,并将绿色发展理念贯穿到产业发展、风貌塑造、设施建设等各个层面。第三,落实多规合一,重点协调国土空间规划、"十三五"规划、历史文化保护规划、生态红线区域保护规划等,划定生态保护红线、永久基本农田控制线、城镇开发边界控制线、重要基础设施控制线、历史文化资源保护控制线等发展底线(图8)。

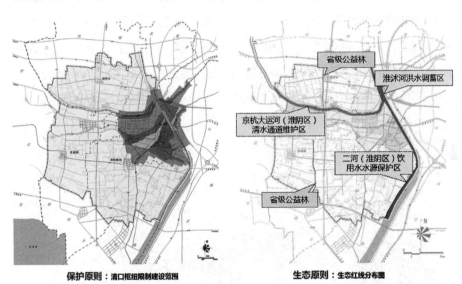

保护原则:清口枢纽限制建设范围　　　　　　生态原则:生态红线分布图

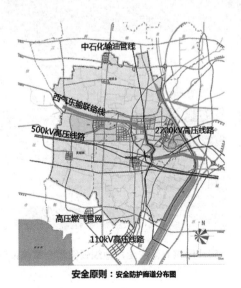

安全原则:安全防护廊道分布图

图8　码头片区空间发展的三个原则

3.4.2 关注农业发展空间,实现精细化引导

伴随着乡村休闲产业需求的不断扩大,农业发展空间将成为"非集中建设区"型小城镇获得经济发展的又一增长点。码头片区在开展全域土壤检测、产业结构预测等基础工作的基础上,基于以下两个原则对农林用地进行再分类。首先,基于核心区农林用地所承担的功能,核心区农林用地应该具有农业引领示范作用,也应该满足一三产业联动发展的要求,所以应该承担科研、展示、生产、休闲等功能;其次,呼应传统农业向现代农业转变过程中国家对农林用地的管理要求,国务院、国土部等部门对农业用地发展提出了一系列要求。基于此,规划将核心区农林用地分为休闲农业用地、设施农业用地和规模种植用地3种类型(图9)。

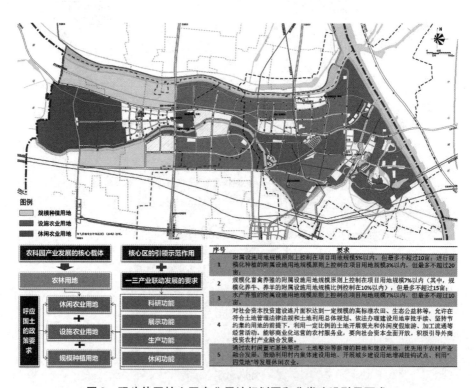

图9 码头片区核心区农业用地规划图和分类建设引导要求

4　结语

　　"非集中建设区"型小城镇空间作为一种特殊的空间类型,其发展较一般镇村空间往往具有更多的不确定性。本文认为,"非集中建设区"型小城镇空间发展,应关注城乡全域统筹,引导与周边地区有机协调。要站位区域发展,特别突出该区域与主城的互动发展关系,同时避免强化空间开发划定引导,避免走上全域开发的误区。应关注土地发展权治理,统筹谋划全域发展。要依托全域整体统筹发展的视角,厘清发展主体之间的发展逻辑,明确产业发展定位分工、设施配套等内容。应关注地区发展理念统筹,引导走特色化发展道路。要在充分认识现状特色要素的基础上,搭建特色化发展路径。应关注落实多规融合理念,突出核心要素管控。特别是要突出发展底线、农业空间等的管控与引导。

　　"非集中建设区"型小城镇空间作为一个复杂的巨系统,其当前存在问题的治理不可能毕其功于一役,可以说任重而道远。在这个过程中,地方政府应在充分论证该地区所承担功能分工的基础上,理性释放发展权,同时制定门槛政策加强产业落地筛选,强化政府的管控引导。国土空间规划作为一项公共政策,更是要充分发挥其职能,在充分认清当前时代背景,区域发展要求的基础上,引导"非集中建设区"型小城镇空间走可持续发展道路。

参 考 文 献

[1] 林坚.空间治理问题的思考[J].中国土地科学,2018.

[2] 张兵,林永新,刘宛,等.城镇开发边界与国家空间治理——划定城镇开发边界的思想基础[J].城市规划学刊,2018(4):16-23.

[3] 张京祥,陈浩.空间治理:中国城乡规划转型的政治经济学[J].城市规划,2014(11):9-15.

[4] 张一凡,马璇,冯琼.总规创新视角下非集中建设区的规划路径与方法初探[J].城市规划学刊,2017(8):188-194.

[5] 盛洪涛,汪云.非集中建设区规划及实施模式探索[J].城市规划学刊,2012(3):30-36.

四、小城镇韧性
发展与规划

公园城市理念下小城镇公园绿地
游憩与生态功能协调性研究*

袁 青 霍锦葭 冷 红

（哈尔滨工业大学建筑学院）

【摘要】 建设美丽宜居"公园城市"理念的提出，不仅表明我国对于生态文明建设的重视，也反映出以人民为中心的发展理念，体现出我国在建设城乡人居环境过程中的理念转变和对理想城市建构模式的探索。在此背景下建设公园城市，重点任务就是探讨在不改城市结构、不大搞公园工程的前提下，将现有绿地资源盘活并加以利用，以实现公园绿地空间的优质服务。因此，重视公园绿地发挥生态作用同时提供游憩空间，研究二者协调发展对城镇和人民有着深远意义。在各大城市纷纷建设公园城市的同时，小城镇作为联系城乡的重要区域，其未来发展同样重要。本文以公园城市理念为指导，从小城镇公园绿地本体入手，以浙江省长兴县为例进行优化研究。结合现状公园绿地分析游憩与生态供给情况，提出内部功能协调发展的可行性策略，实现公园绿地发挥生态作用与提供游憩功能并行，为小城镇建设成为公园城市提供现实依据。

【关键词】 公园城市 城镇公园绿地 游憩与生态功能 协调发展 长兴县

---

* 本文发表于《小城镇建设》2021年第7期。

基金项目："十三五"国家重点研发计划课题"基于地域风貌特色传承的县域城镇低碳规划设计研究"（编号：2018YFC0704705）。

1 引言

公园城市是基于田园城市、花园城市、园林城市发展的新理念,是对理想城市建构模式的新探索,目的是建设"把公园融入城市"的生态文明人居环境[1]。公园绿地是城镇中兼具游憩与生态功能的绿化用地,其内涵不仅是"公园"和"绿地"的叠加,更是生态与游憩共同实现的特殊城镇空间[2]。建设公园城市,应把"城市、公园与人民生活"三者进行完美融合,使得公园实现提供游憩、健全生态、美化景观等基本功能,更好地服务于人类。在这个背景下,建设公园城市不是大肆改变城市结构、大搞公园工程,而是将有限的公园空间加以优化,发挥更大服务效能,以实现公园绿地内部功能的协调发展[3]。

小城镇是城乡之间有机联系的独立区域,具有城乡统筹的战略纽带功能,同时也是人民群众生产生活的重要载体[4]。小城镇的高速发展同样面临绿色化、可持续及人性化合理转型。在大中城市建设公园城市时,更应重视小城镇作为城乡纽带的未来发展方向。因此,从小城镇公园绿地入手进行优化探究,是建设"小城镇式"公园城市的必要方向。

公园城市建设要求公园绿地为人群提供全面均衡优质的生态、游憩、景观美化等服务,由于公园绿地兼具生态与游憩功能并体现在空间上,近年来,我国关于城镇公园绿地优化发展的研究众多,主要涉及低碳规划设计、功能配置实现及具体景观提升等。如定量估算碳储量、对比单株树种固碳能力进行绿地合理规划种植等[5-6]。定性多是评价公园绿地功能合理性,黄斌全等通过评估公园绿地游憩空间提供与需求分异提出针对二者协调性策略[7]。许泽宁等通过公园绿地服务功能评估模型进行实证研究[8]。叶祖达根据延庆区实际,构建绿地空间碳汇评估模型[9]。刘滨谊等根据城市绿地与空间耦合程度来优化其布置模式[10]。邢忠等构建公平性服务协调度模型,评估绿地生态绩效功能的协调关系[11]。刘艳艳等研究公园绿地游憩供需协调程度并进行内部供给优化[12]。以上研究考虑绿地空间和游憩功能自身的优化发展较多,由于公园绿地性质特殊,仅以生态或游憩视角研究尚有不足,关注功能协同发展具有现实意义。

综上所述,本文以浙江省湖州市长兴县公园绿地为例,从绿地与游憩空间的构成要素入手,结合实际,分析现状公园绿地生态与游憩功能的协调发展潜力,并进行优化,使得公园绿地有限的空间发挥更大服务效能,为"城镇式"公园城市的规划建设提供优化路径。

2 研究方法与研究范围

2.1 研究路线

通过梳理生态能力及游憩功能影响因素,构建公园绿地生态与游憩功能协调性评估模型。根据实地调研与问卷访谈获取研究数据进行评估,得出现状公园绿地发展协调级别,并针对高效用因子进行分析,为小城镇公园绿地生态与游憩功能协调发展提供有效策略。

2.2 研究环节

2.2.1 实地调研

以长兴县内共 11 处公园绿地作为研究对象(游园面积较小且游憩功能较弱的不予考虑)。实地调研过程,结合园林测量样方法和 LM-8000A 测温等进行实地测算,根据公园绿地规模选取样地,选取标准根据华东地区植物调查最小样地标准定为 10 米 × 10 米,带状绿地随机调整,但以 100 平方米为一个样方单位进行调研。此外,对长兴县公园绿地使用者进行了 1 800 分钟的访谈,了解居民对公园绿地的使用与认知情况。

2.2.2 空间抽取

运用形态类型学理论[13],对公园绿地的空间分布特征进行抽取,以占地面积为依据归纳公园绿地典型空间形态,并结合调研情况,了解公园绿地使用人群对不同公园形态的认知情况。

2.2.3 协调性评估

运用 DPSIR 模型,建立完善的生态与游憩功能协调性评估模型,确定因子效用,结合调研数据对现状公园绿地协调等级进行评估,直观地得出子系统的协调发展级别,并基于评估结果提出优化策略。

2.3 研究区域概况

2.3.1 长兴县绿地分类分布

长兴县位于太湖西南岸,县域绿化资源丰富,环境优美,被联合国评为 "国际花园城市"。根据《城市绿地分类标准》(CJJ/T 85—2017)统计长兴县 公园绿地分布情况,得出长兴县城区现有公园绿地类别[2](图 1)。空间分布 上中西部公园分布相对较多,东部及南部居住用地和居民人数均较少,且已 建成的龙山公园、花菇山公园规模较大,道路绿化建设结合了街旁绿地,对 综合公园、社区公园、专类公园等做了有效补充(表 1)。

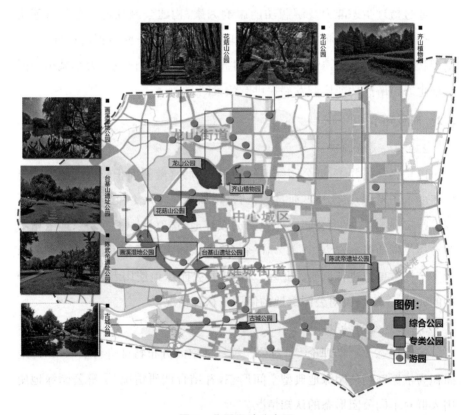

图 1　公园绿地分布图

表1　现状公园绿地统计表

序号	公园名称	类别代码	类别名称	类别代码	性质	覆盖面积	区域位置
1	龙山公园			G11	综合公园	30.0	龙山
2	花菇山公园	G11	综合公园	G11	综合公园	10.0	龙山
3	古城公园			G11	综合公园	4.0	雉城
4	齐山植物公园			G132	植物园	4.0	龙山
5	台基山遗址公园	G13	专类公园	G134	遗址公园	10.0	雉城
6	陈武帝遗址公园			G134	遗址公园	4.1	太湖
7	画溪湿地公园			G139	其他专类公园	5.2	雉城
8	护城河景观绿色长廊			G14	带状游园	14.2	雉城
9	和睦塘公园			G14	带状游园	5.5	龙山
10	黄土港公园	G14	游园	G14	带状游园	10.5	雉城
11	长兴港公园			G14	带状游园	10.6	太湖
12-37	36处小型游园			G14	游园	108.2	全域

2.3.2　长兴县公园绿地空间模式

利用城镇高分辨率地表信息解析系统(HyperLAND V1.0)对长兴县11处公园绿地内部主要空间面积进行提取测算,计算水域空间、密植空间、草坪空间及游憩空间四类主要功能空间的占比(图2,表2)。根据基本形态

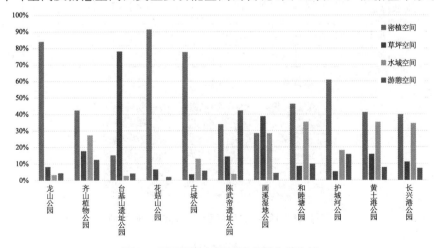

图2　公园绿地内部不同空间分类比例

抽取原则,总结得出长兴县三种具有典型代表性的公园绿地空间模式,其中A类为综合公园,绿化比例高,但游憩空间不足;B类为专类公园,空间比例较为均衡,人群满意度较高;C类公园为带状公园,以水域植被空间为主,游憩空间普遍不足。多数人们对绿化空间满意度较高,半数以上认为活动空间不足;多数人群偏好在C类公园内游憩,其中中年群体倾向于在B、C类公园里进行散步、跑步等;老年人群需要小型空间及设施进行团体活动;儿童群体需要多个专用空间活动(图3)。

表2 公园绿地基本功能空间面积比例

公园分类		公园名称	功能空间分类				使用人群平均满意度			空间模式
			密植空间	草坪空间	水域空间	游憩空间	游憩空间	游憩设施	绿化空间	
A类	综合公园	龙山公园	84.11%	8.13%	3.31%	4.45%	7	7	9	A
		齐山植物公园	42.43%	17.74%	27.33%	12.50%	4	3	9	A
		台基山遗址公园	15.08%	78.12%	2.70%	4.11%	8	8	6	B
B类	专类公园	花菇山公园	91.47%	6.56%	0.00%	1.97%	7	8	9	A
		古城公园	77.69%	3.66%	12.93%	5.72%	6	7	8	B
		陈武帝遗址公园	33.90%	14.33%	3.71%	42.25%	6	6	6	B
		画溪湿地公园	28.54%	38.76%	28.40%	4.31%	8	8	9	B
C类	带状公园	和睦塘公园	46.26%	8.53%	35.35%	9.86%	6	7	8	C
		护城河景观绿色长廊	60.84%	5.26%	18.12%	15.78%	6	5	7	C
		黄土港公园	41.20%	15.70%	35.30%	7.80%	7	6	8	C
		长兴港公园	39.80%	11.10%	34.50%	7.30%	7	7	8	C

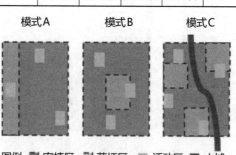

图3 三种公园绿地典型空间模式图

3　公园绿地生态与游憩功能协调性评估

3.1　生态与游憩协调性评价体系构建

3.1.1　评价指标的选取方法及原则

运用频度分析法、理论分析法和专家咨询三种方法选择低碳与需求协调度评价指标,遵循以下原则:科学性——按科学规律选取指标,因子基本概念反映小城镇公园绿地的生态及游憩功能供给;综合性——建立综合全面的指标体系以期对研究对象进行协调度评价得到科学的结论;定量与定性结合——定量指标为主,辅以定性指标;典型性——选择影响作用明显的特征性指标,以评估生态与游憩空间协调发展程度。

3.1.2　评价指标体系的构建

经过对国内已有研究的科学性梳理,从生态能力与游憩供给两个子系统出发,构建了包括生态植被、生物多样性、游憩设施及发展动态四方面的小城镇公园绿地生态与游憩功能协调性评估体系(表3)。

表3　公园绿地生态与游憩功能协调性评估体系

目标层	系统层	准则层	指标层	指标内容	单位	指标性质
生态与游憩协调度评估（A）	生态能力（B_1）	生态植被（C_1）	乔木占有量（D_1）	每 100 平方米绿地具有乔木数量	棵	正
			高固碳能力树种比（D_2）	样方内高固碳能力树种数/总树种数	/	正
			常绿落叶比（D_3）	常绿和半常绿树种之和/总树种数	/	正
			郁闭度（D_4）	被树冠覆盖的样点数/样点总数	/	负
		生物多样性（C_2）	物种多样性（D_5）	$D = 1 - \sum_{i=1}^{s} \left(\dfrac{N_i}{N} \right)^2$	/	正
			群落层次丰富度（D_6）	草坪地被层、绿篱层、花灌木层、大/小乔木层	层	正

（续表）

目标层	系统层	准则层	指标层	指标内容	单位	指标性质
生态与游憩协调度评估（A）	游憩供给（B₂）	游憩设施（C₃）	园内游憩空间占比（D₇）	人群可用游憩空间面积占园区总面积的比例	/	正
			单位面积公共设施数（D₈）	园区内每100平方米可利用公共设施数	个	正
			游憩空间种类（D₉）	观察记录人群游憩活动空间种类	种	正
		发展动态（C₄）	植被生长态势（D₁₀）	植被长势是否良好，景观是否怡人	/	正
			养护管理制度（D₁₁）	是否有养护管理部门与定期养护记录	/	正

注：* D 为物种多样性，N 为总物种数，N_i 为样方内物种数，S 为物种类别。

3.2 生态与游憩功能协调性评估

3.2.1 数据处理

将实地测算数据作为绿地空间生态能力指标数据来源，使用人群问卷访谈结果，作为游憩功能指标数据来源（表4）。

由于生态与游憩功能协调度最理想的状态是整体发展协调，反之则不利于城镇公园绿地的和谐发展与人群使用。利用定义协调性计算[11]：

$$B = 1 - S/Y \tag{1}$$

其中 B 为协调性指数，Y 为平均值，S 为标准差，进行碳汇和游憩功能协调性评价，以此判断子系统或各指标的发展程度。

采用极差法对调研数据进行标准化处理（$\min_i$ 为最小值，$\max_i$ 为最大值，x_i 为实际数据）：

$$正向指标 = \frac{x_i - \min_i}{\max_i - \min_i} \tag{2}$$

$$负向指标 = \frac{\max_i - x_i}{\max_i - \min_i} \tag{3}$$

表 4 评估所需数据总表

序号	公园名称	乔木占有量(棵)	高固碳树种比	常绿落叶比	郁闭度	物种多样性	群落层次(层)	游憩空间比	公共设施数(个)	游憩空间种类(类)	植被生长(级)	养护管理(级)
1	龙山公园	20.1	41.70%	24.30%	0.46	0.44	5	8.45%	9	4	5	4
2	花菇山公园	37.2	37.50%	36.00%	0.84	0.36	5	1.97%	3	3	3	3
3	古城公园	16	25.30%	19.60%	0.14	0.24	4	5.72%	5	2	3	1
4	齐山植物公园	29.3	36.00%	33.10%	0.36	0.69	5	12.50%	8	4	4	1
5	台基山遗址公园	12.5	16.00%	24.70%	0.28	0.26	3	4.11%	5	5	5	5
6	陈武帝遗址公园	18	24.90%	20.10%	0.24	0.32	4	42.25%	6	5	4	5
7	画溪湿地公园	8.4	34.00%	13.00%	0.08	0.47	5	4.31%	4	4	5	6
8	护城河景观长廊	8.2	58.60%	10.20%	0.08	0.14	3	15.78%	3	2	4	4
9	和睦塘公园	16	67.70%	19.60%	0.89	0.25	5	9.86%	4	5	5	5
10	黄土港公园	21.4	47.20%	23.10%	0.17	0.32	5	7.80%	2	4	4	5
11	长兴港公园	24	45.20%	24.80%	0.36	0.16	5	7.30%	2	4	4	3

3.2.2 协调性评估

对数据标准化处理后采用主客观相结合赋权法确定权重[14],将主成分因子贡献率作为指标权重,得出各指标权重如下[11](表5)。

表5 主成分分析各指标权重

子系统	生态指标						游憩指标				
指标因子	乔木占有量	高固碳树种比	常绿落叶比	郁闭度	物种多样性	群落层次	游憩空间比	公共设施数	游憩空间种类	植物生长	养护管理
权重赋值	0.214	0.282	0.171	0.130	0.123	0.080	0.294	0.145	0.253	0.235	0.073

构造协调计算公式如下:

$$C = \left\{ \frac{f(x) \times g(y)}{\left(\frac{f(x) + g(y)}{2}\right)} \right\}^2 \tag{4}$$

其中 $f(x)$,$g(y)$ 分别为生态和游憩功能综合指数,数据离差越小则协调度越高。协调系数 C 值域[0,1],数值越接近1,子系统间协调程度越大;反之则协调程度越小。

构造协调发展函数如下:

$$D = \sqrt{C \times T} \tag{5}$$

$$T = af(x) + bg(y) \tag{6}$$

其中,D 为协调度,C 为耦合度,T 为协调指数。由于生态与游憩功能对协同发展同等重要,取权重值为 $a = b = 0.5$ 进行评估,得出协调度(图4、图5)。

3.3 公园绿地协调性分析

长兴县公园绿地功能协调水平有待提高,在空间比例、生态低碳及游憩提供上存在不足。协调性较低的公园绿地,大多空间比例失衡,对其协调发展有阻碍作用;反之,人群满意度较高,空间比例相似。

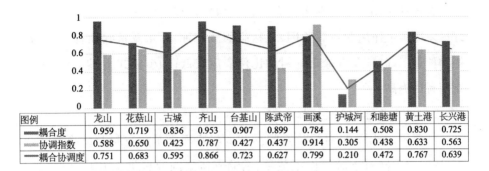

图例	龙山	花菇山	古城	齐山	台基山	陈武帝	画溪	护城河	和睦塘	黄土港	长兴港
━ 耦合度	0.959	0.719	0.836	0.953	0.907	0.899	0.784	0.144	0.508	0.830	0.725
━ 协调指数	0.588	0.650	0.423	0.787	0.427	0.437	0.914	0.305	0.438	0.633	0.563
━ 耦合协调度	0.751	0.683	0.595	0.866	0.723	0.627	0.799	0.210	0.472	0.767	0.639

图4　各公园绿地生态与游憩功能协调发展程度

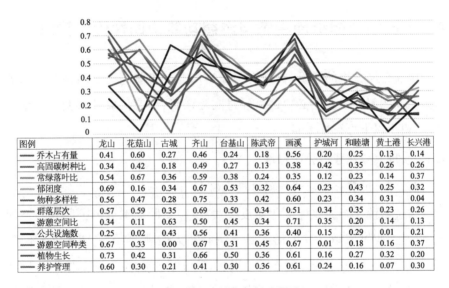

图例	龙山	花菇山	古城	齐山	台基山	陈武帝	画溪	护城河	和睦塘	黄土港	长兴港
━ 乔木占有量	0.41	0.60	0.27	0.46	0.24	0.18	0.56	0.20	0.25	0.13	0.14
━ 高固碳树种比	0.34	0.42	0.18	0.49	0.27	0.13	0.38	0.42	0.35	0.26	0.26
━ 常绿落叶比	0.54	0.67	0.36	0.59	0.38	0.24	0.35	0.12	0.23	0.14	0.37
━ 郁闭度	0.69	0.16	0.34	0.67	0.53	0.32	0.64	0.23	0.43	0.25	0.32
━ 物种多样性	0.56	0.47	0.28	0.75	0.33	0.42	0.60	0.23	0.34	0.31	0.04
━ 群落层次	0.57	0.59	0.35	0.69	0.50	0.34	0.51	0.34	0.35	0.23	0.26
━ 游憩空间比	0.34	0.11	0.63	0.50	0.45	0.34	0.71	0.35	0.20	0.14	0.13
━ 公共设施数	0.25	0.02	0.43	0.56	0.41	0.36	0.40	0.15	0.29	0.01	0.21
━ 游憩空间种类	0.67	0.33	0.00	0.67	0.31	0.45	0.67	0.01	0.18	0.16	0.37
━ 植物生长	0.73	0.42	0.31	0.66	0.50	0.36	0.61	0.16	0.27	0.32	0.20
━ 养护管理	0.60	0.30	0.21	0.41	0.30	0.36	0.61	0.24	0.16	0.07	0.30

图5　各子系统指标综合得分

3.3.1　功能协调度不高

游憩子系统权重排名前3指标为：游憩空间比（0.294）、游憩空间种类（0.253）、植物生长（0.235）。说明空间相关要素及植被情况是游憩功能体现的主要原因，而定性因素如公共设施数（0.145）、养护管理（0.073）对游憩功能实现的影响较小。

3.3.2　生态水平不足

长兴县公园绿地面积占比较高，但生态水平不足，各指标权重前3位为：

高固碳树种比(0.282)、乔木占有量(0.214)、常绿落叶比(0.171)。植被是绿地发挥碳汇作用的主要原因,包括高固碳树种、乔木及常绿树种的应用。植物种类上,高碳及常绿落叶树种比例应用较低;种植模式上,群落层次丰富度有待提高。

3.3.3 游憩满意度较低

经调研,使用人群对绿化空间满意度普遍高于游憩空间及设施的满意度,反映出人群对于游憩设施数量、活动支持空间及种类上有较大期望空间。因此,应提高游憩供给包括空间比例、设施数量、可选择游憩种类等。

4 小城镇公园绿地生态与游憩功能协调性优化策略

随着公园城市的建设,在现有绿地格局上尽可能地提高城镇公园绿地有限空间的服务效能是必要的。经过实际调研、形态抽取及协调性评估分析后,得出以下可行性策略。

4.1 合理高效化建设公园绿地

4.1.1 配置合理功能空间建设比例

推进城镇公园绿地规范化建设模式,按照不同类别进行公园绿地空间比例配置,应对城镇居民的游憩需求,创造"人们满意"的公园绿地空间形态。对于公园绿地空间比例不满足现状,建议结合公园实际绿地条件,增加公园生态绿地或游憩活动空间的数量与面积,使其达到建议性空间分配标准。结合评估结果与长兴县使用人群游憩评价,得出建议公园绿地空间比例(表6)。

表6 建议公园绿地空间比例

公园类型	绿化空间	游憩空间	特点
综合公园	70%~85%	8%~26%	绿化比例高
专类公园	50%~66%	15%~45%	空间比例均衡
带状公园	56%~65%	7%~15%	水域比例高

4.1.2 推行高效空间建设模式

优化现有空间形态为高效空间模式，可以提高公园绿地使用效率，提高各类功能空间的耦合效率，满足游憩的同时保证更高绿地率，实现生态与游憩效能最大化。建议公园绿地建设模式如下，将原有的游憩、绿地及水域空间界限相互融合，进行功能渗透，使游憩空间作为斑块镶嵌于绿地中，借助园内道路串联各空间，提高空间使用效率（图6）。

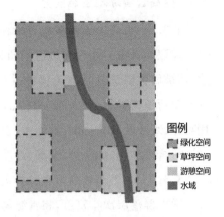

图6　建议公园建设模式

4.2 增加公园绿地游憩吸引性

4.2.1 丰富公园绿地空间功能

通过丰富公园绿地空间功能来提高公园绿地的游憩吸引性，增加使用人群数量。增加游憩活动支持，如动态类增设标准球场、滑板轮滑活动区、室内活动场等；静态类增设科普展示区、艺术陈设区及室内学习场馆等；合理规划景观与游憩的关系，实现功能融合。考虑利用植物空间丰富游憩功能，如结合草坡设置休憩空间、利用灌木营造半开放空间、利用乔木冠下空间及其引导性，设置园内通行空间等。

4.2.2 增加游憩设施提供

满足人群游憩需求，增加游憩设施的提供。综合公园由于其综合性质，人们对游憩场地、游憩设施及管理均有较高需求，需要丰富多样化的游憩空间与设施，空间包括运动健身、集散场地、演艺舞台、儿童及老人等特殊群体活动场地、室内活动场馆等，设施包括康体步道、休息亭廊、标准球场等；而专类公园因其特殊性质或场地限制，人们大多进行静态休闲类游憩，需要提供一定的基础设施，如亭廊座椅、康体步道等[15]；而社区公园及游园，仅需满足人群日常游憩包括散步、交谈或遛狗等活动，对场地设施需求较低，需要系统的通行性空间及设施支持。

4.3 提高公园绿地生态能力

4.3.1 应用本土高碳能力树种

建议结合现有长三角地区的园林植物高碳树种,根据固碳效益、功能用途、植被属性筛选县域本土树种进行种植。利用适于密植树种应用于密植林地及行道树种植,如香樟、垂柳、乌桕、青桐等;适于观赏树种进行单株应用观花、观叶及观果,如红花檵木、女贞、桂花、红叶李等;可密植又可观赏树种进行合理利用,如枫香、紫薇、红花檵木等[14],提升生态和景观效益。

4.3.2 采用高碳效用种植模式

增加群落层次丰富度,将常绿与落叶类树种混合种植,并考虑树种体量搭配,打造兼具高碳效益与美学感受的群落种植模式。优先考虑植物群落的高固碳结构配置,结合满足游憩、景观美感及生态特性,最终达成满足游憩观赏和生态效益的有机结合种植模式(图7)。

图 7　高碳汇组合种植范例
资料来源:作者自绘

5　结语

本文基于公园城市建设理念,以优化小城镇公园绿地生态与游憩功能为目标,借助实地调研、建立数理模型及协调评估等方法对公园绿地生态与游憩功能协调发展潜力进行评估,并探讨优化研究路径,旨在使小城镇公园绿地有限的空间资源发挥更大的功能效用,使长兴县更接近公园城市的建设要求,实现生态低碳与满足游憩的协调发展,共同服务于城镇空间和人群,为公园城市的建设提供发展依据。

参 考 文 献

[1]傅凡,李红,赵彩君.从山水城市到公园城市——中国城市发展之路[J].中国园林,

2020,36(4)：12-15.

［2］中华人民共和国住房和城乡建设部.城市绿地分类标准(CJJ/T85—2017)［S］.北京：中国标准出版社,2017.

［3］李晓江,吴承照,王红扬,等.公园城市,城市建设的新模式［J］.城市规划,2019,43(3)：50-58.

［4］编辑部.小城镇之路在何方?——新型城镇化背景下的小城镇发展学术笔谈会［J］.城市规划学刊,2017(2)：1-9.

［5］李银,陈国科,林敦梅,等.浙江省森林生态系统碳储量及其分布特征［J］.植物生态学报,2016,40(4)：354-363.

［6］张艳丽,费世民,李智勇,等.成都市沙河主要绿化树种固碳释氧和降温增湿效益［J］.生态学报,2013,33(12)：3878-3887.

［7］黄斌全,董楠楠.新城和中心城区公园游憩供求分异研究——以紫气东来公园和复兴公园为例［J］.上海城市规划,2016(4)：56-60.

［8］许泽宁,高晓路,王志强,等.中国地级以上城市公园绿地服务水平评估：数据、模型和方法［J］.地理研究,2019,38(5)：1016-1029.

［9］叶祖达.建立低碳城市规划工具——城乡生态绿地空间碳汇功能评估模型［J］.城市规划,2011,35(2)：32-38.

［10］刘滨谊,贺炜,刘颂.基于绿地与城市空间耦合理论的城市绿地空间评价与规划研究［J］.中国园林,2012,28(5)：42-46.

［11］邢忠,朱嘉伊.基于耦合协调发展理论的绿地公平绩效评估［J］.城市规划,2017,41(11)：89-96.

［12］刘艳艳,王泽宏,李钰君.供需视角下的城市公园耦合协调发展度研究——以广州中心城区为例［J］.上海城市管理,2018,27(2)：71-76.

［13］陈锦棠,姚圣,田银生.形态类型学理论以及本土化的探明［J］.国际城市规划,2017,32(2)：57-64.

［14］施健健,蔡建国,刘朋朋,等.杭州花港观鱼公园森林固碳效益评估［J］.浙江农林大学学报,2018,35(5)：829-835.

［15］王敏,朱安娜,汪洁琼,等.基于社会公平正义的城市公园绿地空间配置供需关系——以上海徐汇区为例［J］.生态学报,2019,39(19)：7035-7046.

基于城镇绿色公共空间网络的
城镇韧性发展研究

——以东莞道滘镇为例

熊玲玲　陈　渊　李发松

（深圳市华阳国际工程股份有限公司规划设计研究院）

【摘要】　随着城镇快速化发展,资源环境压力快速加剧,以高度工业化为主体特征的珠三角城镇城市韧性方面面临着重大威胁,这也是当前国土空间规划关注焦点,因此提高城市韧性发展成为珠三角城镇安全发展面临的重要命题。绿色韧性与公共共享是相辅相成的,当前城市生态破坏严重,加剧影响了城市韧性发展,通过绿色公共空间的建立能够改善这一发展问题,共同努力实现绿色韧性、全民共享绿色发展格局。通过绿色公共空间构建的研究,本文对基地的生态安全格局、生境源地、社会公共空间因素等进行分析,并利用 GIS 技术,采用斑块—廊道—基质景观格局等理论综合研判绿色公共空间体系现状,制定适宜当地城镇发展的绿色公共空间体系,以促进城镇韧性发展和健康安全运行。

【关键词】　城镇韧性　健康发展　绿色公共空间　景观格局

1　研究背景

随着城镇快速化发展,资源环境压力快速加剧,以高度工业化为主体特征的珠三角城镇城市韧性方面面临着重大威胁,这也是当前国土空间规划关注焦点,因此提高城市韧性发展成为珠三角城镇安全发展面临的重要命题。绿色开放空间作为城镇重要的生态基础设施,在国外发展的演变为先集中、后分散、再联系、再融合、最后成为城郊融合网络[1]。当前我国大多数城市所处联系融合阶段,应当将单纯的绿色空间的概念转向为更加复合的绿色开放空间,更突出"人与地"的相互关系,这将突破空间局限,实现从单纯的"空间控制"到"空间利用"的转变;突破部门局限,从园林、旅游、林业、规划等多部门掣肘到多部门合一的自然资源部的统一调配;突破功能局限,从单纯生态意义上的绿地到美学、土地、立体、流动、交流多层面意义开放空间[2]。

绿色韧性与公共共享是相辅相成的,当前城市生态破坏严重,加剧影响了城市韧性发展,通过绿色公共空间的建立能够改善这一发展问题,有助于实现绿色韧性、全民共享绿色发展格局[4]。因此应强本固基与补齐短板,构建绿色公共空间保障体系,从而促进城市韧性发展,推动社会和谐共生。因此构建绿色公共空间网络,并以此来指导城市韧性发展规划建设工作意义非凡。

2 研究区域概况与问题

2.1 研究区域概况

道滘镇属于东莞水乡片区,毗邻东莞市区,全镇面积54.25平方公里,位置处于东江南支流下游水网地带,水道纵横,河涌成网,地块被分割成大小众多的联围,围内地形平坦,以冲积层为主,高程一般在1—3米,年平均气温23℃,年平均雨量1 819毫米。交通上,道滘镇地处珠江三角洲穗深经济走廊中部,北距广州30千米,南距香港90千米,东距东莞市区5千米,交通便捷,是广州、深圳进入东莞的重要门户[5]。

改革之前道滘镇以农业为主,改革开放之后,道滘镇抓住了产业转移的机遇形成了以加工贸易为主的工业体系,工业化水平迅速提引。然而村镇工业用地出现了"遍地开花"的散点式无序发展状况,开发区域以村庄空间区位展开,用地布局散乱,工业用地与行政用地、居住用地相互混杂成为这一时期城镇空间结构的主要特点[5]。城市化没有跟进工业化,镇内缺乏公共空间,绿色生态资源受到严重破坏,城市形态演化无序,城镇韧性可持续发展受到严重威胁(图1,图2)。

图1 道滘镇现状航拍图片　　　图2 改革开放前的岭南乡镇生态风貌

2.2 数据来源及研究方法

2.2.1 数据来源

本文涉及数据包括 DEM、植被覆盖度/NDVI、土地类型、公共空间 POI、近期规划。其中,植被覆盖度/NDVI 和土地类型数据源于遥感解译,采用的是 2019 年 3 月 12 日的 GF2 多光谱数据,空间精度为 0.9 米;DEM 数据源于 BIGMAP,空间精度为 30 米,并由此生成高度、坡度、坡向数据;公共空间 POI 数据源于 BIGMAP,采用的是江海燕等人对于开放空间的分类方法[2];东莞道滘镇土地规划、东莞道滘镇近期建设规划等规划数据来源于东莞市规划局。

2.2.2 研究方法

绿色公共空间尚无统一定义,与生态空间、绿色空间、公共空间、开放空间等概念存在交叉。本文对绿色公共空间进行了界定,指在城镇及近郊范围内,满足居民日常户外游憩需求的地区或场所,具有公共服务性质的空间单元,并且这些单元需由生态系统网络连接起来,这样组成的整个系统网络称作绿色公共空间网络[6]。

本文首先通过对道滘镇的生态本底及公共空间的现状情况进行考察,通过纵向对比生态基底格局,横向对比镇区绿色公共空间数量,得到道滘镇绿色公共空间的现存问题。对比从 1990 年至今的历史卫星图,得到道滘镇的城镇发展变迁格局及生态网络变化。对公共空间 POI 点识别,得到道滘镇公共空间现状条件及问题。

然后通过道滘镇生态网络及打通公共空间联系,来构建道滘镇的绿色公共空间网络。通过 ArcGIS10.3 空间分析软件,基于生态敏感性评价与生态基本服务功能重要性评价两大指标进行了生态源地识别,接着以《东莞市道滘镇近期建设规划(2017—2020 年)》的用地 CAD 图纸建立阻力面,最后根据阻力面与生态源地的提取结果,利用 MCR 模型(Minimum Cumulative Resistance),划分核心生态空间,构建镇域生态安全格局。MCR 模型,最早源于 Knaapen 等人的费用距离理论[9],并经俞孔坚等人修改后形成,主要借助 ArcGIS 空间分析技术,通过阻力面的构建反映源地景观生态流运行的空间态势,并根据景观类型对运动过程的影响程度,通过阻力系数的判定计算源单元到目的单元之间的最小累积阻力。

接着,本文以公共空间 POI 点叠加生态安全格局,对于尚未处于安全格局网络中的公共空间 POI 点进行剔除,进而识别构建出绿色公共空间网络。

2.3 道滘镇绿色公共空间问题总结

2.3.1 城镇化快速发展,原水乡生态格局遭到破坏

道滘镇属于东莞水乡范围,河道纵横交错,丘陵台地星罗棋布,拥有得天独厚的水资源禀赋,鱼塘、河涌、农田、绿地资源遍布整个镇域,绿色生态基底条件十分优越。

改革开放以来,城镇化的加速发展破坏了原有的绿色生态格局,人们注重工业和经济发展的同时忽略了居住空间的提升,居民绿色公共空间逐渐缺失,城市韧性逐渐降低。水乡地区经历了自下而上的乡村工业化发展阶段,引进了大量依赖水发展的产业,忽略了环境承载能力,造纸、漂染、洗水、电镀、制革等高用水高污染企业集聚,因此发展方式粗放、产业结构低端和布局不合理等情况,导致水乡地区空气、水质和土壤环境污染严重,生态与发展的矛盾十分突出。与此同时,城镇化进程加剧,东莞城镇城乡规划混乱。在"以地生财、自上而下"的发展模式下,加之前期规划引导的缺乏,水乡经济区呈现出城乡混杂交错的特征,形成非城非乡的建设面貌,同时,生态环境日益恶化、自然景观被破坏,使得原本素以"香飘四季"闻名的水乡特

小城镇治理与转型发展

色人文特征及人居环境日渐衰败,水乡美丽风貌不再[11]。从 20 世纪 90 年代至今,道滘镇的城市建设用地范围由镇区中心已发展到整个镇域范围,2000 年以后发展加剧(图 3)。

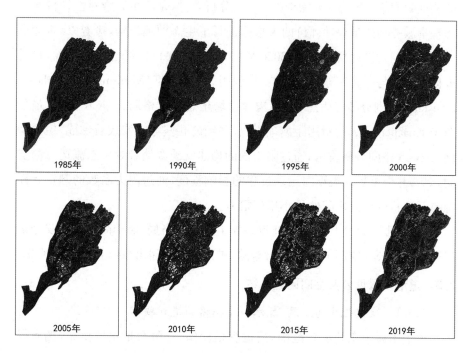

1985年　　　1990年　　　1995年　　　2000年

2005年　　　2010年　　　2015年　　　2019年

图 3　1985—2019 道滘镇城市建设用地图

2.3.2　绿色公共空间数量不足,条件有待提升

通过选取道滘镇偏社会型的公共开放空间作为关键词索引,通过 BIG-MAP 识别 POI 兴趣点(表 1)。同时,将道滘镇公共空间 POI 兴趣点区位与近规路网进行比对,识别出其可达性结果如图所示(图 4,图 5)。经分析,发现道滘镇公共空间分布密度、分布均匀度整体较低,所有公共空间类型中,公园的数量和面积最大,其他类型公共空间较少甚至没有。根据路网比较,部分公共空间与远离路网,或无直接道路连接,可达性较差。

整体而言,可以看出道滘镇公共空间体系极度不完善,类型不够多样、数量不够多、分布不够均匀,部分公共空间连接度不佳,且设施有待提升。

表 1　东莞部分城镇公共空间 POI 兴趣点数量

东莞市城镇	道滘镇	虎门镇	长安镇	莞城
绿色公共空间数量	27	35	33	40

图 4　道滘镇路网及绿色公共空间对比　　　　图 5　道滘镇某一公共空间

3　道滘镇绿色公共空间构建实施路径

3.1　生态源地识别

生态源地具有提供重要生态系统服务、迅速响应环境变化以及维持稳定的生态系统结构等重要功能[7]。首先是利用高程、坡度和植被覆盖度/NDVI 数据对区域进行生态敏感性评价；然后利用水系因子与土地覆盖因子进行生态基本服务功能重要性评价。针对上述两因子进行加权叠加确定生态源地，分别赋予 0.5、0.5 的权重（经相关参考得出），利用 ArcGIS 10.3 软件加权叠加得到源地保护重要性。基于自然间断点法划分为不重要、一般、次重要、重要和最重要 5 个等级，剔除河涌后选取重要性最高的等级作为生态源地。

3.1.1　生态敏感性评价

生态敏感性指生态系统环境对区域内自然活动及人们行为活动侵扰的

反应程度,引发生态环境问题的强度和概率的大小。生态敏感性高的地区在受到自然环境变化和人类不合理活动侵扰下更容易发生问题且更难恢复。生态敏感性重要性评价可依据敏感性评价分级选出保护重要性程度高的生态敏感区,以期从提高生态系统内部稳定性视角,指引确立生态安全空间并为预防和治理生态环境问题提供依据[8]。

表2　生态敏感性因子权重赋值表

敏感性赋值	高程(米)	坡度	植被覆盖度(NDVI)
9	>20	>10°	>0.75
7	15—20	6°—10°	0.6—0.75
5	10—15	3°—6°	0.45—0.6
3	5—10	1°—3°	0.3—0.45
1	<5	<1°	<0.3
权重	0.2	0.2	0.6

评价根据相关研究和道滘镇实际情况综合选取高程、坡度、植被覆盖度三项因子作为评价关键因子,权重赋予采取 APH 层次分析法,经 20 位专家评分得到最终权重平均值,分别为 0.2、0.2、0.6(表2)。从研究结果可以看出道滘镇高程差值差异不大,海拔高程范围在 5—20 米,主要集中在中低范围内,占据面积比例最大的海拔高度为 5—10 米,占比 40.16%,均匀分布在镇域范围内(图6);坡度分析结果显示,道滘镇整体地势较为平坦,绝大多数坡度在 10°以下,占比 99.34%(图7);植被覆盖度分析结果显示,整体植被覆盖度不佳,NDVI 值小于 0.3,无植被覆盖区域占比高达 73.43%,植被覆盖度较好区域零星分布在整个道滘镇镇域内,占比 12.48%(图8)。三项因子赋值加权到评价结果,分为不敏感、较低敏感、中等敏感、较高敏感、高度敏感 5 个等级,五个等级用地占比分别为 36.2%、16.15%、8.86%、14.64%、24.15%(图9)。大部分地块属于中低敏感度区域,说明道滘镇现状大部分土地适宜建设,生态敏感性区域较小,但同时也说明道滘镇生态用地很少,亟须保护与提升整治生态用地。

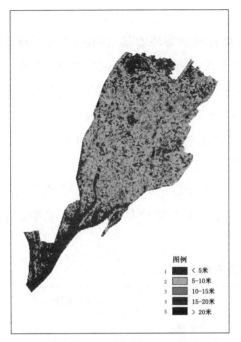

图6　高程因子评价结果

图7　坡度因子评价结果

图8　植被覆盖度因子评价结果

图9　生态敏感性特征状况评价结果

3.1.2 生态基本服务重要性评价

生态基本服务功能重要性评价以良好的生态环境基本功能、基本特征为基础，通过分析各项基本特征指标大小和功能强弱，可以明晰生态基础服务格局和空间分异状况。考虑项目基地处于东莞水乡核心地区，基地由大面积河涌环抱、水资源丰富、水系错综复杂、降雨量大等特点，故选取水系因子与土地覆盖因子作为核心评价因子。评价结果通过加权叠加上述 2 个因子，再分级得到生态系统服务重要性评价结果。

水系因子评价根据各研究结合基地情况划定 5 个等级缓冲区，分别为最重要、重要、次重要、一般重要、较不重要、不重要，赋值见表 3。分析结果如图 10 所示。

表 3 水系因子赋值表

影响目标	赋值范围（米）	重要性	重要性赋值
河涌	<15	最重要	5
	15—30	重要	4
	30—50	次重要	3
	50—80	一般重要	2
	80—120	较不重要	1

土地覆盖因子分为裸地、绿地、农田、水系、建设用地五类土地覆盖类型。分析方法采用 ENVI5.3.1 监督分类法进行，ROI 分离度采用 1.9 以上。分析结果得出现状非建设用地占 60.5%，以水域、桑基鱼塘、绿地居多；建设用地占比 39.5%，以城中村与工厂建设为主（图 11）。

3.1.3 生态源地构建

生态源地的构建结合生态环境敏感性重要性、生态基本功能服务重要性 2 项评价结果，分别赋予 0.5、0.5 权重，分析得到源地保护重要性结果。最后，基于自然间断点法划分为不重要、一般、次重要、重要和最重要 5 个等级（图 12）。剔除河流后，选取重要性最高的等级且面积大于 0.5 公顷的斑块作为生态源地，构建生态安全格局，生态源地占地面积为 201.81 公顷，占研究区域总面积的 3.11%（图 13）。选取重要性最高的等级且面积小于

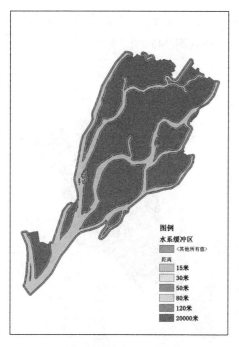

图10 水系因子评价结果

图11 土地覆盖因子评价结果

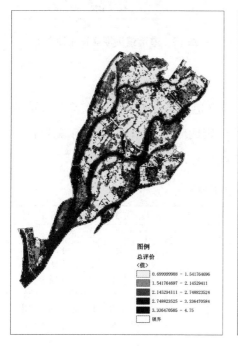

图12 生态源地划分等级

图13 生态源地分布图

0.5 公顷的斑块作为潜在生态源地,构建生态安全格局,生态源地占地面积为 139.55 公顷,占研究区域总面积的 2.15%(图 14)。

图例

	1	生态休闲绿地
	5	设施类公共空间
	10	防护绿地
	30	农林用地
	50	水域
	300	商业街区用地
	500	居住类建设用地
	800	道路
	1,000	工业用地

图 14 潜在生态源地分布图　　　图 15 道滘镇近期建设用地图

3.2 阻力面构建

　　源地选取和阻力面构建是识别生态廊道网络并构建生态安全格局的两项重要工作。在现有研究对近规用地确定的阻力值基础上,将东莞道滘镇近期建设规划用地分类和阻力值赋值如表 4,得到赋值结果如图 15 所示。

表 4 阻力赋值表

大类	A							B	E		G		H14	M	R	S	U
中类	A1	A2	A3	A4	A5	A6	A7	B	E1	E2	G1	G2	H14	M	R	S	U
用地类型	行政办公	文化设施	教育设施	体育设施	医疗设施	社会福利	文物古迹	商业用地	农林用地	水域	公园用地	防护绿地用地	村庄建设用地	工业用地	居住用地	道路用地	市政设施用地
阻力赋值	500	5	500	5	500	500	5	300	50	30	1	10	500	1 000	500	800	1 000

3.3　生态廊道识别

生态廊道是区域优质生态源地间相互连接的良好通路,是生物迁移运动和生态因子交流的关键通道。生态廊道生态服务功能具有多样性,在区域生物多样性保护、污染物净化、水土保持和洪水调蓄方面具有重要作用,是保持生态功能服务、保证生态因子在源地之间有效流通和维持生态过程稳定的关键载体。本研究通过多因子加权叠加分析和源—汇理论建立最小累积阻力模型,即 MCR 模型,来识别生态廊道识别。分别将每个源地斑块的中心点看作"源",将其余的中心点看作"汇",通过 Arc GIS 10.3 中的成本距离模块计算源地斑块之间的最小成本路径,即潜在生态廊道。根据重要生态源地分布与研究区域土地利用方式,将连接主要生态源地以及能够构建区域生态安全网络的廊道定义为关键廊道。MCR 模型公式为

$$R_{MC} = f_{\min} \sum_{i=n}^{m} D_{ij} \times R_i$$

式中,f 为反映某点到基面最小累积阻力与生态过程的正相关关系的正函数;R_{MC} 为累积最小阻力值;D_{ij} 为从源地栅格 j 到某景观栅格 i 的空间距离;R_i 为景观栅格 i 对某运动的阻力系数。

在构建生态源地与阻力面基础上得到道滘镇生态廊道与潜在生态廊道(图 16,图 17)。生态廊道主要分布在道滘镇南部与中部区域,分布较为均匀,基本贯穿整个研究区域,整个生态廊道总长约为 75.47 千米(图 18)所示。生态廊道大多数沿河流方向贯穿生态源地,主要的一条廊道分别是马尾州—粤晖园—上梁洲钓鱼场。潜在生态廊道总长约为 74.24 千米。从潜在生态廊道可以看出,研究区域的高潜力区域与生态区域大部分重合,猜测原因是由于该地区目前是河涌三角地带,尚未受到人工干扰。

3.4　公共空间识别

通过 BIGMAP 分别识别出上述公共空间 POI 兴趣点,通过 ArcGIS10.3统计出其面积、数量、分布密度、分布均匀度、分布离散度(表 5)。经分析,发现道滘镇公共空间分布密度整体较低,分布均匀度同样较低,所有公共空间类型中,公园的数量和面积最大,其他类型公共空间较少甚至没有。从中可

以看出道滘镇公共空间体系极度不完善,类型不够多样、数量不够多、分布不够均匀。

表5　公共空间分类

公共空间类型		数据来源	分布面积(公顷)	分布数量	分布密度	分布均匀度
室外公共空间	公园	百度POI点	505	8	0.8	0.7
	广场	百度POI点	203	4	0.5	0.4
	运动场	百度POI点	21	6	0.3	0.1
	街头绿地	百度POI点	—	0	—	—
	商业步行街	百度POI点	12	2	0.1	0.08
	历史街区	百度POI点	—	0	—	—
	动物园　植物园	百度POI点	—	0	—	—
	名胜古迹	百度POI点	—	0	—	—
社区中心		百度POI点	1.5	5	0.06	0.08
其他		百度POI点	20	2	0.04	0.09

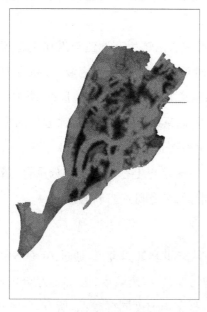

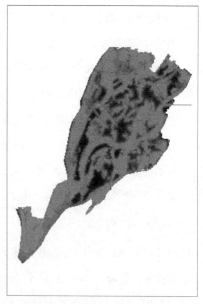

<table>
<tr><td style="text-align:center">图16　生态廊道分析图</td><td style="text-align:center">图17　潜在生态廊道分析图</td></tr>
</table>

3.5 绿色公共空间网络构建

研究以整个片区水乡为生态基质,将道滘镇主要公共空间提取出来作为生态安全格局的斑块,生态廊道则是链接各斑块的关键通道。生态意义上,完整的斑块—廊道—基质有利于构建生态安全格局;社会意义上,完整的节点—轴线—基底构建可以满足城镇健康安全运行对绿色公共开敞空间的需要。利用 ArcGIS10.6 将上述生态识别的结果与公共空间识别的结果相互叠加,发现部分公共空间节点处于生态廊道之外,而且公共空间的数量及分布均匀度均存在一定问题。

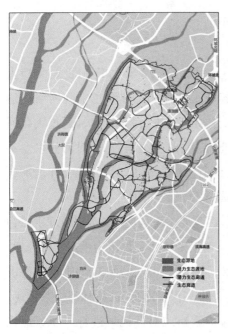
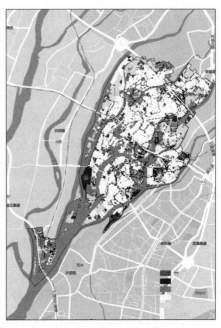

图 18　道滘镇生态廊道　　　　图 19　道滘镇绿色公共空间网络体系

4　道滘镇绿色空间问题及保护策略

4.1　道滘镇绿色公共空间问题

基于以上研究结果,笔者得出道滘镇的绿色公共空间网络结构(图 19)。

最终公共空间节点分布数量达 56 个,均匀分布在道滘镇。生态廊道主要沿河涌建立,串联各大公共空间节点,最终形成环形闭合状绿色公共空间网络。将研究结果与水乡片区的生态规划管控线与历史人文规划管控线叠加对比之后,发现两者框架结构基本吻合。但是该研究更加细致化地指导了镇域级规模的绿色公共空间的建设,对于实际建设更具有意义。

目前道滘镇大多数绿色空间不复原始生态面貌,生态效益薄弱,若继续如此破坏下去,道滘镇生态系统岌岌可危;关于滨河廊道,研究结果显示大多数生态廊道是沿着河道进行贯穿,因此河道的生态保护与缓冲带的预留必定是今后发展建设的重中之重。

4.2 道滘镇绿色公共空间保护策略提出

4.2.1 加强核心生态源地保护

生态源地作为城乡绿色空间的基石,对保障城乡安全格局底线、维持生物多样性、稳定城乡生态环境有着不容忽视的作用。在绿色空间网络构建及城市开发建设中都应当高度重视,对这类地区进行严格保护,通过优化河涌水系网络、增加植被覆盖度、优化绿地结构、改善土壤养分,对河涌水乡湿地生态系统进行有效的恢复。尤其是道滘镇内的蔡白生态片区、济丰生态片区及位于道滘镇的东莞最大的私人园林公园粤晖园[12]。

道滘镇蔡白生态片区及济丰生态片区主要生态景观特点为以鱼塘水域为主的湿地农田景观,所以对其源地保护策略集中于将其划定为生态水域源地,根据水域功能、周边生态资源重要性等对水库划定不同的保护范围,保护范围线沿着水库周边的农田湿地进行,并建设生态保护湿地、红树林等生态景观。

粤晖园为大型岭南私家园林,其保护策略应对此区域进行专项绿地规划,然后根据景区内区域主次关系划分生态保护功能区,确定主要保护区的禁止游览区界线、可游览区界线和发展控制区界线;景区临近城区的部分村庄及其他居民点考虑绿色空间网络布局进行统一规划,在做好预防环境影响对策的前提下实现共建共享。

4.2.2 优化绿色空间格局

绿色空间网络的基本结构是"绿色斑块—绿色通道—绿色基质空间"模式,其基本特征就是内部景观格局中的局部、点和空间之间的关系呈现网络化。从网络生态系统来说,它主要分网络环境和主题群落两部分。网络环境越好,其生态系统的复杂程度越高,主群落的丰富度也越高,环境就越稳定。在网络构建中铺设生态节点,引入或恢复生态源地,对退化的景观进行重建、保护和恢复,实现生物间信息流通的连续性,增加生物物种的迁移路径和丰富多种生态源地,提高了整体生态网络的连接度和景观组分的协调性,实现了城市和郊区生态系统的有效结合;或在网络构件中增加人们可达的绿色公共空间节点,对硬质化的城镇空间引入绿色空间,进行绿色建设,实现了人与自然的交流和沟通,同时帮助实现人与自然和谐的主题[12]。

4.2.3 完善生态廊道及绿色空间网络构建,提升绿色公共空间的可达性及综合活力

保护廊道、优化以及构建新廊道、完善绿色空间网络,有利于增强研究区内斑块之间的连通性、提高区域生态系统的生物的多样性,促进城乡绿色空间网络的稳定性。一般来说,廊道宽度越宽,其所具有的生态功能重要性、生物迁徙的联通功能就越大,但现阶段城市许多廊道沿着城市建设用地例如道路等进行设置,因此廊道质量交叉,且布局的宽度也受到了限制[12]。

道滘镇目前的生态廊道以道路廊道、水系廊道为主,但由于城镇发展对绿色空间的预留不够,且镇域水域分散、面积差异大,造成生态廊道连通性不足,应加强与各源地间的网络连通性[13]。

根据道滘镇现状建设情况及未来发展态势,研究可以通过建设城市绿道系统来完善生态廊道及绿色空间网络,在完善网络的同时,也提高了绿色公共空间的可达性。因此对绿色公共空间网络布局可以以环形复合网络进行构建,廊道建设分一级廊道、二级廊道、三级廊道三个级别,从近、中、远期建设。

此外,通过对节点公共空间进行设施优化、美化建设,配合可达性的建设,以此来吸引人流,综合提升公共空间的活力。

5 讨论

随着我国城镇化进程的发展,珠三角地区的发展速度及水平全国领先,

伴随着城市发展所带来的环境问题也是尤为严重,因此城市韧性发展问题也尤为突出。在党的十八大提出生态文明建设,以及广东发展城市更新以来,对城镇生态环境及城镇韧性的建设也变得尤为重要。

本文提出以建设绿道来配合生态廊道建设,运用大数据技术及 GIS 等科学技术手段分析,不仅促进城市生态建设,同时也可以帮助城镇公共空间的建设和优化,促进人与自然和谐共处,促进城市韧性发展。

绿色公共空间网络的构建对道滘镇的生态安全格局、城乡绿色空间建设和生物多样性保护有着重要的影响,是城市韧性发展、健康可持续发展的重要环节,科学合理的空间规划在有效的实施下能提高城市韧性,使城乡居民享受绿色空间。希望通过本文的研究对绿地生态网络规划以提高城市韧性发展途径提供一种新的研究方法,同时能通过应用该模式使目前的城市生态安全、人居环境问题得到切实有效的解决。

但本文研究过程中也有一些不足之处,如未将人文、文化等因素纳入评价体系中,希望在后面的评价体系确定中能够将人文因子加入考虑,提高评价的科学性。

参 考 文 献

[1] 祝侃,马航,龙江.西方城市绿色开放空间的演变[J].华中建筑,2009,27(9):96-98.

[2] 江海燕,伍雯晶,蔡云楠.开放空间的概念界定和分类[J].城市发展研究,2016,23(4):21-26.

[3] 杨晓俊,方传珊,侯叶子.基于生态足迹的西安城市生态游憩空间优化研究[J].地理研究,2018,37(2):281-291.

[4] 王深芳.文化消费时代背景下城市文化空间结构优化研究[D].重庆:重庆大学,2017.

[5] 欧阳恩一.构建多价值空间轴线的城市设计——以东莞市道滘镇为例[C]//中国城市规划学会、沈阳市人民政府.规划 60 年:成就与挑战——2016 中国城市规划年会论文集(06 城市设计与详细规划).北京:中国建筑工业出版社,2016:1626-1632.

[6] 张书颖,刘家明,朱鹤,等.国内外城市生态游憩空间研究进展[J].人文地理,2019,

34(5)：15-25+35.

［7］陈利顶,傅伯杰,赵文武."源""汇"景观理论及其生态学意义[J].生态学报,2006,26
　　　(5)：1444-1449

［8］张玉虎,李义禄,贾海峰.永定河流域门头沟区景观生态安全格局评价[J].干旱区地
　　　理,2013,36(6)：1049-1057

［9］俞孔坚,李迪华,刘海龙,等."反规划"之台州案例[J].建筑与文化,2007(1)：
　　　20-23.

［10］王博娅,刘志成.北京市海淀区绿地结构功能性连接分析与构建策略研究[J].景观
　　　设计学,2019,7(1)：34-51.

［11］罗钧豫.多元共治视角下的生态环境治理对策研究[D].广州：华南理工大
　　　学,2018.

［12］张亚丽.东山岛绿色空间网络构建研究[D].长沙：中南林业科技大学,2019.

［13］赵彦伟,杨志峰.城市河流生态系统健康评价初探[J].水科学进展,2005(3)：
　　　349-355.

生态文明新时代震灾镇重建
对小城镇空间规划的启示

——以四川"6·17长宁地震"震中镇双河为例

彭万忠　肖　达　夏福君

（上海同济城市规划设计研究院有限公司）

【摘要】　党的十九大指出"建设生态文明是中华民族永续发展的千年大计"，生态文明建设提升到新的高度，高质量发展成为当前主题，乡村振兴成为共同课题，从国到县的机构改革刚顺利完成之际，需要广大的小城镇在规划建设中破题。"6·17长宁地震"是党的十九大后发生的较大破坏性地震，地震震中双河镇房屋损毁8 000多栋，3 000多栋须拆除重建，占全镇1/3，城乡空间发展面临新的机遇与挑战。该文通过双河镇重建规划建设的实践总结，探索了市县主导下小城镇重建规划的途径与方法，提出要在综合地灾房损、原规实施、空间适宜、资源承载的快速评估基础上，尊重民意、依法依规，采取全域统筹、重点引领、集中示范、详规同步的方法，一次性形成县—镇—社三级"1＋1＋n"成果体系；要坚持"创新、协调、绿色、开放、共享、安全"新发展理念，实现可持续重建。具体规划策略坚持"四定"，实现"山水天人"高度协调融合，锚固新格局；紧扣"四重"，实现"人城境业"高度和谐统一，营造新场景；精心"四修"，实现"街园林溪"高度怡人亲切，锤成新品质；整合"四策"，实现"图文计建"高度紧密传导，保障新民生。建议其成果体系与策略内容在小城镇常态空间规划中借鉴。

【关键词】　城镇重建　市县主导　空间规划　生态修复　文化重振　新格局　新场景

1 引言

2019 年 6 月 17 日 22 时 55 分,四川省宜宾市长宁县发生 6.0 级地震(图 1),习近平总书记高度重视并作出批示,要求全力组织抗震救灾。党中央、国务院和四川省委省政府审时度势,在总结"5·12 汶川地震"举国对口援建、"4·20 芦山地震"国省共建的基础上明确"6·17 长宁地震"不再由国省编制重建总规和组织资金,而由宜宾市当地直接编制恢复重建实施规划和自主组织资金实施、省财政给予补助,两县具体编制重建空间规划报市重建办同意后组织实施。在国家空间规划体系改革阶段,怎样处理长远空间规划和急迫重建规划的关系,各有意见。重建面临灾损量大、点散、面广、地质复杂、生态保护任务重、时间紧、基础条件薄弱、重建资源资金不足等困难。地震发生后的第十天,规划团队进驻长宁县受灾现场,开始调研、规划。历经 80 余天,通过七轮的市县会议审议,成果于 2019 年 10 月 11 日通过宜宾市重建委和长宁县审定后开始实施。本次规划形成的县—镇—社三层级"1 + 1 + n"成果、"五个四"专项策略体系可在城镇常态空间规划中借鉴运用。

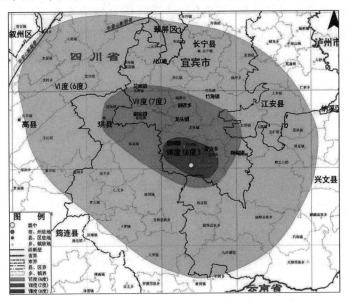

图 1　6.17 四川长宁地震烈度及影响范围图

2 三级联动，建立新框架

重建规划既要与空间规划改革相适应，满足长远发展，更要快速形成成果，指导重建项目选址和工程设计管理；既要和发改部门的实施规划一致、对县域受灾重建所有地区有明确规划意见，更要在城规建筑专业上深化、对重点重建区有具体的导控条文图则；既要兼顾全面指导、更要突出重点营造；既要体系规范完善，更要操作简洁实用。因此本次重建规划成果框架为三级三类"1+1+n"，即1个县级重建报告导则、1个重点镇域镇区空间重建规划方案、多个重点街区社区重建详细规划图文。三项成果汇为一册报市重建委审议同意，各街社详规深化成果签章供县镇使用。

2.1 县级全域明战略、布结构、点项目、制导则

全域重建发展基本路径围绕"竹、游、道"建构以竹业为主体的产业体系、形成以竹文化为支撑的旅游特色、搭建以生命大道为基础的安全交通和安全环境。重建项目基本布局突出以震中镇双河为核心，西部联接珙县、统筹灾后安置，东部服务两海、发展全域旅游。强化十字两轴道路，东西道串联受灾镇，南北道串联县城、旅游镇，轴道既作生命通道轴、也成旅游景道。打通发展环道，强化生命通道建设，形成重建安置西部统筹环线；生态、红色旅游东部发展环线。五类72项重建项目用地按表点示到镇上图。全域30个乡村集中重建安置点专项点示成图。结合灾损评估评价，从避让灾害、安全选址，修复山水、安全环境，预留弹性、安全布局，提升韧性、安全设施，保持特色、安全空间五个方面对选址与设计提出了导则。明确了项目退让断裂带、地灾点、淹没线等18~100米的相应距离要求，提出了避灾退地的规模目标。明确了高程360米线以上区域退地还林禁建，以下外延30米距离范围控建，按河道等级退让岸线15~100米的相应距离，提出了修复山水退地的规模目标。要求城镇预留避灾救援、滞洪消纳承灾空间10%以上，按避灾单元组团化城镇布局，组团之间规划15~38米的隔离阻火绿廊。全域分7区互联供水、电力N-1准则标准、燃气多源互补、通信全网覆盖、道路成环成网、避难场所三级三类全覆盖。建筑布局延续地域安全文化特色，顺应

地势地貌、适应气候环境、响应历史观念,建筑院落围合、群落咬合、功能复合、风貌融合、色彩柔和、尺度亲和。

2.2 重点镇明规模、划空间、定干网、落地斑、规风貌

在县域结构性专项指导基础上,聚焦震中双河镇形成空间规划方案。依托原有镇规划成果资料和灾损调查,在 1:10 000 测绘地形底图上对镇域进行建设适宜性评价,分析人口流动增长趋势,城镇发展资源条件与潜力,明确功能定位与用地规模。镇域划定自然生态空间区域、农业生产空间区域、镇村集中建设空间斑块,明确区域管控细则,落点相应重建项目;勾勒综合交通道路线网与基础设施网络及恢复重建项目,示划产业分区发展布局和产业重建项目,谋划旅游特色体系布局和旅游重建项目。整划农业万亩园区与重点聚居村产居单元,明确镇村聚居等级规模体系和重建聚居点,明确因避灾搬迁、生态修复搬迁、区域基础设施建设搬迁的区域和聚居重建点,统筹教、卫、文、体社会服务设施体系重建,构建 20、10、5 分钟镇乡生活服务圈,落实防灾避难系统规划,点明避难场所重建项目。明确镇区各类建设用地布局斑块形态,具体划定各重建项目地块边界。图文规定各街社的建筑平面尺度、立面高度、造型风格、外观色彩等要求,以免地块详规五花八门,散乱无序。

2.3 重点街社布建筑、明尺度、细风貌、定房位

领导关心、各界关注、灾民关切,重建后具体的样子需要规划预演出来供大家讨论议定;向工程设计提出规划设计条件和对设计成果审批许可是灾后重建最关键的环节;因此重建规划必须到修详规的深度,但全面铺开在时间要求、人员需求上都难以满足,因此需要划出重点区域集中力量快速完成。本次划出了 4 大街社片区,每个社区 40—100 公顷范围,分别由四大团队展开。各团队依据 1:1 000 测绘地形底图和整体规划底图,在总体技术负责人的统筹下横向联合协调、纵向细化落实、各有侧重、因地制宜,形成了既相对统一又各具特色的修详规成果。

3 快速"四评",树立新信心

破坏性地震发生后,重建的首要问题是明确原址还是异址。本次地震

发生后,宜宾市主流观点认为震中双河镇已经不适合人居发展,应迁到县城异址重建。去还是留?大家没底,需要科学评估再说。先遣团队迅速开展"四评",初步评估成果在三周内基本完成,为在专业评估基础上的发展重建方案树立了新信心。

3.1 内外结合,快速形成空间灾损评估

各小组白天开展外业调查,晚上进行内业整理、汇总上图、熟悉资料。评估首先充分依托入户鉴定成果,形成建筑灾损评估图表,按照 ABCD 四级分别统计上图,尤其关注损毁严重的 D 级。县级分镇、重点镇级分村、重点街社分栋分档分色形成视化图表(图 2,图 3,图 4)。通过评估,判定南部

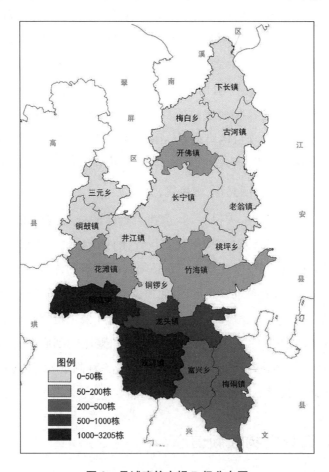

图 2 县域建筑灾损 D 级分布图

5个乡镇灾情较重,区域面积占全县30%,双河镇集镇区损毁最严重。全县建筑灾损C级7 202栋、D级7 646栋。双河镇灾损最重,镇域约万户居民,近80%建筑受损,CD级灾损建筑达8 240栋,D级灾损3 205栋(镇区870栋)、40多万平方米,占全镇建筑32%以上,占全县D级近50%。小型地灾点新增100多处,但对房屋影响极小,各类道路桥隧、市政管线、堤坝挡墙、农田农林、山体地质基本无损毁,原有存在"X"型独立5—15千米长断层穿越镇域,在镇区交叉,其南端应是本次震中所在,但断层处地面未见错动表现和地质灾害。震中镇双河虽建筑受损严重,但城镇发展建设的基础没有改变,应制定原址重建规划。

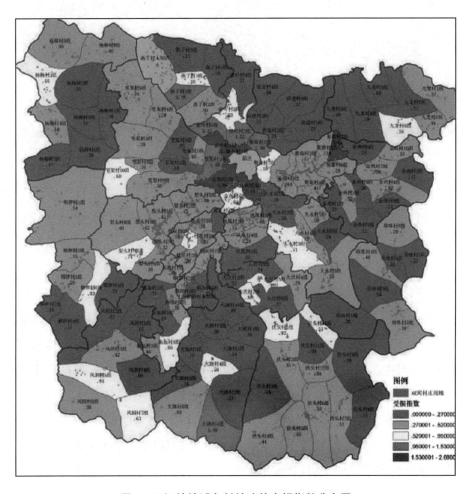

图3 双河镇镇域各村社建筑灾损指数分布图

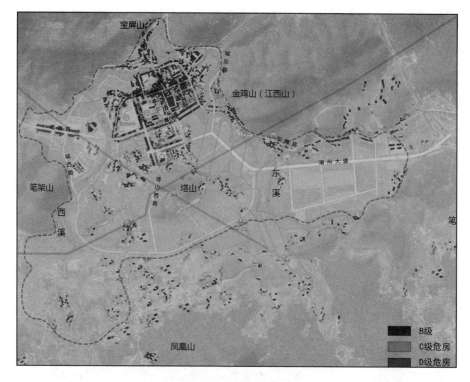

图 4　双河镇镇区建筑灾损分布图

3.2　前后对照,全面开展规划实施影响评估

现有法定规划受地震影响多大? 还能不能继续实施使用? 需要进行实施影响评估后判定。县级评估县域城镇体系、道路交通专项,镇级评估镇总规及历史名镇专项,社村级评估重点地段详规。经过评估,县级规划基本不受地震影响。镇总规实施有一定影响,需要调整,一是因为原总规城镇用地未与断层结合,没有避让的条文表述和图示;二是规后城镇环路的建设对总规道路进行了较大调整;三是城镇入口大道北部工业园规划破坏山体和坡地景观,与生态文明新理念不符;四是山地布局聚居村点过多,不符合生态修复和防灾避险新要求;五是部分历史建筑已损毁。社村详规实施也有影响,需要修改,比如厂房靠交通景观道和河道太近、聚居点建筑布局太散、与断层没有响应、建筑风貌过于传统和复古。所以城镇灾后重建规划可依据原县域城镇体系规划开展,其成果既要作为本次重建项目规划许可的法律依据,也要纳入未来城镇法定空间规划。

3.3 科学严谨,深入进行用地建设适宜性评价

按照国土空间适宜性评价指南,震中双河镇域依据高程、坡度、地质断层、地质灾害、生态山林、水体及洪区、永久农田、建设用地 8 项因子综合评价,判定了高、中、低、不四档适宜用地,其中高适宜建设用地少,集中在以镇区周围呈四方分布,占比 11.5%,虽少,但满足灾后重建和城镇发展;不适宜建设用地多,周边山地区和河道及断层沿线均不适宜,占比 54.2%,涉及农村居民约万人。依据此结果,应主要集中在镇区开展重建,山地区灾损重建户应尽量移到城镇周边。对于断层沿线的用地,虽然双河属于抗震设防烈度 6 度(小于 8 度)区,可忽略发震断裂错动对地面建筑的影响,且本次地震按标准设防设计建造的房屋都未受损,但鉴于城镇房屋设计建造可能不达抗震标准,在评价时依然将断层两侧各 30 米范围判定为不适宜建设用地。

3.4 统筹兼顾,细致进行资源环境承载力评价

双河镇位于地球人居适宜区的四川盆地南部,其具体可承载人口主要看土地资源和水资源。通过评价,适宜建设用地可达 9.99 平方千米,可利用地表水资源能支撑 1 万人城镇集中人口,但由于下游距离 4.5 千米处在建综合饮水工程可调供,其可支撑城镇 5 万人口。

通过快速"四评",可以判定震中镇灾损未伤筋动骨,原有规划可以调整后指导灾后重建,资源环境满足重建与长远发展需求,可以依托现有镇区原址重建,按原有城镇体系规划发展为县域副中心。其重建规划按"四定""四重""四修""四策"策略展开。

4 坚守"四定",锚固新格局

城镇重建发展的规模、定位、用地形态规划坚守"以水定人、以底定城、以能定业、以气定形"。

4.1 以水定人,合理确定各期人口规模

双河境内地表水资源短缺,无过境河流,用水全靠地面降水。镇域内集雨面小,地表水少,径流系数低,境内地表常年水量仅 200 万立方米,可支撑

城镇人口 1.0 万人,增量 0.4 万人。境内地下水资源有限,仅能作为乡村聚居点水源,难以支撑城镇人口发展。城镇发展通过境外 4.5 千米外的龙头综合饮水工程调水,支撑城镇 5 万人发展。城镇现状人口规模 0.6 万人,重建期(近期)规划 1.0 万人,发展期(远期)规划 3.0 万人。乡村人口从现状2.8 万人调减到重建期末 2.3 万人、发展期末 1.5 万人。

4.2 以底定城,严格控制各期建地规模

依据生态本底确定镇村建设用地规模。首先固定生态本底安全格局,保护一环:外环山体,植竹造林,逐步迁出人口、建筑;修复两网:东溪、西溪及其支流径流网络体系修复,溪谷岸边控制 20—30 米生态林带,禁止农业、建筑开发;重塑一心:中心的塔山规划山地公园,按森林公园标准建设;控留五射:塔山沿地震断裂带、连凤凰山规划 36—50 米生态控制带,禁止建筑建设。生态林地占镇域要达 70%。城镇开发边界规模 400 公顷,现状建设用地 78 公顷,重建新增 40 公顷,城镇远期发展储备 182 公顷,特殊用途 100 公

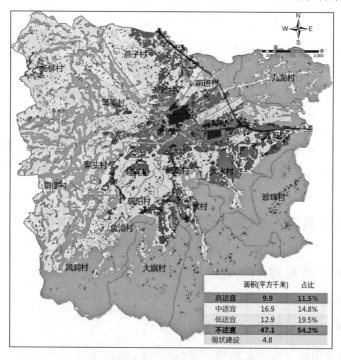

图 5 双河镇镇域用地建设适宜性评价图

顷;城镇空间占镇域 3.4%。城镇用地逐步增加,山村用地大量减小,总量规模从 606 公顷减少到 586 公顷。城镇重建 15 个项目,新增建设用地 40 公顷,明确边界、优先保障(图 6)。

图 6 双河镇区重建总体布局规划图

4.3 以能定业,科学谋划城镇发展定位

依据城镇资源能级确定其发展定位与产业布局。双河城镇自然、文化、区位资源能级特色明显。其位于盆地与高原交界,地类丰富、构造多样、物产充沛、风景优美;岩盐储量 100 亿立方米,竹林面积近 36 平方千米,竹笋、竹荪产量巨大。其为元代州府、长宁古县城,古迹丰富,各类古迹 47 处,是川南重要历史名城,宜宾南部传统文化中心。已形成传统盐业、古城文庙、凉糕原乡、竹乡美食四大文化品牌。城镇在川南风景名胜密集区中间,是可远观竹海、瞭望石海、俯瞰盆地的风景胜地,宜宾城市部分居民周末休闲的桃源,竹海—石海景区交通中转的节点。其功能定位为:"两海驿站,文旅新镇"、主题定位为"安宁双河,盐味小镇",其重建目标为:"山水历史名镇、竹业生态绿镇、味创文旅原镇"。其镇域产业发展布局为:一心文旅、两轴农旅、四片竹业。镇域旅游发展布局为:一核旅心、两环竹文游线、五节休闲竹景。

4.4 以气定形,精心优化城镇布局形态

依据气候、风势、山水形势确定城镇布局形态。延续空间气势特色,双河镇区四山护卫、两水环绕、山水形胜,美田弥望、茂林修竹、坡院应和,山林、水道、田坝、街院相生相融。主导风向由北向东,东北山林起风沿河道平坝吹向城镇村院。分析通过 D 级灾损建筑的分布,理清判断出可变空间。沿河、沿环路、中心塔山至周边山体控制 30—200 米绿带,形成连山亮水的风廊。通过梳理风廊、锁定镇边,形成依山傍水融田园的组团式布局形态,避免大而闷。风廊网的形成使双河镇发展建大后依然保持空气流通,街院附近的风速在人体最适宜的 0.3 米/秒左右,微气候让人舒适(图 7)。

图 7 双河镇区重建详规竹食三产融合园区风环境评估图

5 笃行"四重",营造新场景

城镇重建发展的空间场景、产业体验、功能建设、文化传承与风貌等整体设计,实现"空间重构、产业重塑、功能重造、文化重振"。

5.1 空间重构,创建城镇新意象

强化城镇轴线,以塔山为中心,延续传统南北中轴,从背部宝屏山峰经塔山延伸至南部凤凰山,再现山城合一;构建东西新轴,从东部金鸡山峰经塔山至西部笔架山峰,链接山水城园;从东部高速路出入口沿城镇主道串联城镇新中心到西部高速规划预留口贯通旅游专道,展现水城田林。营造开敞入口,提升花田特色,东部入口两侧 50—120 米范围控建,保持梯田肌理,

山、水、田、竹、花、院交相辉映,塔山对景标志引领。创立活泉公园,引水筑湖、活岸找坡,形成文旅新中心。传承传统街巷肌理,古城小街小巷小院落、东西南北中小广场,新社大院套小院、花园串庭院。创造新兴空间点,在沿迎宾道古城两侧的湿地公园水岸点状布局7个特色文创建筑,形成特别空间意象。融合山水环境,控制建筑高度,临山临水临田低层控制,林掩街院,园城相融;古街两侧,两层控制,望山看景,人城相亲;街院内部四层控制,显山亮天,山城相依。整体空间显山、亮水、融绿、田叠、坡曲、竹立、路顺、街活、院重(图8—图16)。

图8　双河镇区重建详规总平面图

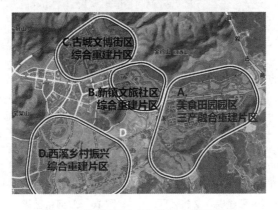

图9　双河镇区重建产业区布局规划图

现状建筑分析图　　　　　　建筑拆除分析图　　　　　　规划建筑分析图

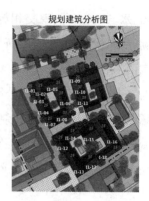

拆除建筑（C类）
拆除建筑（D类）

图 10　双河镇区重建规划古城文博街区院落重组单元演变图

图 11　双河镇区重建整体鸟瞰图

图 12　双河镇区重建城镇入口场景图

图 13　双河镇区重建东溪田园湿地公园详细规划鸟瞰图

图 14　双河镇区重建综合文旅社区凉糕园详细规划鸟瞰图

图 15　双河镇区重建综合文旅社区集中重建住区场景图

图 16　双河镇区重建古城文博区东部自建住区场景图

5.2 产业重塑，引导消费新体验

城镇产业分类聚合，按田园美食文创、新镇社区文旅、古城街区文博、西溪乡村文俗四个重建区分类集中布局。美食田园园区布局山地竹林竹笋、平坝竹苏田园、竹食加工街院、竹食展销中心、竹食文创中心，种植、加工、展销、研制、餐饮汇聚，竹食一二三产高度融合，竹食加工忙景、竹苏田园美景、竹林竹笋背景、竹食展销场景彼此映衬，竹苏花田、文创食馆、竹林坡院互相衬托。新镇活泉文旅社区围绕活泉公园、游客中心汇聚城镇重建馆、凉糕文旅街、凉糕非遗馆、旅游酒店，集中重建居住社区、邻里中心，突出宜居生活与文旅服务共生共享，活泉公园、旅游酒店、游客中心、社区生活互相照应。古城文博街区突出文庙、十字古街活化利用，打造传统休闲步行文化游憩商住街区，古街店铺、院落民宿气韵相合、形态各异。西溪乡村振兴区围绕河滩湿地汇聚稻香梯田、采摘花田、农夫集市、乡创聚落、精品院子、大众民宿，大地种植景观与乡村集体产业相因相借。

5.3 功能重造，创新服务新模式

竹食生产园区引入展销、餐饮、文创、科研、博览、民宿功能，将厂区重造为园区。重建商住新社区引入社区酒店、旅客中心、旅品商店、图书纪念功能，将住宅小区重造为旅游服务社区。凉糕作坊街引入乡艺培训、非遗展演、国际交流功能，将路边店铺街重造为非遗交往中心。古城商住街区引入文化博览、民宿康养、VR游戏、国学讲堂、西式婚典功能，将传统古镇重造为时尚休闲度假地。

5.4 文化重振，打通保护新路径

按照省级历史文化名镇保护要求，活化利用历史资源，探索新川南城镇风貌建设，传承传统、重振文化。文保单位保护修缮、复建建筑本体，赋予文化功能，历史建筑本体更新修缮、立面复建，赋予商旅功能。营建"文庙厚学、淯州印象、灵动水街、淯井晴烟、文昌雅韵、嘉鱼清泉、七星筑梦、双溪饮翠"新老八景，构建历史文化新地图。修复文庙大殿、恢复文庙格局，既作为中学行政图书区、又作为公众文化纪念区，有分有合，共享使用。古城小街子引水拓街，建立文创消费节点群。葡萄井凉糕街形成"入—观—坐—品"

文化体验序列。通过盐白色顶层墙面、深灰色双破悬山瓦屋顶、米白色墙面加竖向酱色分格、局部竹材装饰等统一建筑设计手法展现"传统盐业、古城文庙、凉糕原乡、竹乡美食"文化品牌。建筑风貌以文庙为核,三个圈层梯次渐变,由古到新;古城风貌保护区以清代川南传统建筑风貌为基调,新建筑局部少量介入现代时尚特点;老镇风貌控制区要传统与现代融合设计,各占一半;新区风貌协调区要以现代为主适当融入传统元素。七个点状文创建筑要创造独特竹建筑风貌,树立竹乡新文化。

6 精心"四修",锤成新品质

街区住房院落与环境景观通过"场镇修补、街业修链、生态修复、田园修葺"的详细设计策略实现重建的优良品质。

6.1 场镇修补,设计人性化邻里

老场镇灾前历史建筑大都拆除搭建为低层砖房,灾后 D 级损毁集中连片,重建既不能简单恢复,更不能行列式均质化排建,详细规划在打通交通瓶颈、理顺道路体系、实现小街区、密路网、慢里巷、集停车、散场园规划后,将 40 公顷区域划为四个街坊,每个街坊以巷道为界划为多个院落群设计单元,每单元 20 户左右,占地 4 000 平方米上下,共近百个院落群组,分街分段分院落实居民重建诉求,推行就近重组联建模式(图 10),力求保持古街亲切尺度肌理、整体统一中有丰富变化、相互协调下存个性特色。有的街坊一水三段、一街十巷、安宁温润,有的街坊空间多样、水与街相伴相生、或聚水成潭、或沿街顺流、或开阔造景,有的街坊湿地巷陌与宜居家院高度融合、浑然一体。新社区 20 公顷划为 8 个各约 80 户的院落组团,院院有主题、团团有花样、平面户型交错排、立面风格微差别(图 17、图 18)。

6.2 街业修链,设计烟火味市井

古城按商住街区重建,街巷店铺业态引导分类聚合、服务成链。东西街购物游玩,南北街美食餐饮,水街子文创民宿,河街子茶书棋闲。空间环境设计配合业态发展,5 广场驻留、8 角园休憩、街巷院落融汇贯通、院落底商上住、

图 18 双河镇区重建古城文博区
文庙南街入口院落重组场景图

图 19 双河镇区重建古城文博区
水街入口院落重组场景图

前店后院、临街檐廊连通、遮阳避雨。广场边角可外摆撑伞、开阔街巷可设摊走贩。新社区酒店院落、邻里商业、水岸餐吧与商住院落融合布局,外商内住,下店上厅。东溪公园水岸竹食 7 馆串联。全镇规划两环七连八驿的骑行绿道串联各个消费点,设计 25、40、180 分钟内、中、外三条环形精品旅游动线。

6.3 生态修复,设计高韧性环境

城镇东溪沿线规划湿地公园,落实生态修复重建。详细清理疏通沿线的坡谷溪流、汇雨路径,通过截污滞流、塑湾理水、柔岸育草、引水聚湖、垒坝筑塘形成生态海绵绿廊,草沟、湿塘、谷溪通过渗、滞、蓄、净、用、排处理,建成安全、洁净、轻柔、美观、自然的水脉韧性湿地公园。

6.4 田园修葺,设计本乡土景观

城镇规划的隔离风廊保持田园肌理、进行艺术修葺、延续本土特色景观。保持梯田随地脉的层叠变化,保护平田按灌渠的灵巧小块,去除田间的杂灌乱树、草化田间的裸露土埂,成片整理、精心修葺,避免推坡造园景、去埂成大田,引入游赏骑行绿道及休憩亭台,提升种植类别,片种稻麦油菜竹荪、间种彩色花田、净化富养水田、芦苇荷田。塑造河流、湿地、田园、竹林、城镇街院相映成趣,游人、竹林、绿道、溪流、水草、坡田、野花、和谐共生的田园胜景(图 19)。

图 19 双河镇区重建竹食三产园区
详细规划鸟瞰图

7　结合"四策"，保障新民生

规划方案只有与资金政策紧密结合才能顺利实施，保障灾民安居乐业、稳定生活。本次灾后重建长宁全县 72 项投资 33 亿多元（双河镇 15 项 10 亿多元），国省市专项补助约 20 亿元，长宁县需自筹约 10 亿元，缺少捐助、缺乏援助、少量补助、自筹自助，规划方案结合好政策就更重要了。

7.1　结合上级补助政策，尊重灾民重建意愿

中央、省、市补助主要根据建筑灾损鉴定给予，C 级维修加固 0.45 万～0.55 万元/户，D 级重建 3.3 万～5.8 万元/户，重建住房单价 1 200～1 800 元/平方米，户均 150 平方米、资金缺口 15 万～22 万元，因此相当多的 D 级灾损户不愿欠债，宁愿维修加固，不拆除旧房放弃重建补助，新建筑布局就必须小心翼翼、错开旧房。房屋拆除补助按机械拆除 30 元/平方米，而人工至少 50 元/平方米，大量灾损历史建筑户无力人工拆除按构件编号存放再恢复利用，规划就只好拆除前通过影像航拍和建筑测绘技术手段留存资料，尽量恢复仿建。

7.2　结合贷款贴息政策，开辟营业就业渠道

市县两级政府提供了重建贷款担保和 50%～100% 的贴息，可以解决一半的资金缺口，而重建后的营收还款又成为新的问题。规划就特别注重产业利用规划，创建更好的旅游休闲环境，开辟更多的商业空间，促进乡村旅游发展。城镇住户可结余更多房屋用于商业经营租赁、农村安置节余更多房屋用于民宿租赁，商业价值提升促进消费，带动租金增长，产生就业机会，住户 3—5 年可还清贷款。规划的最后呈现，树立了灾民的发展信心，带来从开始部分不重建到最后基本参与重建的变化。

7.3　结合增减挂钩政策，引导乡村重建入镇

农村宅基地减少复耕复林可获得 300 元/平方米的补助，农村原基重建到城镇集中重建每人可节余 80/平方米左右，每户可获补助 7 万元左右，加上灾毁重建补助基本没有资金缺口。规划呈现的重建效果、环境、公共设

施、道路市政的重建投入大大提升了城镇价值,除极少数很富裕家庭外,绝大多数愿意进镇集中重建,尤其是镇边乡村。城镇的规划发展和住区布局要充分结合这一政策。

7.4　结合空间重组政策,引入社会资本共建

长宁县出具了允许城镇居民社区的土地或建筑空间向社会出让、转让的政策。场镇的建设往往无序散乱,浪费用地。本次规划充分利用都江堰旧城组合重建经验在镇区进行院落重组布局,将原有浪费的边角地、院坝地整合利用,节约出了东西南北中五个小广场,保障灾民的住宅、商铺规模的同时节余了部分地块和建筑空间,虽然很少,但也能为重建社区开辟新的引资渠道,减轻资金压力。运用好空间重组节余政策,实现了重建灾户从最初的坚持商住原地到后来支持商住分离、重组选择的转变,大大提高了规划建设效率。

8　结语

本次"6·17长宁地震"城镇灾后重建规划是我国生态文明新时代空间规划改革时期落实中央新发展理念的规划,是充分运用"5·12汶川地震"重建、"4·20芦山地震"重建经验的规划,是市县自主编审和实施的规划。规划克服了重建时间快、重建资金紧、援助资源少的困难,与市县紧密合作,创建了县—镇—社三层级"1个全县指导导则＋1个镇域空间规划方案＋n个重点片区修详"的城镇重建规划成果和"五个四"专项策略内容体系,满足了一本规划、全面兼顾、重点突出、全域指导、重域指定的规划成果要求,有效导控了工程设计,保障了地震发生后在一年半的时间内重建可以基本完成的超常目标实现。相对于一般城镇,其发展建设动力虽然特殊,但目标一致,其成果内容体系及相应深度适合城镇常态空间规划"一次性规划解决问题"、"县级理清关系、镇级明确用地、重点区段呈现场景直接指导设计"的普遍要求,可以借鉴。本次规划编制和实施过程也存在不少问题需要注意,比如断层的详细勘测费用高、时间长、地方很难下决心开展,规划评估仍然按全国1∶20万的地质图数据相对判定避让地带,难以精准;还有就是设计组

织未按规划的每个最小设计单元不同设计师的设想进行,除7个竹文创建筑(图20)外,其他项目一次设计单元规模太大,在空间多样性有情趣方面效果恐不理想,即使驻地总规划师花费更多精力审核也在所难免。

图20 双河镇区重建规划"7星"大师竹创文旅馆群建筑设计拼合图

本文是"6·17长宁地震"灾后重建规划的回顾和总结,在此要感谢参与规划和提供相关图纸的所有同仁。

基于韧性理论的山地城镇防灾规划探索

——以贵州省水城县鸡场镇为例

何思黔　李　海　卢常遂

（贵州省城乡规划设计研究院）

【摘要】 在"韧性"理念的背景下,提出山地城镇防灾规划中要着重于风险评估、优化城镇空间布局、运用信息化和智能化手段。以贵州省鸡场镇为例,通过基于 GIS 的滑坡敏感性评价以及基于工程技术的地质灾害评价,得出地灾风险评估,并根据山地城镇特点对洪涝灾害、地震灾害及火灾进行风险评估。在风险评估基础上,进行城镇空间布局研究,一是基于地灾严重程度的村庄分类引导,二是结合智慧化手段,对全域进行"点、线、面"防治相结合的空间布局,以达到"韧性"建设的目标。

【关键词】 韧性　城镇防灾　风险评估　空间布局　鸡场镇

1 规划缘起

安全是城镇发展的目标,也是城镇发展的基础。要实现安全的目标,需要从规划的角度对城镇建设的各个方面进行制度设计和设施建设。"韧性城市"理论将是当代全球城市应对不确定性和复杂性都在不断增强的风险的共同选择,"韧性"要求不仅能有效预防各种灾害事故的发生,而且能在灾害发生后快速从灾难中恢复各项功能。"韧性"不只是理念,也是一套行之有效的操作方法,需要结合不同的经验,应用多种技术手段,以实现对城镇安全建设的引领。本文以贵州省水城县鸡场镇为例,探索如何在山地小城镇开展防灾规划的基础上实现"韧性"的目标。

2 "韧性"视野下的城镇防灾规划

2.1 "韧性"的概念及内涵

"韧性",源于物理学的韧性概念,美国佛罗里达大学生态学教授霍林于1973 年在其著作《生态系统韧性和稳定性》中提出"生态系统韧性"的概念,并扩展到生态系统研究之外,其已经成为不同学科的研究内容,包括自然灾害和风险管理、气候变化适应、工程及规划。

随着建设"韧性城市"理念的提出,"韧性"得到越来越多的关注,"韧性"是强调系统在不改变自身基本状况的前提下,对干扰、冲击或不确定因素的抵抗、吸收、适应和恢复能力。在社会—经济—自然的复合生态系统中,更应关注在危机中学习、适应以及自我组织等能力。根据"韧性"的内涵,对于城市,需要建立完备的综合防灾系统;对于小城镇,需要根据实地情况综合分析,因地制宜采取城镇防灾规划对策。

2.2 基于韧性理论的城镇防灾规划

2.2.1 重视风险评估

从灾害管理的角度,风险管理是灾害管理的起点,是风险管理理论的核心所在,自然也是公共安全规划编制的基础和源头。风险评估是"人们认识风险并进而主动降低风险的重要手段",可以"预测事故发生的可能性及后果的严重性"[1]。通过风险评估来引导城镇防灾规划的编制,并以此为基础实现合理的城镇空间布局,这对于保障城镇安全具有重要的意义。

2.2.2 优化城镇空间布局

从空间布局的功能结构角度,合理的空间布局能发挥空间对风险防控的作用,反之则可能因城镇布局不合理,而加剧灾害发生的可能性或加剧灾害给城市造成的损失。从空间布局的行政区划角度,防灾规划关注人为分割的区划和自然地理、空间布局的关联,强调不同区域层面规划的有效衔接,把握区域和整体的关系,突出整体性。

2.2.3 运用信息化和智能化手段

城镇防灾规划的背后是各部门数据的共享和信息技术的支撑,需要在大量数据分析的基础上,形成最合理的规划方案。要依托信息平台及各职能部门在工作中所累积的数据,构建风险特征库,搭建适合城镇安全治理的系统平台,实现信息资源的有效整合和定期更新,并通过各类评估模块的研发,加强对信息数据的有效分析,为决策提供依据。

3 以贵州省鸡场镇为例,探索山地城镇风险评估机制

3.1 基于 GIS 的滑坡敏感性评价

3.1.1 评价背景

2019 年 7 月 23 日,贵州省水城县鸡场镇坪地村岔沟组发生一起特大山体滑坡,该滑坡为高位远程隐蔽突发性滑坡,形成特大型地质灾害。

滑坡作为一种重要地质灾害,由于其常常中断交通、侵占河道、摧毁厂矿、掩埋村镇,造成重大灾害,而且分布面广、发生频繁、产生条件复杂、作用因素众多,发生和运动机理的多样性、多变性和复杂性使得预测困难、治理费用昂贵,因而一直是我国着力研究的地质和工程问题之一。

3.1.2 评价方法

在获取鸡场镇相关数据的基础上,运用 GIS 软件对鸡场镇滑坡敏感性进行分析,主要采用统计分析法、层次分析法与自然断点法。

在对滑坡灾害进行敏感性评价的过程中,运用统计分析法提取其中与滑坡灾害发生关系最大的因子,选择与其相关性最大的因子进行滑坡灾害的建模研究。运用层次分析法把问题条理化、层次化,构造出一个有层次的结构模型,在这个模型下,复杂问题被分解为元素的组成部分,这些元素又按其属性及关系形成若干层次,上一层次的元素作为准则对下一层次有关元素起支配作用,再结合自然断点法对统计学中地质灾害等群聚性事件进行分级[5,7]。

3.1.3 评价因子选择

根据鸡场镇滑坡形成的环境条件和主要诱发因素,运用统计分析法选

择滑坡敏感性评价的影响因子为岩性、植被、坡向、地震烈度、年均大雨天数、断层线、坡度、起伏度等8个因子(表1,图1)。运用层次分析法进行评价指标量化,求取各影响因子的权重,结合自然断点法进行滑坡敏感性等级划分[5,8]。

表1　鸡场滑坡敏感性评价指标量化体系和因子权重表

序号	影响因子	权重	量级划分								
			极敏感	得分	敏感	得分	中度	得分	轻度	得分	不敏感	得分
1	岩性	0.140 8	含煤碎屑岩	9	粘土岩、粉砂岩	7	灰岩白云岩	5	钙质粘土岩	3	钙质硬质岩	1
2	植被覆盖	0.142 9	裸地	9	草地	7	灌木	5	林地	3	湿地、耕地和建设用地	1
3	坡向	0.119 8	南	9	东南、西南	7	东、西	5	东北、西北	3	平地、北	1
4	地震烈度	0.102 3	>9	9	8—9	7	7—8	5	6—7	3	<6	1
5	年均大雨天数/天	0.120 4	>16	9	12—16	7	9—12	5	5—9	3	<5	1
6	离断层线距离/10千米	0.089	<1	9	1—2	7	2—4	5	4—6	3	>6	1
7	坡度/度	0.086 4	25—35	9	15—25、>35	7	10—15	5	5—10	3	5—10	1
8	地形起伏度/米	0.070 7	>900	9	600—900	7	400—600	5	200—400	3	<200	1

资料来源:论文《基于GIS的贵州省滑坡敏感性评价研究》,根据实际情况略有调整

3.1.4　评价结果

根据各影响因子的权重得出综合评分,鸡场的综合评分值为2.677—6.098,将分值在2.5—4之间的划分为轻度敏感区,将分值在4—4.8之间的划分为中度敏感区,将分值在4.8—5.6之间的划分为敏感区,将分值大于5.6的划分为极敏感区,评价结果详见图2。

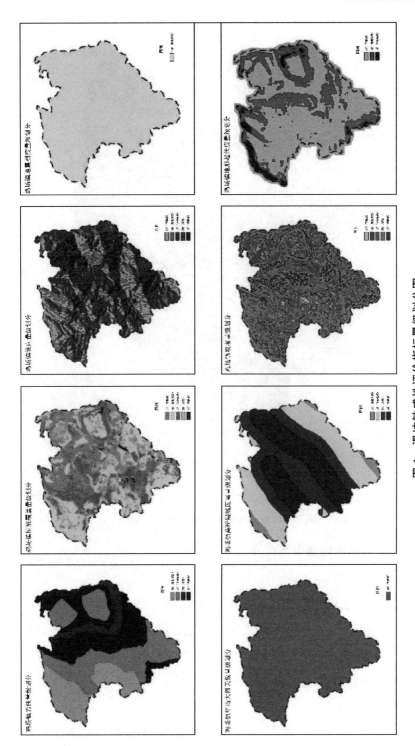

图 1 滑坡敏感性评价指标量级划分图

资料来源：根据鸡场镇提供数据自绘

339

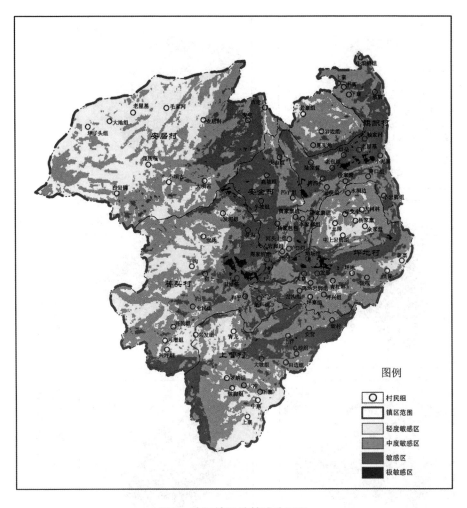

图 2　鸡场镇滑坡敏感分区图

图例
- 村民组
- 镇区范围
- 轻度敏感区
- 中度敏感区
- 敏感区
- 极敏感区

3.2　基于工程技术的地质灾害评价

3.2.1　技术勘察

由贵州省有色金属和核工业地质勘查局二总队,结合水城县鸡场镇各地质灾害隐患点所处的地质环境和工程地质条件,采用工程测绘、地质测量等方法,查明鸡场镇 13 个地质灾害隐患点的地质灾害类型、地质灾害的分布范围、规模及影响范围。

3.2.2　勘察结果

根据水城县地质灾害资料对鸡场镇地质灾害调查排查,鸡场镇目前尚存在 13 处地质灾害隐患点,其中 8 个人为工程活动引发的灾害点,5 个自然灾害点(表 2,图 3)。

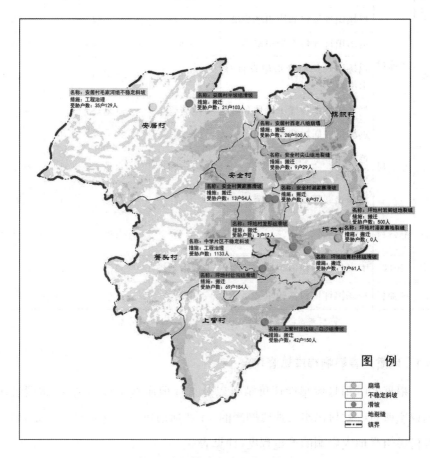

图 3　鸡场镇地灾隐患点分布图

资料来源:根据《水城县鸡场镇地质灾害综合防治实施方案》自绘

表 2　鸡场镇地灾点危险性评价表

序号	行政村	隐患点名称	灾害类型	成因	灾害规模	危险性
1	安全村	鸡场镇安全村尖山组地裂缝	地裂缝	人为(采煤)	中	中等
2		鸡场镇安全村黄家寨组滑坡	滑坡	人为(采煤)	中	中等
3		鸡场镇安全村谢家寨组滑坡	滑坡	人为(采煤)	中	中等

（续表）

序号	行政村	隐患点名称	灾害类型	成因	灾害规模	危险性
4	坪地村	鸡场镇坪地村岩脚组地裂缝	地裂缝	人为(采煤)	大	中等
5		鸡场镇坪地村发那组滑坡	滑坡	人为(采煤)	小	中等
6		鸡场镇坪地村坪地组青杆林组滑坡	滑坡	人为(采煤)	中	大
7		鸡场镇坪地村潘家寨地裂缝	地裂缝	人为(采煤)	小	中等
8	安居村	鸡场镇安居村西老八组	崩塌	人为(采煤)	小	大
9		鸡场镇安居村毛家河组不稳定斜坡	不稳定斜坡	自然	中	较大
10		鸡场镇安居村半坡组滑坡	滑坡	自然	中	大
11	上营村	鸡场镇上营村田边组、白沙组滑坡	滑坡	自然	小	小—中等
12	镇区	中学片区不稳定斜坡	不稳定斜坡	自然	大	特大
13	坪地村	鸡场镇坪地村岔沟组	滑坡	自然	特大	大

资料来源：《水城县鸡场镇地质灾害综合防治实施方案》

3.3 地质灾害影响程度综合评定

根据 GIS 滑坡敏感性评价结果以及工程地质技术勘察结果，将滑坡敏感程度所对应的村民组与地质勘测的 13 处地质灾害隐患点综合分析，得出各村民组受地灾影响的严重程度，详见表 3。

表 3 鸡场镇村民组地灾严重程度评价表

地灾影响严重程度	行政村	涉及村民组
地灾影响不严重村民组	安居村	老屋基、大地组、坪子头、倮所嘎、白岩脚、大坝古、小坝古
	安全村	老寨组、岩边组
	坪地村	大树林组、以戈坐组、上排组、杨家寨、余家营组、恒普
	箐头村	干沟组、安庆组、发泥组、青龙组、兴增组、兴坪组、兴发组
	上营村	上寨组、中寨组、下寨组、罗纳组、坡脚组

地灾影响 严重程度	行政村	涉及村民组
地灾影响 较不严重 村民组	安全村	丫口组、河头上组、夏支角组、凹子组、岩脚组
	坪地村	陇嘎组、鸡场岩脚组、坪兴组、坪地组
	旗帜村	牛滚塘组、上寨、中寨、下寨、小泥寨、陆家营、以朵、段家营、小岩脚组、箐口组、妥俣组、湾湾头、水洞边
	箐头村	窑上组、全民组、兴民组
	上营村	大冲组
地灾影响较 严重村民组	安居村	安屯
	安全村	高坡组、尖山组、半坡组、杨家包包、李家寨组
	坪地村	屯上岩脚组
	旗帜村	老屋基、独家村、坡脚、老包组
	箐头村	周家坡组、纸厂组、和平、岔沟
	上营村	安营组、大坡组、上营组、新村组
地灾影响 严重村民组	安居村	西老八、毛家河、安居科
	安全村	黄家寨组、谢家寨组
	坪地村	岔沟组、鸡场组、大寨组、发那组、青杠林组、坪寨组、新寨
	箐头村	旧屋基
	上营村	田边组、白沙组

3.4 其他类型灾害风险评价

3.4.1 洪涝灾害

大面积持续性高强度的降雨是发生洪涝灾害的根本原因，而日趋严重的森林植被破坏、水土流失、河道淤积以及崩塌、滑坡、泥石流活动等多种非气候因素也加剧了洪涝灾害的形成和发展。鸡场镇地表水主要有镇域北部的清水河与东部的北盘江，在鸡场镇域内的陆地水域面积总计 61.89 公顷，着重考虑入汛期由于连续强降雨，降雨时空分部不均引起的强降雨灾害风险因素。

3.4.2　地震灾害

水城县抗震设防烈度为 6 度,设计基本地震加速度值为 0.05 重力加速度,根据《建筑抗震设计规范》规定,抗震设防烈度在 6 度及以上地区的建筑,必须进行抗震设防,鸡场镇的工程建设须考虑到地震灾害风险因素。

3.4.3　火灾

在各种灾害中,火灾是最经常、最普遍地威胁公众安全和社会发展的主要灾害之一。对于山地小城镇而言,其用地较为分散,人口密度不高,应着重考虑家庭火灾与森林火灾风险因素。家庭火灾一般是由于人们疏忽大意造成的,常常事发突然,后果严重;森林火灾烧毁森林动植物资源,破坏生态环境,导致水土流失,经济损失巨大,甚至造成人员伤亡。

4　鸡场镇"韧性"建设的空间布局研究

4.1　基于地灾严重程度的村庄分类引导

对地灾影响严重村民组进行部分搬迁拆并。搬迁撤并类村民组重点在于对受地灾威胁的部分居民点有序推进搬迁撤并工作。严格限制新建、扩建活动,坚持乡村搬迁撤并与新型城镇化、农业现代化相结合。搬迁撤并后的地区,因地制宜复垦或复绿,增加乡村生产生态空间[6]。按照保障农民基本生产生活条件、满足人居环境干净整洁的基本要求,控制基础设施和公共服务项目建设规模。

对地灾影响不严重,现有规模较大,具有一定发展潜力的村民组进行集聚提升。以现有产业基础为依托,打造产业联动模式,促进村庄产业功能拓展与业态延伸。乡村产业聚集,吸引返乡创业人群和外地游客,带动人口回流,形成新的人口聚集,以人才振兴带动村庄复兴[6]。促进农村土地高效利用,实施"增减挂钩"政策,切实解决乡村建设发展的用地制约。

对地灾影响较不严重的少数民族特色村寨、特色景观旅游名村等特色资源丰富的村民组进行特色保护。鼓励发展乡村旅游,带动乡村文化传承,挖掘村庄文化创意,提炼村庄的文化符号,打造村庄特色文化品牌[6]。在保留乡村的如画风景和质朴外观的基础上,室内引进城市现代化服务设施,将古风古韵与现代结合,让古村的保护和活化可持续。

对地灾影响一般,人口规模较小或发展受限的村民组进行控制发展。大力发展宜农产业,提高发展质量,严格控制扩张,适度发展。重点进行环境整治和市政、公共服务等配套设施建设,集约利用土地,整合现有资源,调整优化布局,处理好"控制和引导"的关系,建设社会主义农村新型社区。

对镇区所在地村庄或与镇区联系紧密的村庄进行镇村融合发展。承接城镇辐射,鼓励产业发展。综合考虑工业化、城镇化和乡村自身发展需要,加快城乡产业融合发展,逐步强化服务城镇发展、承接城镇功能外溢、满足城镇消费需求的能力[6]。同时,由于镇区周边区域地灾较严重,还需开展地质灾害危险性评估,区域内实行重点监测。村民组分类发展引导详见表4、图4。

图4 鸡场镇村庄分类引导图

表4　鸡场镇村民组分类发展引导表

村庄分类	行政村	涉及村民组
搬迁拆并类	安居村	西老八、毛家河、安居科
	安全村	黄家寨组、谢家寨组
	坪地村	岔沟组、坪寨组、新寨、大寨组、鸡场组、发那组、青杠林组
	箐头村	旧屋基组
	上营村	田边组、白沙组
集聚提升类	安居村	大坝古、小坝古
	安全村	老寨组、岩边组
	坪地村	余家营组、上排组
	旗帜村	妥倮组、小岩脚组
	箐头村	全民组、安庆组
	上营村	中寨组、下寨组
特色保护类	旗帜村	湾湾头、陆家营、箐口组、以朵、小泥寨
	上营村	罗纳组、大冲组、坡脚组
控制发展类	安居村	老屋基、大地组、坪子头、倮所嘎、白岩脚、安屯
	安全村	丫口组、河头上组、夏支角组、凹子组、岩脚组、高坡组、尖山组、半坡组、杨家包包、李家寨组
	坪地村	大树林组、以戈坐组、杨家寨、陇嘎组、鸡场岩脚组、坪地组、坪兴组、屯上岩脚组、恒普
	旗帜村	牛滚塘组、上寨、中寨、下寨、段家营、水洞边、老屋基、独家村、坡脚、老包组
	箐头村	干沟组、发泥组、青龙组、兴增组、兴坪组、兴发组、窑上组、兴民组、岔沟
	上营村	上寨组、安营组、大坡组、上营组、新村组
镇村融合类	箐头村	周家坡组、和平、纸厂组

4.2 "点、线、面"相结合的防灾空间布局

4.2.1 减少灾害隐患点

1. 地质灾害隐患点工程治理

除了对地灾严重村民组进行部分搬迁拆并外,采取工程治理方式对鸡

场镇中学片区不稳定斜坡以及安居村毛家河组不稳定斜坡采取工程治理措施。对鸡场镇中学片区不稳定斜坡,采取"抗滑桩 + 排水沟 + 混凝土挡墙"的工程措施,对安居村毛家河组不稳定斜坡,采取"抗滑桩 + 排水沟"的工程措施,能消除地质灾害对滑坡体上居民点的威胁,改善威胁群众的生活环境。

2. 工程项目合理选址

在工程项目选址、定点过程中,应充分考虑滑坡、塌陷等地质灾害因素的影响。对存在安全隐患的深基坑、高边坡应具备安全防范措施。施工单位应在汛期前完成防灾治理工作。对在汛期开挖的深基坑或高边坡,各建设、勘察和施工单位应密切配合,做好边坡稳定的观测工作。

3. 建筑防灾措施

建筑防灾措施包括建筑防火措施和建筑抗震措施。

建筑防火措施包括火灾前的预防和火灾时的措施两个方面,前者主要为确定耐火等级和耐火构造,控制可燃物数量及分隔易起火部位等;后者主要为进行防火分区,设置疏散设施及排烟、灭火设备等。在建筑设计中应采取防火措施,以防火灾发生和减少火灾对生命财产的危害。

鸡场镇以多层砌体房屋为主,建筑抗震措施包括:设置钢筋混凝土构造柱,将钢筋混凝土圈梁与构造柱连接起来,增强房屋的整体性,改善房屋的抗震性能,提高抗震能力;加强墙体的连接,楼板和梁应有足够的长度和可靠连接;加强楼梯间的整体性等。同时,可利用防震缝避免产生扭转或应力集中的薄弱部位,有利于抗震。

4.2.2 建设强韧线系统

1. 建设强韧性道路交通系统

强韧性的道路交通系统具有以下特征:一是道路交通系统建设具有较高的质量,不易被暴雨、地震、地质灾害等损毁,具有较强的恢复能力。二是构建以救援主通道、疏散主通道、疏散次通道和一般疏散通道为主体的救援疏散体系,在发生灾害事故时,道路交通能发挥快速疏散人群的作用。三是道路交通体系具有智能化、科学化的设计,能有效预防和规避重特大交通事故的发生。建设强韧性道路交通系统,能充分发挥风险防控与应急救援的作用。

2. 建设可恢复的生命线系统

城镇水、电、通信等生命线工程是社会生产、生活的基础,一旦受灾将对经济社会造成重大影响,并使受灾程度加剧,而且救灾抢险和灾后重建工作离不开水、电、通信等生命线系统的支撑。因此,建设不易受损且在突发事件后可快速恢复的生命线系统,是"韧性"建设的重要目标之一。需要根据可能发生的地震、暴雨、地质灾害等特征,分析现有生命线工程的易损程度,建设具有强抗风险能力的供水、供电、通信系统,确保生命线工程不受灾害事故的损毁,并建立供水、供电、通信等生命线工程的备份系统,确保灾害模式下城市功能的基本运行[4]。

4.2.3　构建全域防灾体系

1. 分区进行防灾管理

加强鸡场镇区综合防灾规划。防洪方面,镇区防洪标准设为 20 年一遇,在周边山体设置截洪沟,对鸡场镇区周围山体定期安全检查,防止山洪季节出现山体滑坡等灾害的发生。抗震方面,抗震设防烈度为 6 度,生命线工程建筑提高 1 度进行设防;设立指挥中心,负责制定应急方案;将公园、广场、运动场、学校操场、河滨及附近农田设为避震疏散地。消防方面,建设二级乡镇专职消防队,配置相应的消防装备,并按规范设置市政消火栓。

加强矿区地灾防治。鸡场镇有攀枝花煤矿、志鸿煤矿、霖源煤矿等企业,为避免因采矿引起的地质灾害,一是要对矿区采取相应的工程措施,例如削方减载、坡面防护、反压坡脚、坡改梯、加强排水等工程,以防滑坡、崩塌等灾害。二是要对矿山进行生态修复,采取生态恢复、景观再造及活性土壤生态修复技术等,使受损的矿山环境功能逐步恢复。

防止山区因暴雨激发而产生的滑坡、崩塌、泥石流等灾害。对于地形切割强烈的贵州山区地带,除了重点防护已监测到的地灾隐患点,还要加强对山区地灾的有效监测预报,根据监测预报采取应急处理措施,可以降低地灾对人类的危害程度。

2. 智慧化监测地质灾害

随着 GNSS 接收机以及雨量计、裂缝计、土压力计等多源传感器的广泛应用,地质灾害监测正由传统的人工手动监测向实时无线自动监测转变,运用北斗实时监测系统关键技术,极大地提高了监测数据的可靠性和实时性,为地质灾害预警提供了更好的数据支撑,同时也提高了监测手段的技术水平,体现了地质灾害监测自动化、实时化的发展趋势。

运用星载雷达监测系统关键技术,针对地质灾害多发区,利用 SAR 影像进行区域的变化信提取。SAR 的全天候、全天时及能穿透一些地物的成像特点,显示出它与光学遥感器相比的优越性,将为数字地球的发展提供丰富的数据源。可通过监视环境对地球表面和大气层进行连续的观测,供制图、资源勘查、气象及灾害判断之用。

5 结语

由于地质灾害具有隐蔽性强、突发性强、动态变化大等特点,根据 GIS 滑坡敏感性评价以及工程地质技术勘察综合分析得出的各村民组受地灾影响的严重程度分区并不能绝对预测地质灾害发生情况,实时监测尤为重要,要及时捕捉地质环境与气象条件变化信息,适时发出防灾减灾警示信息,为避险决策和应急处置提供关键性依据。

对于山地小城镇而言,城镇防灾着重于地灾、防洪、抗震、防火等灾害类型,而对于城市而言,城市防灾还应考虑到更多风险因素,例如城市突发性公共卫生事件等。只有在加强风险评估手段的基础上,强化发展过程中的预防和安全管理,以“韧性”为规划理念和建设目标,在系统性谋划,全域性防御,高标准建设,智能化监控的基础上,科学布局防灾减灾空间和设施,完善应急管理体系,强化公众防灾减灾意识,才能真正提升城镇风险管理和灾害防灾的综合能力,实现城镇“韧性”建设。

参 考 文 献

[1]滕五晓,罗翔,万蓓蕾,等.城市安全与综合防灾规划[M].北京:科学出版社,2019.

[2]朱立军,黄润秋,朱要强,等.中国西南岩溶山地重大地质灾害成灾机理与监测预警系统研究[M].北京:科学出版社,2018.

［3］李新乐.工程灾害与防灾减灾［M］.北京：中国建筑工业出版社,2012.

［4］戴慎志,冯浩,赫磊,等.我国大城市总体规划修编中防灾规划编制模式探讨——以武汉市为例［J］.城市规划学刊,2019(1)：91-98.

［5］牟智慧,杨广斌,顾再柯,等.基于GIS的贵州省滑坡敏感性评价研究［J］.贵州科学,2017(5)：30-34.

［6］和天骄,何琪潇.国土空间规划约束下乡村规划路径探究——以重庆南岸区村布局规划为例［C］//中国城市科学研究会,郑州市人民政府,河南省自然资源厅,河南省住房和城乡建设厅.2019城市发展与规划论文集.［出版者不详］,2019：1304-1310.

［7］熊俊楠,朱吉龙,苏鹏程,等.基于GIS与信息量模型的溪洛渡库区滑坡危险性评价［J］.长江流域资源与环境,2019(3)：700-711.

［8］刘春玲,祁生文,童立强,等.喜马拉雅山地区重大滑坡灾害及其与地层岩性的关系研究［J］.工程地质学报,2010(5)：669-676.

"生态＋资源"准则下小城镇建设用地精准选址

吴倩薇

（重庆大学建筑城规学院）

【摘要】 随着当前我国经济和建设的快速发展,城镇规划建设对用地的需求明显增加。对于经济欠发达的山地小城镇地区,建设用地供给存在指标相对不足、布局分散、结构不合理、效率不高等问题,经济发展难以保障,小城镇城乡建设用地供给结构优化与精准选址与成为规划需要解决的问题之一。本文探讨了以生态优先为原则、以生态资源结构为准则指引小城镇建设用地精准配置的必要性;探究了在"生态＋资源"准则指引下,以数据为依据,创新性运用探索性空间分析、人工智能机器学习等智能数字信息技术,科学客观地识别优势资源结构,在确定生态保护底线的基础上,集成、挖掘、整备资源,促成资源的优势化利用,最后在生态本底控制、资源优势化利用双重准则下客观精准地为小城镇集约发展提供建设用地选址,力求为地方发展赋予最大化的潜能。

【关键词】 小城镇 城乡建设用地 精准选址

1 引言

随着当前我国的经济和建设的快速发展,城镇规划建设对用地的需求日益明显增加[1]。对于经济欠发达的山地小城镇地区,建设用地供给存在指标相对不足、布局分散、结构不合理、效率不高等问题,经济发展难以保障[2],小城镇发展受到限制,小城镇建设用地供给成为规划需要解决的问题之一。

然而,现状城乡建设用地规划面临着土地适宜性评价局限性与建设用地布局方法主观性的问题。土地适宜性评价是小城镇建设用地供给过程中重要的基础性评价工作,但土地适宜性评价结果中仅划分了禁建区、限建区和适建区三层控制约束的范围,评价出的用地斑块破碎,无法对适建区斑块进行取舍是土地适宜性评价的局限性。在小城镇建设用地布局规划中,用地布局规划需要依赖规划师的个人能力与经验,将其他学科理论经主观判断转译为规划方法,建设用地布局方案受规划师主观判断影响大,定性化的规划判断也难以支持小城镇建设用地精准供给[3]。

在小城镇建设用地指标紧缺的当下,对小城镇建设用地进行科学精准供给势在必行。李和平构建了村庄建设用地选择双重评价体系,使得村庄建设用地选择既能满足土地适宜性要求,又能科学地引导村庄建设用地的布局[3]。张洪根据海东区土地利用变更数据和生态敏感性评价结果,在生态优先原则下,运用灰色线性规划模型对海东区土地利用结构进行布局优化,为海东区城镇建设用地选择与布局提供参考[1]。刘康宁研究了生态环境脆弱的县城子长城,从城市扩展的用地需求和生态安全需求出发,建立城市扩展与生态安全保护的潜力——约束力评价模型,提高生态安全权重系数值,来寻求最优的用地选择方案,以实现保护生态安全、保证土地资源供给的目标[4]。

现有研究侧重于探讨在生态本底控制的基础上,综合评价现有生产环境与社会经济环境,对适宜建设用地进行基于指标的双重控制筛选识别,选出同时具备生态安全与社会经济发展条件的建设用地。但是对于经济落后的山地小城镇而言,其生态资源未被充分利用,生态资源结构与社会经济水平不完全一致,在现状基础上探讨用地供给可能造成发展潜力不高的地区占用大量建设用地指标,具有发展潜力的地区缺乏发展所需的建设用地支持。

本文探讨了以"生态+资源"准则指引小城镇建设用地精准配置的必要性,在"生态+资源"准则指引下,尝试运用人工智能机器学习、探索式分析等智能数字信息技术,让数据整合提供新的信息,在科学化的"摆事实、讲道理"中为小城镇建设用地供给提供精准选址。

2 "生态＋资源"指引小城镇建设用地供给的必要性

相较于大城市,小城镇经济实力有限,发展与脱贫仍是优先目标之一,这决定了小城镇不可能以现有的经济基础致力于生态环境保护。但小城镇发展也不能牺牲生态环境换取短期的发展效益[5],因此,小城镇建设用地供给依然应以生态优先为原则。

小城镇建设用地规划中建设用地选择的实现主要体现在用地布局方案上。仅通过土地适宜性评价只能获得土地建设的适宜程度,不能有效地、结构性地指导小城镇建设用地供给。

城市建设用地供给计划中,考虑社会经济发展水平、人口规模等因素为新增建设用地提供结构性指引。但在小城镇中,新增建设用地如果只考虑社会经济发展水平,不考虑生态资源潜力,会导致现状经济略好但发展潜力弱的地区获得过高的新增建设用地计划指标,而经济现状欠佳但资源条件好的地区分配的新增建设用地指标相对不足,建设用地供给难以支撑城镇发展[2]。

生态资源结构则可以为小城镇建设用地供给指引方向。经济落后的山地小城镇生态资源未被破坏,状况完好,城镇发展具有明显的生态资源优势。利用优势资源发展特色生态旅游等产业,是实现生态资源向经济资源转化、保障城镇可持续发展的科学选择[6]。

3 "生态＋资源"准则下建设用地精准供给实现方法

无论是生态本底识别与红线划定,还是立足当地生态资源特色发展,均需要规划者对当地生态资源进行系统地梳理,挖掘潜在资源,全面掌握各资源的状态并识别出具有优势的资源集群。这项工作无疑十分考验规划人员的记忆力,在数据量呈指数递增的当下,依靠人脑处理显然会日渐吃力。

空间统计学与人工智能技术可以通过对数据进行规律挖掘、聚类、可视化表达,具有科学定量地帮助规划者快速从数据中获得信息的优势,本文将尝试使用人工智能机器学习、探索式分析等数字信息技术实现小城镇建设用地科学精准供给。

3.1 探索性空间数据分析下的空间资源挖掘与整备

探索性空间数据分析是以空间关联测度为核心[7],根据数据结构来反映空间关系,"让数据本身来说话"的信息挖掘手段[8]。探索性分析的优势在于不需要规划者对研究区域有太多先验理论知识,通过探索式分析对资源空间分布的可视化描述即可产生新的知识。

基于探索性分析的以上特性,本文尝试使用探索性分析,在空间资源异质性分布呈现出的看似无规律状态中,发现空间资源与山水立地条件之间的空间自相关关系,为地方可持续发展赋予最大化的空间资源聚类支持能力。

3.1.1 空间资源重要立地条件探索

空间自相关是指事物基于空间位置产生的相互影响[8],很多传统统计方法无法对事物在空间上相关进行识别与统计,但是空间自相关常常能提供审视事物的独特视角。全局莫兰指数是度量空间相关性的一个重要指数,可用来识别事物在空间上是否存在相关性。

在显性资源集成与隐性资源挖潜整备出的空间资源分布图的基础上,通过空间自相关,可以探索空间资源与底图中的生态立地条件是否相关,利用全局莫兰指数,可以得到资源与立地间的关系是正相关、负相关或不相关。对与资源具有相关性的资源立地条件进行增量空间自相关的分析,则可以通过图表识别与立地条件相关的资源的影响范围。在 GIS 支持的空间可视化环境下,立地结构与影响范围的结合可以构建重要资源立地分布图。重要资源立地分布图明确地展示了生态资源密集分布的线性空间,如山脊、河流。

3.1.2 各类空间资源优势区域探索

局部空间统计是通过比较观测值和邻近值、观测值与全局的关系,找出空间中的不均衡区域,实现对空间中高值、低值区域的识别。相比全局异质性,局部空间异质性能够识别在全局上不相关,但在局部呈现出明显相关性的细微差别。局部空间一致性统计能帮助规划者理解空间模式[8]。

在显性资源集成与隐性资源挖潜整备出地空间资源分布图的基础上，分资源种类对各资源进行局部空间自相关，可以识别资源高值区、低值区与异常值。高值区意味着某资源在某几片区域中都处于优势，低值区意味着某资源在某几片区域中都处于优势，异常值则又可分为在资源劣势区域中有资源优势区，或资源优势区中有资源劣势区。综合优势区与处于优势的异常值所在区域，可以得到面状的各类优势资源集聚空间分布图。

3.2 "资源"准则下的建设用地识别指引

叠合识别出的重要资源立地分布图与各类优势资源集聚空间分布图，在可视化环境下，对空间资源进行结构梳理，得到各资源集聚区、集群带、集群廊、优势资源点构成的空间资源整备规划图。带、廊及各优势资源点构成的资源空间结构可为小城镇建设用地供给提供结构化指引；各优势区、带、廊、优势资源点的缓冲带则可以为小城镇建设用地供给提供基于资源辐射范围的筛选依据。

3.3 "生态＋资源"叠合下的建设用地精准识别

山地小城镇建设用地规划布局与其特有的自然、社会、经济、历史文化等特征息息相关，相比起于平原地区，山地小城镇建设用地规划更加复杂，山地城镇建设用地选址不能简单沿用传统的城镇建设用地的识别标准，更需要全面基于立地考虑当前区域的地貌特征、资源条件及自然状况[1]。

因此，本文引入了随机森林算法对现有发展良好的建设用地进行立地条件识别。

随机森林是利用多棵决策树对样本进行学习训练并能作出回归预测的一种分类器[9]。随机森林具有容易解释、因变量可用实数或离散的值来描述、能包容错误数据或缺失数据的优势，适合运用在小城镇适宜建设用地立地条件寻找与潜在用地识别中。通过随机森林训练得到适合特定区域小城镇建设用地的立地条件后，再使用该立地因子与权重构建决策树，识别出镇域潜在建设用地，通过扣除生态红线、永久基本农田控制线、面积过小斑块，得到全域潜在建设用地。

叠加空间资源整备规划图,可对潜在建设用地进行再次筛选,在结构化环境与精准识别的适宜建设斑块叠加下,综合得出能够支持小城镇生态资源利用的建设用地精准供给规划图,在尽可能少的主观因素影响下,实现支持小城镇发展的建设用地精准选址。

4 "生态+资源"准则在自流井南部片区规划中的应用与实践

4.1 自流井南部片区建设用地选址背景

地处自贡市中心城区南部边缘的自流井南部片区,是自贡市农业商品化率最高、极易受到城市蚕食的区域,也是拱卫中心城区最后的生态屏障。

为破解南部片区"要生态就难要发展"的困局,自流井区秉持"理性保护+优势利用"的底线思维,希望科学地抉择国土空间资源生态保护与利用的关系,探究城乡建设的精准集约路径,促成全区从"粗放建设"向"高质量发展"的积极转型。

依据《自贡市自流井区第二次土地调查》,在自流井南部片区98.85平方公里范围内,建设用地达1 009.93公顷,占南部片区土地使用总面积的11.04%。建设用地包括区域城乡建设服务用地、区域公共交通运输建设用地、采矿加工业用地,其他公共建设服务用地,面积分别为1 000.93公顷、67.19公顷、20.07公顷和3.14公顷。

4.2 生态本底控制

生态本底控制由生态红线及生态要素控制构成。生态红线,是对生态环境影响巨大、需要禁止任何建设行为的区域划定的空间边界。生态要素控制,是对水、林、田生态要素空间内的建设行为进行限制(图1)。

4.2.1 生态红线划定

根据四川省"三线一单"报告中的"生态保护红线及环境质量底线"及"负面清单"的规定,自流井南部片区内的生态红线是保护尖山水库一库、二库水环境及生态环境质量的区域界线,面积421.15公顷。生态红线内禁止一切建设活动。

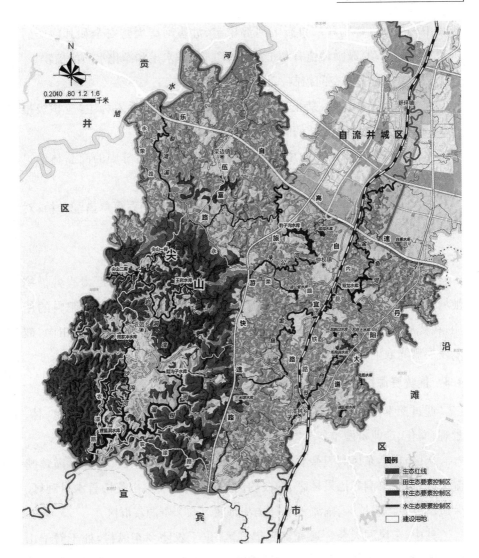

图1 生态要素控制图

4.2.2 生态要素空间控制

（1）水生态要素空间控制

河流河道及水库库体空间内禁止进行建设活动，禁止擅自填埋、占用河道；禁止擅自建设各类排污设施；禁止进行污染严重的养殖活动。

河流河岸及库岸植被带范围内，禁止建设与防洪、水文、交通、景观、取水、排水、排污管网无关的设施，禁止从事建设项目开发活动，禁止在河岸植被带中种植高秆作物和从事影响河势稳定、危害河岸堤防安全和其他妨碍河道行洪的活动,鼓励种植有利于稳定岸线、保护水土和净化水质的植物。

（2）林生态要素空间控制

在水源涵养林区内,禁止采伐树木,补种树种应以乔木为主,应积极推进生物多样性保护,禁止任何狩猎行为。

水土保持林的林地土地用途不能做他用;水土保持林中的商品林地可实行限额采伐,并实行生态公益林效益补偿制度。

应大力加强对生境林地中生物多样性的保护;鼓励乔灌草搭配种植;对用材林地实行限额采伐,实行生态公益林效益补偿制度。

（3）田生态要素空间控制

严禁各类建设开发违法违规占用优质农田和优良农田;严肃查处借挖池塘、建水利设施等在耕地进行其他违法项目建设;禁止高污染肥料的使用;在优质农田中,鼓励稻田养鱼等生态高产的农业行为;在优良农田中,鼓励发展观光农业。

4.3 优势资源挖掘整备

通过探索性分析与空间资源聚类,将显性的水、林资源和潜在的水、林、景观、文化、产业资源整备为"八区四脊两廊"的格局(图2,图3)。

八区,包括东风洞天余音景观区、草堂禅修养心文化区、杨柳彩霞鹭鸣湿地区、百胜溪涧鸟语果林区、仲权豹沟圣灯文化区、尖山苍松碧水景观区、荣边落英虫语湿地区、雨潭秋水丹桂花海区等八个资源集群区。

其中,东风洞天余音景观资源集群区,位于农团乡东风村,处于狮子山脊南段,由景观优势资源关联文化、宜花卉产业资源组成;草堂禅修养心文化资源集群区,位于农团乡草堂村,处于溜根河上游,由文化优势资源关联景观、宜果林资源组成;杨柳彩霞鹭鸣湿地资源集群区,位于漆树乡杨柳村,处于尖山脊岭南段,由湿地优势资源关联景观、文化资源组成;百胜溪涧鸟语果林资源集群区,位于仲权镇百胜村,处于云盘岭南段,由宜果林优势资源关联湿地、宜花卉产业资源组成;仲权豹沟圣灯文化资源集群区,位于仲权镇仲权村,处于云盘岭南段,由文化优势资源关联湿地、宜果林资源组成;尖山苍松碧水景观资源集群区,位于荣边镇尖山村,处于尖山脊岭北段,由

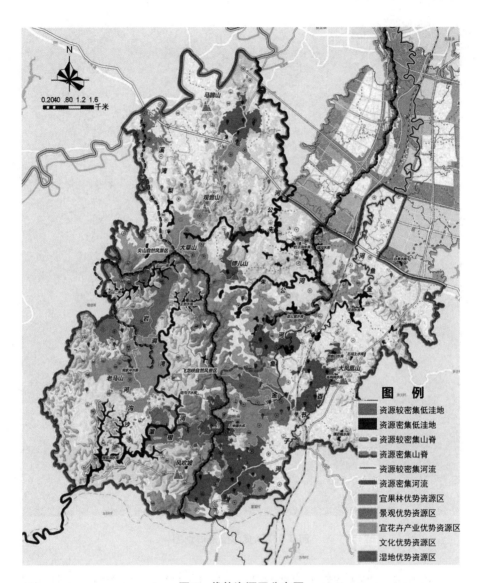

图 2　优势资源区分布图

景观优势资源关联文化、宜果林资源组成；荣边落英虫语湿地资源集群区，位于荣边镇程佳村，处于溜根河与旭水河交汇处，由湿地优势资源关联文化、宜花卉产业资源组成；雨潭秋水丹桂花海资源集群区，位于荣边镇雨潭村，处于雨潭山脊，由宜花卉产业优势资源关联宜果林、文化资源组成。

　　四脊，为尖山脊岭、狮子山脊、云盘岭、雨潭山脊等四条资源集群带。

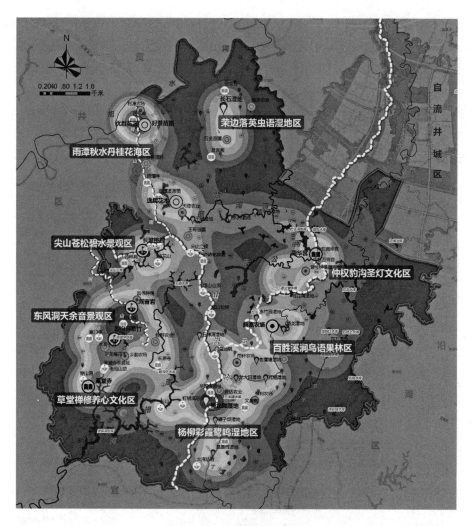

图 3　空间资源整备规划图

　　其中,尖山脊岭资源集群带,全长 18 公里,以景观、湿地资源为主体串联文化、宜果林、宜花卉产业等 52 处资源;狮子山脊资源集群带,全长 5 公里,以景观资源为主体串联文化、湿地、宜果林、宜花卉产业等 39 处资源;云盘岭资源集群带,全长 9 公里,以文化、宜果林资源为主体串联景观、湿地、宜花卉产业资源等 36 处资源;雨潭山脊资源集群带,全长 5 公里,以宜花卉产业资源为主体串联宜果林、湿地、文化等 13 处资源。

　　两廊,指回龙湾溪—朱公河、溜根河两条资源集群廊道。

其中,回龙湾溪—朱公河资源集群廊,全长21公里,以文化、宜花卉产业资源为主体串联湿地、景观、宜果林等33处资源;溜根河资源集群廊,全长11公里,以文化资源为主体,串联景观、湿地、宜花卉产业等15处资源。

4.4 建设用地识别

适建区,指除禁建区、限建区以外的区域,自然条件的限制较小,社会经济和发展条件相对优越,是城乡建设的重点区域。

自流井南部片区适建区面积934.13公顷,占区域总面积的9.44%。其中,农团乡145.96公顷,漆树乡142.64公顷,荣边镇231.98公顷,仲权镇413.56公顷(图4,表1)。

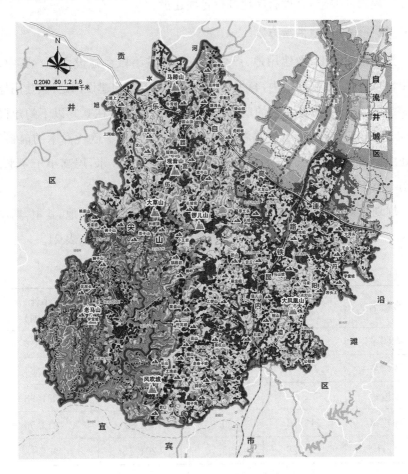

图4　全域潜在建设用地综合预测图

表1　自流井南部片区适建区划定

乡镇	控制面积(公顷)	乡镇	控制面积(公顷)
农团乡	145.96	仲权镇	413.56
漆树乡	142.64	总计	934.13
荣边镇	231.98		

适建区内,开发建设项目必须遵循相关规划的要求,严格执行国家和省市有关人均用地指标的规定,本着集约用地的原则高效利用土地。该区内应重点利用现有的建设用地、空闲地以及非耕地,综合土地利用规划以及其它专项规划的要求,合理有序地进行各项建设。

4.5　城乡建设用地供给方案

按照集建用地、微建用地、点建用地三类供给城乡建设用地。其中,集建用地,是在城镇规划区内,容积率控制在2.0以下的建设用地;微建用地是在邻水域、林地等生态要素的地势平坦处,容积率控制在0.8以下的建设用地;点建用地是在林地或水域周边的地势陡峭处,在不砍伐乔木的前提下,单处用地面积不大于100平方米,相互间隔不小于30米,层高小于4米,容积率不大于0.2,"针灸式"点缀建设的用地(图5)。

规划在自流井南部片区共供给496.78公顷城乡建设用地,其中,集建用地393.7公顷,微建用地47.15公顷,点建用地55.93公顷(表2)。

表2　城乡建设用地供给

乡镇名	集建用地 (公顷)	微建用地 (公顷)	点建用地 (公顷)	小计 (公顷)
农团乡	48.30	42.85	54.80	145.96
漆树乡	71 051	52.76	18.37	142.64
荣边镇	62.74	139.08	30.16	231.98
仲权镇	116.73	199.03	97.80	213.56
合计	299.28	433.73	201.13	934.13

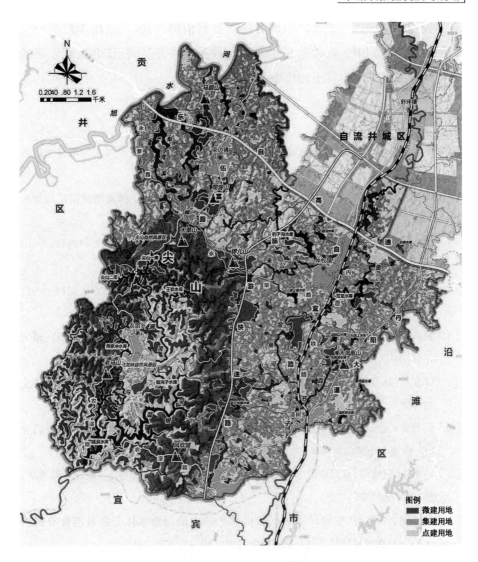

图 5 城乡建设用地规划图

5 结语

    "生态＋资源"准则以支持小城镇生态发展为目标，为山地小城镇城乡建设用地的选址提供基于资源结构引导用地供给的方案选择，探索了在尽量不添加主观影响、基于客观数据的科学化"摆事实，讲道理"下的小城镇城乡建设用地精准识别方法。但该方法对数据依赖性强,只适用于数据较完善的小城镇规划中。随着信息化发展与数据的补充完善,该方法在未来的用地供给方案运用中将更加精准可靠。

参 考 文 献

[1] 张洪,王一涵,束楠楠.山地城镇建设用地选择与布局研究——以大理市海东区为例[J].安徽农业科学,2016,44(26):193-199.

[2] 郭杰,包倩,欧名豪.基于资源禀赋和经济发展区域分异的中国新增建设用地指标分配研究[J].中国土地科学,2016,30(6):71-80.

[3] 李和平,高文龙,马宇钢.村庄建设用地选择的双重评价体系研究[J].规划师,2016,32(3):108-113.

[4] 刘康宁,郑晓伟.黄土高原沟壑地区小城镇建设用地选择的思路和方法探讨——以子长县城总体规划为例[J].建筑与文化,2015(12):95-96.

[5] 吴林芳,辛晓睿.我国生态保护区小城镇发展的困境与出路——以莱芜市辛庄镇为例[J].中国城市研究,2014(0):91-100.

[6] 许友福.具有良好生态资源的落后城镇发展探讨——以微山县留庄镇为例[J].住宅与房地产,2016(27):218-219.

[7] 侯光雷,王志敏,张洪岩,等.基于探索性空间分析的东北经济区城市竞争力研究[J].地理与地理信息科学,2010,26(4):67-72.

[8] 杨振山,蔡建明.空间统计学进展及其在经济地理研究中的应用[J].地理科学进展,2010,29(6):757-768.

[9] 吴志明,李建超,王睿,等.基于随机森林的内陆湖泊水体有色可溶性有机物(CDOM)浓度遥感估算[J].湖泊科学,2018,30(4):979-991.

西南山地生态型小城镇的高质量发展路径研究

——以重庆市万盛黑山镇为例*

李旭辉　戴　彦

（重庆大学建筑城规学院）

【摘要】　党的十九大报告提出要着力提高新型城镇化发展质量，全面实施乡村振兴战略。同时，小城镇作为城市与乡村区域间的缓冲地带，是乡村地区政治、经济以及文化的中心，具有上接城市、下引农村、协调区域经济和社会全面进步的综合功能，是城乡生产要素流动和组合的中介，也是加速推进城乡融合的重要攻坚点，是城乡统筹的重要支点。我国西南山地小城镇由于地形、交通、资源保护等条件的限制，城镇开发建设水平相对落后于国内其他地区，而这类小城镇却通常具有相对优越的自然禀赋。在此背景下，本文梳理了小城镇发展历程，探讨小城镇高质量发展内涵，并以重庆市万盛黑山镇为例，挖掘西南山地小城镇的发展困境，并对其高质量发展的路径进行探究，以期对我国西南地区小城镇建设提供理论参考。

【关键词】　城乡统筹　乡村振兴　生态文明建设　生态型小城镇　高质量发展

1　引言

城镇化是世界发展的趋势，我国的城镇化进程经过建国后的不断摸索，尤其是改革开放之后的不断奋斗，取得了显著成果，到 2019 年年末，我国城

---

* 国家重点研发计划资助(2018YFD1100804)。

镇化率达到 60.60%。随着我国经济社会的不断发展,经济增长正由高速粗犷型向中速高质型转变,党的十九大报告指出,中国特色社会主义进入新时代,我国社会主要矛盾已经转化为人民日益增长的美好生活需要和不平衡不充分的发展之间的矛盾。与此同时,城镇化的发展正处在中期快速成长向中后期质量提升阶段转变的过渡期[1]。值此关键转型之际,2013 年的中央城镇化工作会议、2017 年党的十九大报告会议等连续提出要着力提高新型城镇化发展质量,走绿色、集约、高效、低碳、创新、智能的新型城镇化高质量发展道路[1-2]。在此基础上,报告还提出要全面实施乡村振兴战略,建设美丽乡村、推进农业农村现代化,改善乡村环境的同时进一步助推乡村产业发展。

2 小城镇及其发展历程概述

结合乡村振兴战略和城乡统筹的新时代背景,本文中的小城镇概念包括建制镇,以及乡、民族乡人民政府所在地和经县级人民政府确认由集市发展而成的作为农村一定区域经济、文化和生活服务中心的非建制镇[3]。

2.1 小城镇发展概述

城镇化作为一个历史进程,反应了人们的生产生活方式因科学技术的进步而得到逐步改变的现实情况,而小城镇的发展与城镇化进程密不可分[4]。本文从城镇发展的主要特征出发,将我国城镇化进程概括为 1949 年以前的萌芽阶段、1949 至 1978 年间的艰难探索阶段、1978 年(改革开放)后的高速发展阶段以及 2013 年以来新时代新型城镇化的转型发展阶段等四个阶段[5]。

1949 年以前,我国经过漫长而又曲折的发展,已初步形成大城市和小城镇的城镇发展体系,逐渐出现一批不同产业和功能特色的小城镇;新中国成立至改革开放前,虽然城镇化率有所提升,但当时我国生产力较弱,经济社会发展较为落后,工业化仍处于起步阶段,城镇化发展还未成为社会发展的主要议题,小城镇发展飘摇不定;改革开放使中国的政治、经济形势发生了深刻的变化,随着一系列改革开放措施的落实,城镇建设和规划步入快速发展的轨道;2013 年中央城镇化工作会议提出提高城镇化发展质量,中国进入了新型城镇化发展阶段,更关注优质、高效、高速与高质量并重的发展[6-7]。

2.2 生态型小城镇内涵

生态型小城镇指生态资源本底优越,自然环境天然优美,人居环境恬雅宜居,且在区域范围内具有一定生态涵养功能的小城镇。生态型小城镇一般以可持续发展作为城镇建设的宗旨及特征,在城镇居民的公共服务、教育生活以及产业发展等方面倡导生态优先[8]。

西南山地小城镇由于地形、交通、资源保护等条件的限制,建设水平上相对落后于国内其他地区,而这类小城镇却通常具有相对优越的自然禀赋,在当今倡导生态文明建设的趋势下,生态型小城镇应抓住契机,实现高质量转型发展。

3 新时代背景:乡村振兴与城乡统筹

基于我国社会主要矛盾的转化,作为引领我国未来相当长时期战略发展的党的十九大报告,在对我国当前城市与乡村之间不平衡的发展状态与农村地区不充分的发展进程有准确的认识基础之上,果断提出了要实施乡村振兴战略,将"三农"问题列为关系国计民生的根本性问题,并始终把解决好"三农"问题作为全党全社会工作的重中之重。在总体发展方向的把握上,提出乡村振兴战略,破除城乡二元结构的壁垒,把坚持农业、农村优先发展作为工作重要抓手,并提出"产业兴旺、生态宜居、乡风文明、治理有效、生活富裕"的总体要求,同时,建立、健全城乡融合发展的体制机制和政策体系,加快推进农业、农村的现代化发展进程[9]。

乡村振兴战略的重点目标是乡村,但战略实施过程中需要把乡村置于区域中考虑,城与乡,本质来看都是人类生存的福祉,二者存在对立又统一的辩证格局,任何将城乡二元结构分割、独立开来的说法都是片面的。因此,乡村振兴离不开乡村周边城市的带动,城市的发展也离不开周边乡村的哺育[10]。

4　小城镇高质量发展内涵

作为经济活动的载体,城镇的发展既受经济发展的影响,同时也对经济发展起到重要支撑作用。伴随着我国经济由高速度发展向高质量发展的转变,新时代背景下,城镇发展也逐步走上向高质量发展转变的道路。城镇的高质量发展将在今后的一段时间内成为我国新型城镇化发展的基本方略。而小城镇作为城市和乡村之间的过渡带,既可以承接城市对外的辐射影响,还可引领农村的生产生活方式,是城镇高质量发展的重要突破口[10]。小城镇高质量发展的重点是在人与资源之间达到和谐,在生产上提升效率、低碳创新、环保集约,在生活上节约环保、智慧平安,在城镇建设过程中,通过对基础设施、公共服务、人居环境的不断优化,达到与城镇管理的有机统一[11]。

5　以黑山镇为例分析西南山地小城镇发展困境

黑山镇地处重庆市万盛经开区东部(图1),西向紧邻万盛主城区,北接丛林镇,东连南川金山镇、贵州狮溪镇,南连石林镇,位于成渝城市群和重庆大都市区南部(图2),属四川盆地东南边缘与云贵高原衔接的过渡山区,是

图1　黑山镇区位图一

图2　万盛经开区区位图

万盛生态旅游经济区内重要的旅游城镇。2012 年,黑山石林景区成功申报 5A 级景区,同时还是国家级森林公园、国家级地质公园。借此机遇,黑山镇有了长足的发展,但在发展过程中仍遇到诸多困境。

5.1 人口外流,呈负增长趋势,基础设施建设较为滞后

黑山镇人口分布不均匀,大部分集中在镇区和西北部靠近万盛城区的鱼子村,多年来人口外流,人口规模呈负增长趋势。基础设施建设较为滞后,其中教育事业发展较差,镇域内有仅小学、中学各两所,且规模较小,幼儿园与一所九年一贯制学校合建,需进一步投入建设以满足居民生活要求;镇域内卫生条件良好,有中心医院 1 所,村级卫生室 5 个,公立医院床位 39 张,每千人拥有床位 4.8 张;市政设施建设较差,排水机制为雨污合流,缺乏污水处理设施且排水系统不完善,导致附近水体遭受不同程度污染,进一步恶化镇区环境,供电设施不稳定,当前正进行设备更新改造。

5.2 产业结构单一,特色化不明显,与周边城镇同质化竞争激烈

黑山镇由于地形条件、交通条件的限制,在过去较长的时间内始终以传统农业为主导产业,近年,黑山镇大力发展旅游度假服务等第三产业,虽已取得一些成效,但总体仍处于起步阶段。农业产业结构单一,现代农业虽已有所发展,但产业层次低,乡镇农产企业布局分散,规模小,不能发挥企业的规模和集聚效应。

黑山镇与周边城镇(图 3)在农业资源、景观环境资源等方面存在一定相似性,故此,在产业发展方向上与周边城镇存在一定同质化竞争现象(表 1)。

图 3 黑山镇区位图二

表 1 黑山镇及周边城镇产业现状表

乡镇名称	产业现状	农业(一产)	工业(二产)	服务业(三产)
黑山镇	以农业、旅游为主	猕猴桃、方竹笋、黑山雪芽、黑山老腊肉、山地鸡	中药材、矿石及混凝土	黑山谷 5A(山水石林洞)
丛林镇	以工业、农业为主	养殖(蛋鸡,鹌鹑,山地鸡);梅花种植	钢材、若兰化工、海博镁业、采煤业	旅游(白龙湖旅游度假、田园景色)
万东镇	以工业为主	五和黄花梨、日本甜柿	福耀玻璃、南桐矿业公司	旅游(八面山等、采摘园、花海观赏)
石林镇	以农业和旅游业为主	生态茶园、有机蔬菜种植、竹笋产业基地和庙坝村 2.5 万株蜂糖李	—	旅游(石林 5A、溶洞景观)
青年镇	以工业为主	中草药材,生漆、魔芋、茶叶、粉丝、猕猴桃等,茶园 2 500 亩;果树 4 000 亩,水果 2 000 亩	煤矿(白云石)、友谊茶叶(年出口 200 万美元)、制造	商贸中心(农产品交易额达 1 亿元以上)
南桐镇	以工业、商业贸易为主	花椒(年产值 1 000 万)金兰鱼养殖	煤电、食品、机械加工、建材、化工	旅游(温泉与瀑布)商贸
金桥镇	以农业、商业贸易为主	粮食、蔬菜种植(水稻、蚕桑、黄栀子、麻竹、花卉)	纸业、包装制品、煤矿、页岩砖厂	旅游(青山湖、子如陵园等)农贸
关坝镇	以工业、旅游业为主	种植(林海翠茗、溱溪鱼、龙井雪梨膏)	煤炭	旅游服务(溶洞、石芽、森林、漂流)
南坪镇	以工业、旅游业为主	—	煤、玻璃、水泥、再生纸为主,机械、化工等为辅	旅游:山、水、石、林、洞(石林神龙洞)、观光农业
金山镇	以农业种植为主	竹林、中药材(天麻、黄连、杜仲)	—	旅游(金佛山南坡)
狮溪镇	以农业种植、旅游商贸为主	粮食作物(水稻、玉米等)、油菜、烤烟、大白豆、方竹笋干	煤炭、电站	旅游:文化(祠堂、庙寺)、山水(柏芷山燕子洞)

乡镇名称	产业现状	农业（一产）	工业（二产）	服务业（三产）
羊磴镇	以农业、工业为主	方竹笋、天麻、鲶鱼、猕猴桃、金银花、板栗、蟾蜍、良种肉鸡养殖	煤矿	旅游（山水；千山幽谷）
坡渡镇	以农业、旅游业为主	粮食作物（水稻、玉米等）、油菜、烤烟、茶叶	煤矿	旅游（铜鼓滩漂流风景区）

5.3 自身资源禀赋限制未来的旅游度假业发展

黑山镇生态资源禀赋优越，自然环境优美，但这种独特的生态资源带来的不仅有对游客的吸引力、对产业的带动力，还有对生态功能管制的压力。黑山镇域空间包含基本农田、林地、园地、自然保留地、自然保护区的核心区和缓冲区、生态红线内区域、地质公园的地质遗迹保护区、风景名胜区核心景区、森林公园的生态保育区和核心景观区、水域等，镇域禁止建设区84.60 平方公里，占全镇用地比例 86.07%，对产业活动开展、产业发展水平提升造成极大压力。

5.4 城镇开发建设与生态保护协调存在很大难度

生态文明建设要求城镇开发建设过程中优化空间格局，合理调整产业布局，并形成生态保护意识。黑山镇作为生态环境资源本底十分优越的城镇，在城镇建设过程中无法避免对生态资源的利用。因此，在利用生态环境资源进行发展的同时，如何把控好利用的尺度，如何在生态文明建设的政策背景下，实现城镇开发建设与生态保护的和谐发展，成为西南山地小城镇发展的一大困境。

6 破除困境的路径

6.1 与中心城区接壤的小城镇片区应积极参与小城镇圈的建设

黑山镇西北部鱼子岗片区与万盛经开区中心城区毗邻（图 4），受城区涓滴效应影响，发展速度较快，在城镇空间布局结构和功能服务方面可积极融入中心城区[12]。鱼子岗片区自然本底优越，农业产业资源丰富，又处于中心城区到黑山镇区乃至黑山谷景区的必经之地,有着极其便利的区位交通优势。通过强化鱼子岗农业产业,合理利用现有较成规模的猕猴桃、蓝莓等种植业,积极推进农旅融合,优化片区资源空间配置,将鱼子岗打造成万盛经开区中心城区"后花园""果篮子",使其在功能上融入中心城区,空间上嵌入中心城区,与中心城区共同构建小都市圈,实现鱼子岗片区高质量发展。

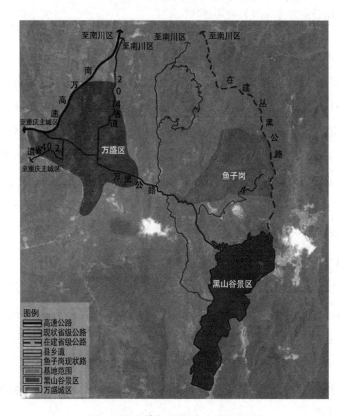

图4　黑山镇与万盛中心城区关系

6.2　优化公共资源供给,提升小城镇公共服务能力

《中共中央 国务院关于实施乡村振兴战略的意见》中提出要深化农村土地制度改革,对中小城镇实施土地倾斜政策,保障农业设施、休闲旅游等设施用地。黑山镇作为生态旅游型小城镇,在满足镇区用地条件下,于镇区边缘增设发展备用地,科学合理且高效地对旅游服务设施进行一定的用地保障。此外,黑山镇不断优化镇区内外交通条件,围绕黑山谷景区,对万盛

经开区中心城区—黑山镇区—黑山谷景区线路道路进行提档升级,充分发挥景区对城镇的带动作用,实现景区游客的"快进快出"和城乡居民出行公共服务均等化。

6.3 把握产业抓手,强调"特而强""强且优",在与周边城镇错位发展的目标下,重视产业对生态文明的影响

在当前生态文明建设背景下,小城镇应严把产业抓手,注重产业评估,不仅着眼于经济层面,更重视对产业的生态影响层面进行评估[14]。黑山镇依托现状猕猴桃、中药材、林竹等优势农业,开发多元创意体验式农业,集生产—加工—服务销售为一体,打造产业融合发展体系,实现农业向规模经营集中,旅游向协同服务集中的产业聚集发展模式,与周边城镇实现差异化发展,达到"特而强"。同时,产业的集聚并未对镇域生态资源造成负面影响和保护压力,做到了真正的"强而优"[16]。

6.4 激发社会资本参与积极性,依靠多元主体推进小城镇建设

西南山地小城镇在前期发展建设过程中,既要发展,又要保护,往往需要较大的资金投入,单靠政府财政补贴难以满足其在复杂背景下发展的需求。因此,在资金获取方面必须因地制宜,创立创新投资机制,鼓励并激发社会资本参与小城镇建设,构建多元主体投资格局,避免财政不足带来的诸多弊病。一是加强社会资本的引入,黑山镇通过提供税收优惠政策,积极招商引资,吸引社会资本参与城镇建设,突出社会资本的主体地位。二是加大政府资金投入力度,黑山镇政府在基础设施建设层面投入大量资金,积极改善镇区环境,疏通镇域道路。三是小城镇积极参与金融系统,通过政策优惠,鼓励金融机构开放面向高质量小城镇的产品与服务,进而增加高质量城镇建设的投资主体。

6.5 紧跟时代步伐,运用数字化技术,推动智慧城镇建设

黑山镇利用大数据网络,在万盛经开区合力打造全域旅游的背景下,对镇域内旅游资源进行综合统筹,全方位多角度服务游客。在城镇建设过程中,亦可借助数字化技术,对各类资源进行整合,如建立智慧医疗、智慧交通、智慧教育、智慧生态、智慧养老、智慧应急等,科学规划城镇布局,整治城

镇环境,推动智慧城镇建设[15]。

7 结语

本文在新型城镇化背景下,梳理了小城镇发展的历程,对小城镇的高质量发展内涵提出探究,并以重庆市万盛黑山镇为例,对西南山地生态型小城镇高质量发展遇到的困境进行梳理,针对其发展困境提出解决困境的路径:①小城镇的发展,需要找准其在区域中的定位,与中心城区接壤的小城镇片区应积极参与小城镇圈的建设,以实现其高质量发展;②作为城镇建设进程较弱、开发困难大的山地小城镇,应积极优化公共资源供给,不断完善城镇基础设施,提升小城镇公共服务能力;③在生态文明建设背景下,应牢牢把握产业抓手,强调"特而强""强且优",在与周边城镇错位发展的目标下,重视产业对生态文明的影响;④激发社会资本参与积极性,依靠多元主体推进小城镇建设;⑤紧跟时代步伐,在人工智能大数据的技术背景下,积极运用数字化技术,推动智慧城镇建设。

重庆市万盛黑山镇作为典型的西南山地生态型小城镇,在其高质量的城镇发展过程中可持续发展思想作为其根本发展方针,指导其迈向高质量发展的步伐。但不可忽略的是,黑山镇本身有着得天独厚的自然环境资源,其他西南山地小城镇在寻求高质量发展的道路上,仍然需要因地制宜,因势制导。希望此文可以抛砖引玉,为西南山地小城镇高质量发展提供一些借鉴。

参 考 文 献

[1] 方创琳.中国新型城镇化高质量发展的规律性与重点方向[J].地理研究,2019(1):15-24.

[2] 本刊编辑部.学习贯彻十九大精神聚焦城市精细化管理[J].城市管理与科技,2017(6):16-16.

[3] 张涛.小城镇在我国城乡产业互动发展中的优势和策略[J].中国乡镇企业会计,2011(8):7-8.

［4］岳文海.中国新型城镇化发展研究［D］.武汉：武汉大学,2013.

［5］刘国斌,朱先声.特色小镇建设与新型城镇化道路研究［J］.税务与经济,2018(3)：
8-8.

［6］方创琳.改革开放 40 年中国城镇化与城市群之变［J］.中国经济报告,2018(12)：
96-100.

［7］李明超.我国城市化进程中的小城镇研究回顾与分析［J］.当代经济管理,2012(3)：
73-79.

［8］王慧,曹昌旭,音子,等.新时代背景下生态小城镇的城乡融合模式探究——以广德县
卢村乡为例［C］//中国城市规划学会.重庆市人民政府.活动城乡　美好人居——
2019 中国城市规划年会论文集(19 小城镇规划).北京：中国建筑工业出版社,
2019：958-967.

［9］本刊编辑部.习近平：把乡村振兴战略作为新时代"三农"工作总抓手［J］.云南农
业,2019(7)：3-3.

［10］彭震伟.小城镇发展与实施乡村振兴战略［J］.城乡规划,2018(1)：6-6.

［11］周路菡.乡村振兴超越新农村［J］.新经济导刊,2018(Z1)：72-76.

［12］杨传开,朱建江.乡村振兴战略下的中小城市和小城镇发展困境与路径研究［J］.城
市发展研究,2018(11)：7-13.

［13］汪增洋,张学良.后工业化时期中国小城镇高质量发展的路径选择［J］.中国工业经
济,2019(1)：66-84.

［14］张志国.乡村振兴时代小城镇功能与作用认知［J］.城市建设理论研究(电子版),
2018(24)：30-31.

［15］易泽夫,严德荣,杨韶红,等.关于湖南实施乡村振兴战略的思考［J］.湖南农业科学,
2018(6)：4-4.

［16］童帅.发展特色产业助力乡村振兴——以安庆市雷埠乡为例［J］.粮食科技与经济,
2019(1)：130-133.

五、城乡融合发展与乡村振兴战略

新城乡关系下县域村庄布局规划方法初探*

孙　瑞　赵世娇　闫　琳　王月波　陈　琳

（北京清华同衡规划设计研究院有限公司）

【摘要】 基于乡村振兴背景,新一轮的国土空间总体规划面临着重新审视城乡关系、判断城乡人口流动特征、系统梳理城乡空间的紧迫任务。县域村庄布局规划作为落地性规划成为规划任务中的难点,一方面,要立足新城乡关系判断未来县域城乡资源配置的基本思路,另一方面,也要从乡村发展的视角解决村庄实际问题。如何统筹城乡资源,实现村庄分类发展引导,并结合村庄发展真实需求引导规划落地,是本次研究的核心任务。本文以河北省某县为例,立足新城乡关系背景,从落实上位要求、立足现实问题、实现上下统筹等方面入手,全面探索县域村庄布局规划的编制思路与方法,为国土空间规划编制的专项内容提供技术支撑。

【关键词】 新城乡关系　国土空间总体规划　村庄布局规划　村庄分类原则

1　新城乡关系下县域城乡发展的基本特征

1.1　城乡关系的不断完善

　　传统意义上的城乡关系通常指城乡之间持续处于割裂状态,人们总是将乡村视为城市的"附属品",以"帮扶"的眼光看待乡村,以城市的标准建设乡村。而新城乡关系,则意味着人们开始重拾乡村价值,将城市与乡村放在

---

* 本文发表于《小城镇建设》2021 年第 2 期。

同等重要的位置上,打破城乡间的鸿沟,促进城乡资源的双向流动,实现城乡融合发展。同时,近年来乡愁文化价值不断被认知与强化,让广大离乡人群感受到记忆中的乡愁景象。我们需要从空间和文化双重维度规划县域村庄,建立从城乡"割裂"到城乡要素"流动",再到城乡"融合",最后到价值观"嵌入"的新城乡关系。因此,在新城乡关系背景下,本文从县域村庄布局实践案例出发,探索村庄发展新路径(图1)。

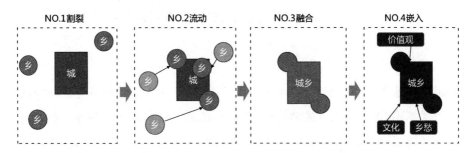

图1 城乡转变的四个阶段

1.2 城乡要素双向流动日渐频繁

我国发展进程中,城乡关系经历了若干阶段发展特征。新中国成立之初,城乡发展态势通常为牺牲农业、农村来支持工业、城市的发展。在这种发展模式下,城乡间产生一系列的矛盾,城乡二元体制逐步形成。改革开放至20世纪末,城乡关系进入了破冰时代,国家开始从城市逐步向农村方向倾斜,城乡间要素流动开始显现。21世纪初期,国家进入城乡统筹发展阶段,城市支持乡村、工业反哺农业等一系列政策的出台促使城乡进入了协调发展的阶段。但是城乡间的差距依然存在,对于实现城乡统筹发展的目标依然遥远;党的十八大后我国步入城乡融合发展的时代,尤其是乡村振兴发展战略的出台,促使我国的城乡关系发生了巨大的转变,乡村价值被不断挖掘,城乡割裂发展的情况逐渐弥补,城乡要素双向流动日益频繁,城乡之间实现了真正的融合发展(图2)。

1.3 城乡价值差异与均等化日趋明显

城市地区在当前阶段已经成为一整套极其丰富的多元化空间,技术、人

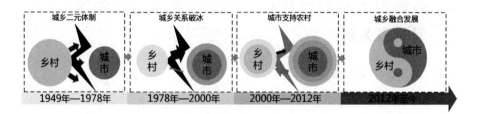

图2　城乡关系发展历程示意图

才、资金、信息等要素高度凝聚,完善的公共服务资源和基础支撑设施吸引人才和资金的不断集中,使其逐步成为一个富有创造力的地区,成为多元维度的"聚宝盆"。然而,城市中的空气污染、交通拥堵、住房紧张、人口膨胀等城市通病日益显现。乡村与城市相比,以上城市的问题并不存在,反而成为空气、交通、住房、人口等要素"熵值"评分较高的地区,成为集生态、生活、文化等多元价值因子于一体的和谐共生的地区。乡村地区作为高熵值的地区不仅存在绿水青山的自然环境,还有人们日益思念的乡愁文化。如今,越来越多的城市人愿意回归乡村,去寻找那份内心的安宁与自在。当然,乡村地区并不是完美的理想胜地,土地粗放、公共资源不均衡、市政设施粗放等问题在很大程度上阻碍其进一步发展。

随着城乡间要素双向流动趋势日益加剧,城市和乡村作为各具特色的价值体,构建城乡价值的差异化和公共服务的均等化态势必不可挡。未来,城市和乡村都会因为其独特的价值吸引人们不断进入稳定状态。

1.4　乡村规划与建设的要求日益提高

乡村地区的综合性和复杂性对规划提出了更高的要求,这不仅是规划审批的要求,更重要的是在规划编制过程中,最大程度了解村庄发展、村民诉求,做能用、好用、管用的规划在乡村地区更为重要。在迈向生态文明建设和高质量发展的进程中,乡村自身对规划的要求也逐步提升。从注重保护与发展的价值观出发,综合考虑乡村地区的"三生"空间资源禀赋,尊重地区本身的文化特色,找到适合当地发展的真问题,提出因地制宜的发展目标和实施路径才是好用管用的规划,才能真正指导乡村地区的发展。

2 县域国土空间规划对于村庄布局规划的要求——以河北省为例

2.1 村庄分类与引导要求

村庄分类是县域村庄布局规划的首要任务,是开展县域村庄规划的核心。2019 年 11 月,河北省自然资源厅印发《河北省村庄规划编制导则(试行)》,将全省行政村划分为城郊融合类、集聚提升类、特色保护类、搬迁撤并类、保留改善类等五种主要类型。河北省要求有两个特点:一是县域村庄全覆盖,增加了一类"保留改善类村庄",将未划分到前四类的村庄纳入;二是普遍的大多数一般村,把分类引导的关注点,作整体统筹考虑(图 3)。

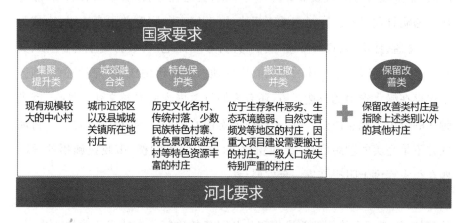

图 3 国家和河北省对村庄分类的要求

2.2 镇村用地指标相关要求

河北省对乡村产业指标有刚性规定,对乡村产业、居住、设施都有刚弹性要求。河北省自然资源厅《关于加快推进三条控制线划定工作的函》(冀自然资函〔2020〕42 号)中规定,河北省要求各市建设用地总规模增量按现状建设用地 5%控制。河北省的村庄规划要求对有需求的村庄因地制宜,预留不超过 5%的建设用地机动指标,保障村民生活生产和公共设施,明确规模、位置和管控要求。根据《河北省乡镇国土空间总体规划编制导则(试行)》要求,乡镇区人均建设用地控制在 120 平方米,村庄人均建设用地控制在

150 平方米。以乡村振兴战略为指引,乡镇规划优先落实"不少于 10%建设用地指标重点保障乡村重点产业和项目用地"的要求。因此,县乡级国土空间规划编制必须对建设用地指标乡村产业用地建设指标预留,为振兴村庄发展预留产业用地。

2.3 农村土地整治的要求

村庄布局规划与农村土地整治密切相关。从内容而言,全域土地综合整治包括农村用地空间治理、农用地整治、农村建设用地整治和生态环境整治四个方面。新城乡关系下农村土地整治从保障粮食安全、优化生产生活空间,向乡村生态环境综合治理转变。并结合上位规划,在生态保护修复和土地整治潜力分析基础上,科学划定生态保护修复和土地整治区域,确定生态保护修复和土地整治项目。重点对高标准农田建设、农村建设用地整治、土地复垦、水土流失和污染治理、生态修复工程等作具体安排。

3 村庄布局规划的要点与难点——以某县实际矛盾为例

3.1 兼顾村庄布局的精准性和地方实际诉求

河北某县位于京津两小时交通圈、石家庄半小时交通圈范围内,京广高速铁路通过县东部的高铁站,半小时到石家庄,两小时到北京。县域面积435 平方公里,辖 4 镇 4 乡(图 4)。在自然资源方面,该县由山麓平原、湖洼

图 4 某县区位示意及行政村分布图

平原和冲积平原构成,地势平坦,水泽消失后留下了适宜农耕的良田,并逐步形成了人类活动聚集的城乡空间。在人口方面,2018年常住人口34万人,城镇化率46%,小县大乡特征明显,人口分布均匀且密度大,呈现集聚发展态势,人口密度整体较高,大多数地区人口密度集中于5~10人/公顷。在产业方面,一产粮食产量高,特色农业初具规模,二产以机械制造为主,各类制造的工业小作坊较多,三产农旅、文旅有一定发展潜力。

村庄居民点现状格局特征明显,村庄在发展过程中也出现了多个行政村集聚发展为一个自然村的情况,村庄集聚发展的诉求强烈。就其发展演进而言,历史上村庄集聚于通航河道周边。现在村庄更多趋向于县城、乡镇区周边和道路沿线,对于发展和城镇化的需求日益强烈(图5)。

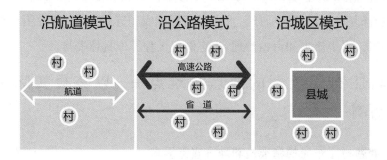

图5 某县村庄模式图

乡村地区对于差异化发展的诉求突出,可以发掘村庄本身独特的生态、文化和产业特色。古大陆泽为其发展创造了先天的生态优势,造就了九河汇聚的生态核心地区和现在肥沃的土壤。独具特色的手工艺、太极拳、和合文化造就了该县村庄的灵魂,以橡塑制品和服装商贸为主的家庭工厂支撑了该县村庄经济的发展。村庄集聚需求强烈,村民城镇化意愿强烈,但村庄建设一般,风貌同质化趋同明显(图6)。在村庄分类过程中,需要精准了解村庄发展现状

图6 发展较好的村庄模仿徽派风格

特征和现实问题,又要考虑村庄的城镇化、集聚化、差异化等多样化的发展诉求,对村庄的发展做出方向性的引导。

3.2 基于分类为村庄提出切实可行的操作路径

在新城乡关系下,全面统筹该县的水、林、田、湖、泽和城乡空间,首先明确全域格局,明确区域协调关系、全域发展战略、生态安全格局和农业发展格局,该县未来村庄的发展会受到全域格局的约束和影响,这种格局也为该县村庄的分类指明了方向[1]。根据河北村庄规划导则,整体从最优质到一般,将该县村庄划分为五类(图 7)。结合导则指引和地方发展需求,提出适合该县发展道路的刚弹并重的村庄分类标准。

图 7 某县五类村庄示意图

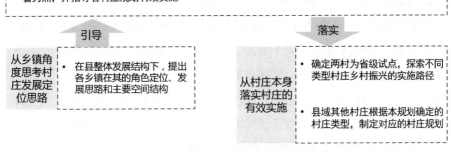

图 8 传导管控需要满足三层级要求

---

[1] 村庄分类方法为两级三步法。

根据省市要求和该县实际特色,分为以下五点:一是特色保护类村庄,全县没有历史文化名村、传统村落等特色村,但考虑到村庄自身发展特征,为村庄的未来预留充足的发展空间,将县域内具有地方特色文化、特色产业、县和乡镇未来重点打造的村庄纳进此类。二是城郊融合类村庄,综合考虑城镇化、工业化和村庄自身发展需要,在城镇开发边界外 1 公里范围内今后仍保留的村庄纳入城郊融合类村庄统筹考虑,实现与城市基础设施、公服设施共享,承接城市功能外溢,起到产业协同发展的作用。三是集聚提升类村庄,结合乡镇村发展意愿,将已建、在建、规划农村新型社区的村庄统一纳入此类村庄统筹考虑;本县现状村庄人口约 23 万人,平均每个村约 1 200 人,本次规划将常住人口规模大于 1 500 人的纳入集聚提升类村庄统筹考虑。四是搬迁撤并类村庄,针对村庄空心化的问题,将人口流失严重、空心化达到 70% 以上,存在滞洪区安全隐患等因素的村庄建议纳入搬迁撤并类村庄考虑范畴,并与县级、乡镇级、村级意愿统筹考虑。由于搬迁撤并类村庄较敏感,且实施难度大,建议应慎重选取搬迁撤并类村庄,并需要长期观察,动态调整搬迁撤并村分类。五是保留改善类村庄,此类村庄人口规模小于 1 500 人,村庄产业为传统农业种植,村庄剩余劳动力需转移至本村以外地区的村庄就业。

3.3 实现城镇用地与村庄用地布局的平衡

本县村庄与广大平原地区的乡村类似,在分布上呈现大分散小集中的态势。近年来,随着乡村地区的家庭趋于小型化,村庄宅基地数量的扩张也日趋明显,全县 98% 的村庄超过一户一宅,村庄居民点面积占全县城乡建设用地总面积的 75%,相当于人均居民点面积达 240 平方米。一方面,根据现代观念新建宅基地通常趋向于沿路建设,因为不受地形等自然因素的限制,新建宅基地大量占用耕地,而家里的祖宅大多位于村庄中心地区,出现了"内空外扩"的现象,而村庄内部中心点处由于道路狭窄、设施落后、生活环境恶劣,灾害发生率高,加剧了村庄的空心化情况,造成了土地资源的浪费。另一方面,城镇化的发展需要大量的土地,城乡用地增减挂钩造成乡村地区的土地增量指标紧缩,同时,村庄产业发展的诉求强烈,由于产业用地审批难造成了村庄工业多以家庭作坊式为主,对村庄产业发展造成一定的阻碍。

综上所述,乡村地区在用地方面资源浪费和用地紧缺的问题并存。在发展过程中,需要充分利用新土地管理法对乡村用地的支持,精准识别空心化严重的村庄,进行土地与指标和功能的置换,实现减量化发展的同时提升乡村土地利用效率,提升乡村建设品质。

3.4 对接上位规划和向下管控实现规划落地

县域村庄布局规划的目的在于从乡村本身出发,自下而上逐村研究,为实现县域统筹引导奠定基础。为应对规划实用好用管用原则,对上落实国土空间总体规划,对下编制每个村的村庄规划有效管控和引导。如何摸清每个村庄类型,如何实现精准管控,成为本次规划实施的重点。内容包含三个层次,一是从县域角度对接、二是从乡镇角度思考、三是从村庄本身落实(图8)。

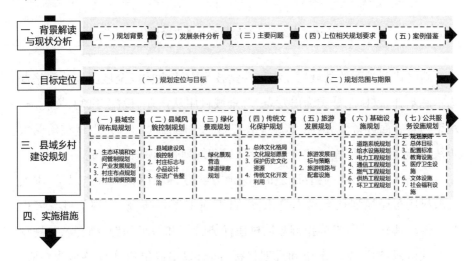

图9 传统村庄布局规划思路框架

4 县域村庄布局规划方法初探——以某县工作思路为例

4.1 从"问题导向＋特色导向＋目标导向＋实施导向"出发,构建系统性逻辑框架

传统的村庄规划思路以村庄建设为基础,注重从村庄风貌管控、绿化景观、传统文化保护、旅游发展、设施配套等方面构建(图9)。本文基于新城乡

关系的时代背景,结合国土空间规划总体思路,改变传统村庄规划思路,为新时代背景下的村庄布局探索技术方法。

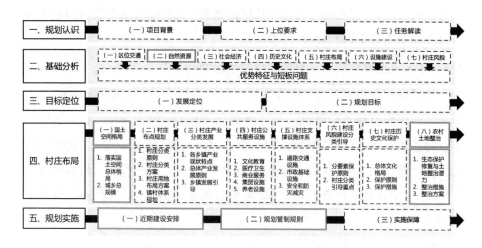

图 10　本次村庄布局规划总体思路框架

新时代背景下的县域村庄布局探索技术方法注重以全域国土空间格局为本底基础,以村庄分类为出发点,对全域村庄从产业、设施、风貌、文化、土地整治多方面进行引导,重点新增落实国土空间格局和农村土地整治两大板块,同时在实施层面关注近期建设项目和规划管制规则的研究。

从确保村庄布局的精准性和解决地方实际诉求两大关键点思考,本次县域村庄布局规划从乡村本身出发,自下而上逐村研究,实现县域统筹引导。做足基础分析,充分挖掘县域村庄优势特征和短板问题,结合已有规划延续性认识,构建发展定位和规划目标,同时以最终能够实施落地为核心,对全域村庄整体布局,包括国土空间格局、村庄布点规划、村庄产业分类发展、村庄公共服务设施、村庄支撑设施体系、村庄风貌建设分类引导、村庄历史文化保护、农村土地整治八个方面。值得注意的是,本次县域村庄布局规划的内容以全域行政村为研究对象,对其进行村庄分类研究,根据村庄分类结果提出差异化发展引导(图 10)。

4.2　结合地方实际需求,细化村庄分类标准,提出刚弹兼具的"某县模式"

基于村庄分类的引导原则和各类村庄的发展特点,构建有层次、有侧

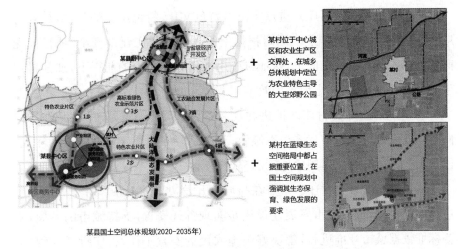

某县国土空间总体规划(2020-2035年)

某村位于中心城区和农业生产区交界处,在城乡总体规划中定位为农业特色主导的大型郊野公园

某村在蓝绿生态空间格局中都占据重要位置,在国土空间规划中强调其生态保育、绿色发展的要求

图11 本次村庄布局规划总体思路框架

重、差异化的整体引导(表1)。

表1 村庄分类引导重点

村庄分类	产业提升	公共服务	基础设施	村庄风貌	文化保护	土地整治
特色保护类村庄	突出乡村旅游,发展特色产业	提供旅游相关服务	建设完善的基础设施体系	彰显与村庄特色产业、特色文化相结合的风貌特征	保持村庄传统格局的完整性、历史建筑的真实性和居民生活的延续性	加强生态系统保护与修复;提高土地的利用效率
集聚提升类村庄	与周边村庄一体化发展;突出当地特色产业	提供完善、高品质的公共服务并辐射周边村庄	建设完善的基础设施,提升对周围村庄的带动	加强资金投入,突显村庄的建设品质	传承并延续村庄民众文化;定期举办文化活动	保护、修复生态资源;适当腾挪低效用地
城郊融合类村庄	农旅融合发展承接城镇产业职能的转移	共享城市地区的公共服务设施;提供旅游、商贸等特色服务	共享城市地区的基础设施网络	改善村容村貌	传承并延续村庄民俗文化	整治空心村;利用空心村改善生态环境
保留改善类村庄	因地制宜,发展适合当地的产业	补齐公共服务设施短板,满足村民日常生活	补齐基础设施短板,逐步提升村民生活质量	改善村容村貌	延续村庄传统习俗	加强对村庄闲置宅基地的整理;加强还田复绿的生态建设
搬迁撤并类村庄	保留产业现状	维持现状公共服务设施不变	维持现状基础设施不变	村庄搬迁以前加强村庄的危房整治	延续村庄传统习俗	对搬迁后的村庄原址进行生态保护修复

一是特色保护类村庄。重点突出对特色文化、特色产业的保护,结合村庄特色适度发展特色产业。同时根据上级下发的村庄建设资金、项目优先向此类村庄倾斜。在空间上,保证村庄用地指标不减少的前提下,加强村庄生态保护与修复,提高土地利用效率。

二是集聚提升类村庄。推进村庄社区建设,建设成为区域发展中心。同时产业发展类项目应优先予以倾斜,其次是区域性设施建设资金的注入,以全面提升此类村庄对周边地区的辐射带动作用。

三是城郊融合类村庄。重点在与城镇开发边界的关系。对于城镇开发边界内的村庄,依据城市发展建设逐步实现拆迁安置,支持城市的发展,安置标准依据城市标准进行,解决好失地农民的安置工作,村庄拆迁过程中,注重特色资源的保留与开发。城镇开发边界外的村庄在发展资源方面以承接城市功能转移为主。

四是保留改善类村庄。此类村庄在目前发展阶段暂且不安排外来资源,以村庄自我发展为主。重点完善村庄生活服务设施,盘整用地,整治空心村,腾挪建设用地指标。

五是搬迁撤并类村庄。此类村庄在搬迁以前不再进行新增建设,以维持现状为主。搬迁后的村庄需要注意生态修复,不能"一片狼藉"。

4.3 基于村庄布局的土地整理思路

村庄分类为村庄的发展做出了相对明确的指引,村庄土地整理应从村庄分类的角度切入,在人地对应的前提下为村庄土地整理做出方向性的引导。综合考虑村庄产业发展需求和生活水平的提升需求,预留出不少于10%的村庄产业用地指标和不少于5%的重大设施留白用地,最终达到减量提质的发展要求。

一是特色保护类村庄。此类村庄重点保证建设用地的内部平衡,实现村庄自身换血提质。对于此类村庄生态空间的整理需要在保护生态系统的前提下实现生态景观化建设,建设看得见清澈河湖、望得见田野的最美乡村。

二是集聚提升类村庄。此类村庄重点筛查低效用地,将低效建设用地减量化形成的用地指标向村庄倾斜,重点用于设施的完善,提升辐射带动能力。此类村庄在发展的同时注重生态环境的保护与修复,严禁污水排入河道,控制农药化肥的使用,注重生态隔离建设。

三是城郊融合类村庄。重点开展用地整理更新,对于城镇开发边界的村庄来说,随着城镇建设的逐步展开予以拆迁安置。此类村庄应重点推动生态系统的建设,凸显乡村地区的独特价值。

四是搬迁撤并类村庄。重点以土地增减挂钩为原则,对搬迁撤并后的村庄原址,增加村庄生产、生态空间。挑选人口较少规模较小的村庄作为试点,按照"宜耕则耕、宜园则园、宜林则林"等原则,因地制宜开展村庄复垦。

五是保留改善类村庄。以用地优化和环境整治为主,控制其建设总量,整合村庄闲散用地进行集约化建设,结合村庄人口规模,按照标准逐步缩减其用地规模总量,并对村庄闲散建设用地进行复垦,加强还田复绿的生态建设。

值得注意的是,村庄建设用地指标的缩减不能只是图上的缩减、数据上的缩减,应当以提质为主要目标逐步实现村庄用地的减量化。农村土地整治的有效推进需要政府的积极引导和村民的广泛参与。政府需综合盘整全域城乡建设用地总量,积极推进建设用地指标的增减挂钩。村庄土地整理的顺利推进需要以村庄内部的自整理为前提,全面盘整村庄的存量用地,针对村庄发展的不同类型,分类差异化进行村庄环境的优化整治,全面扭转村庄脏乱差的现象,改善空心村的居住环境,引导村庄居民点的内迁与外腾,有效引导低效用地的顺利退出。

4.4 根据县域村庄布局传导与管控下位村庄规划工作

县域村庄布局规划的传导管控主要针对于单个村庄规划的编制工作。从上位国土空间总体规划出发,自上而下落实"三区三线"的位置、面积及用途管控要求,切实在村庄层面保障实施;从村庄布局专项规划出发,从以上不同类型的村庄引导思路指导具体村庄规划的上位规则,从而实现村庄专项规划的实施落地;从乡村本身出发,自下而上逐村研究,并将各村特点整合后体现在乡村布局专项中,实现县域统筹引导。以该县某村为例,根据区域定位衍生出村庄规划的发展要点,决定了该村以生态空间为骨架及核心的发展特色(图11)。

5 结语

新城乡关系下,村庄的发展需要建立一套适合村庄自身价值的评价标准,而非依旧照搬城市,因此乡村地区的规划需要真正去发现不同村庄类型的不同价值,区别对待每一类村庄,城郊融合类村庄和集聚提升类村庄需要予以更多的关注,而保留改善类村庄则需要把村庄发展过程留给时间。新一轮的国土空间规划对村庄发展也提出了更新更严格的要求,乡村地区作为"三生"空间融合发展区域更应该去全面地考虑山水林田湖系统,而不仅是建设空间。乡村地区的复杂性也决定了规划实施的复杂性,村庄布局规划的真正落地实施和村庄减量化发展,需要构建以提质为目标的减量化规划,让村民真正感受到改变带来的生活品质的提升。

参 考 文 献

[1] 刘春芳,张志英.从城乡一体化到城乡融合:新型城乡关系的思考[J].地理科学,2018,38(10):1624-1633.

[2] 张漫.基于"乡村振兴战略"的全域土地综合整治规划研究[D].开封:河南大学,2019.

[3] 闫琳."知—行"合一视角下的乡村振兴规划反思与探索[J].小城镇建设,2019,37(11):74-81.

[4] 孙璐,王江萍.新型城乡关系下"乡愁"的空间要义[J].现代城市研究,2017(10):117-121,132.

[5] 李国正.城乡二元体制、生产要素流动与城乡融合[J].湖湘论坛,2020,33(1):24-32.

[6] 陆学,罗倩倩,王龙.村庄分类方法——两级三步法探讨[J].城乡建设,2018(3):40-43.

[7] 宋二红.平原地区村庄布局规划研究[D].开封:河南大学,2012.

[8] 孙宇毅.实用性村庄规划关键问题探讨[J].城乡建设,2019(20):36-37.

[9] 杨贵庆.新时代村庄规划的使命和特点——《关于统筹推进村庄规划工作的意见》解读[J].小城镇建设,2019,37(1):119-120.

[10] 陈小卉,闾海.国土空间规划体系建构下乡村空间规划探索——以江苏为例[J].城市规划学刊,2021(1):74-81.

[11] 彭武卫.县域村庄分类与布局策略研究——以湖南省永顺县为例[J].现代农业研究,2021,27(1):61-64.

[12] 陈诚,徐本营.乡村振兴战略背景下的全域村庄规划初探——以龙泉驿区全域村庄布局规划为例[J].四川建筑,2020,40(6):4-7.

[13] 赵明,李亚,许顺才.从"撤村并居"到"因户施策":全域土地综合整治用地布局优化策略研究[J].小城镇建设,2020,38(11):22-27.

[14] 陈军.新型城镇化背景下县域村庄布点规划分析[J].住宅与房地产,2020(30):219,224.

[15] 赵瑞峰.县域村庄空间布局规划研究——以淄博市博山区为例[J].中国住宅设施,2017(2):50-51.

[16] 沈婕,王瑾,马远航.西北山区县域乡村空间发展引导的探索和实践——以岷县县域村庄布局规划为例[J].建筑与文化,2016(5):37-40.

[17] 赵毅,段威.县域乡村建设总体规划编制方法研究——以河北省安新县域乡村建设总体规划为例[J].规划师,2016,32(1):112-118.

英国空间规划体系下乡村保护策略对中国的启示

——以科茨沃尔德地区为例

周　露　郭师竹

（重庆大学建筑城规学院）

【摘要】　本文对英国政府在英国乡村采取的保护性规划策略进行研究，尤以英国最美乡村——科茨沃尔德为例，从国家—区域—地方三个层级来系统地分析如何从政策—规划—实施的具体过程一步一步实现乡村保护和发展控制，以期对中国在新时代国土空间规划框架下的乡村建设过程中对于乡村保护和发展的平衡问题的解决有所启示。本文通过在当地调研以及文献收集，先梳理了英国乡村发展政策演变，再对相关英国乡村环境保护政策进行解读，最后落脚到科茨沃尔德的具体实践，引出中国乡村进行乡村建设时需要建设层级式规划体系来控制乡村发展，需要组织自下而上的方式来联系民众共同保护乡村，需要强化乡村规划的可实施性，只有将保护和发展联系起来才能更全面地建设好可持续的乡村。

【关键词】　英国空间规划体系　乡村保护　乡村管理　乡村规划实施

1　引言

随着乡村振兴战略的提出，乡村建设和发展变得如火如荼，可在这个过程中有些乡村却变得越来越不像乡村，甚至被改造得与城市类似。在新时代国土空间规划的背景下，乡村作为自然生态资源和土地资源集中的空间，只有处理好保护与发展之间的关系，才能保证乡村的可持续发展。而纵观世界,英国是最早开始城镇化发展的国家之一,面对工业的不断进步、城市的不断扩张蔓延,在综合全面发展的同时,英国乡村的自然环境和文化特色都保有极好的原真性,这都是因为政府较早地对乡村建设进行干预,在空间规划框架下把握了发展和保护的平衡。因此,研究英国乡村保护性规划和政策,对当前我国乡村建设中需要既保证乡村的发展又保护乡村独有的自然环境和文化遗产具有重要的借鉴意义。

2 英国乡村规划体系的演变

对于乡村发展而言,乡村经济的转变是其根本动力,同时也是引起乡村价值和乡村规划政策演变的重要因素,因此,以乡村经济转变为线索,可以将英国乡村发展及其相应的规划体系演变分为三个阶段。

第一个阶段为用地规划时期(19世纪40年代~70年代),早期英国经济发展受工业化影响,发展重心长期在于城市,而忽视乡村发展,"重工轻农"的政策导致英国农业发展一蹶不振。然而,"二战"后英国出现了粮食危机,引起了英国政府对乡村的关注,确切的说是对乡村农耕土地的重视[1]。为加强乡村"生产性"价值,1947年颁布的英国第一部《城乡规划法》中关于乡村规划政策主要是以保护农业用地为核心的,其中典型的包括"绿带"政策、"国家公园"政策以及"杰出自然美景区"政策(AONB),这三项政策都是为了保护农田和自然森林等免受城市扩张和蔓延而遭到破坏。可以看到,这一时期乡村规划仅仅只是为了保护农、林业用地而限制开发,而并未真正对保护区的发展提出积极的建议。

第二个阶段为导则规划时期(19世纪70年代~21世纪初),虽然英国的农业保护相关政策起了一定作用,使得农产品的产量提升了起来,但好景不长,农产品质量的不足使其在市场竞争中始终处于劣势。为应对农产品价格的下滑,农民们开始寻求各种方法来增加收益。乡村的产业开始从农业向产业多样化转变,这一时期乡村中二、三产业蓬勃发展,手工业、零售业以及乡村旅游服务业逐渐成为农民除了农业外的主要收入来源[1]。

与此同时,"田园乡村"思想的流行、逆城市化现象的出现,使得大量城市居民向乡村迁徙,这进一步加速了乡村产业的分化和重组。此后多样化产业发展促使人们对乡村价值观念开始转变,农业不再成为乡村经济的基础,乡村价值开始从"生产性"向"消费性"转变。而乡村的"消费价值"与乡村的"环境质量"和"独特性"息息相关,乡村的自然环境和当地独特的人文历史、传统工艺、建筑遗产等成为保护的重点[2]。在以保护为前提的乡村发展背景下,乡村规划策略由"限制性开发"向"引导性开发"方向转变,这可以从"杰出自然美景区""国家公园"和"绿带"等相关政策调整中看出来,其中要求负责保护区管理的委员会开始不仅要负责保护管理辖区内自然环境、文化遗产等,还要负责辖区内的居民生产生活发展,鼓励和引导保护区开发。

第三阶段为空间规划时期(21世纪以来),随着英国乡村经济产业、基础配套设施的发展和完善,城市的很多发展功能逐渐向乡村地区转移,这就意味着乡村和城市互动愈加频繁,城乡边界逐渐模糊,乡村发展由地方扩大到区域的范畴,乡村区域化的概念冲破了传统行政区划的概念,不再是一个或几个乡镇单独发展,而是一个乡村区域的整体共同发展[1]。乡村地区已经成为实现综合、可持续发展目标的重要组成部分,人们对乡村价值的认知也由之前"消费性价值"提升为"可持续价值"。区域化发展特征和乡村价值的提升促使乡村规划再一次发生重大变革,产生了"空间规划"的概念,不同于传统的"用地规划",其更关注影响地方发展的一切政策和制度建设[3][4],将乡村发展置于更大的环境背景中进行综合协调考虑,并建立起"国家—区域—地方"层级性规划框架。

综上所述,随着英国乡村经济的不断变化和乡村价值的不断提升,乡村规划形式实现了从"用地规划"到"导则规划"再到"空间规划"的转变,体现了乡村规划理念从"限制开发"到"引导开发"再到"协调开发"的转变。由此可见,在空间规划的指导下,协调乡村的全面发展,对乡村环境的保护是必不可少的。本文以英国科茨沃尔德地区为例,从国家、区域、地方三个层级介绍对乡村环境保护的政策措施(图1)。

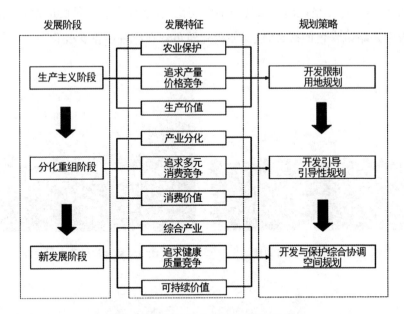

图 1　英国乡村发展及规划变革结构

3　科茨沃尔德地区乡村保护实践

3.1　科茨沃尔德地区背景概述

科茨沃尔德位于伦敦以西的英国腹地,被称为英国最美乡村,但其并不是一个行政区域划分,而是由 6 个郡、200 多个村庄组成的地理区域。因其自然风貌相似,都具有连绵起伏的山丘、葱郁的绿草和古老的森林而统称为科茨沃尔德地区。科茨沃尔德其意为"起伏山坡上的羊圈围栏",这是因为此区域是以羊毛产业而闻名的,羊毛产业的不断兴盛促使这一地区经济迅速发展,耕地向牧场转变,村落景观发生巨大进化,林地草地越来越茂密,村落建筑与林地交相呼应,而形成特色乡村景观(图 2,图 3)。

除了它独特的自然环境外,科茨沃尔德地区之所以具有如此显著的特征,还因为当地一种被称为"科茨沃尔德石"的建筑石材(图 4,图 5),这是一种蜜蜡色的石灰石,当地房屋建造主要就是采用此种石材,使得整个区域建筑有着统一的暖黄色彩基调。随着由南至北地质情况的不同,石头中所含矿石物质成分的差异,颜色也呈现出一系列的细微变化,有些地方呈现偏暖的蜡黄,有些地方则是略偏青色的微黄,这又使得建筑色彩在统一中富含变化[5]。

图 2　起伏的山丘与林地

图 3　林地与村落交相呼应

图 4　科茨沃尔德石壁教堂

图 5　色调统一的村落风貌

3.2　国家层面的政策提出

英国政府在 1475 年的《城乡规划法》中颁布了"开发许可申请"条例,这对乡村的控制性发展策略实施起到重要作用。条例规定将土地所有权与土地开发权分离开来,这意味着私人土地的开发权仍归国家所有,各类土地开发活动都需要向政府申请,以方便相关部门能够依据当前的规划进行开发管理[6]。这避免了乡村中出现不符合当前发展规划的突兀的开发项目,保证了乡村整体环境一致。此外,为保护各类建筑文化遗产,英国设立了"登录建筑"制度,一个建筑一旦被登录,在没有地方当局的批准下,业主不得对其进行重大改观的拆除或改造。这一制度使得乡村中具有当地特色和时代特征的建筑得到保护,使得当地传统建造技艺和文化得以继承。

同时,为给乡村土地和环境提供更全面和可持续的保护,在国家层面还设置了三类保护区机制:一是设置"绿带"政策,20 世纪初期提出的"绿带"政策在《城乡规划法》支持下得到完善和推广,其目的在于避免城市的过度开发破坏城市边界的农田和森林,从而也起到限制城市无限蔓延作用;二是划定"国家公园",其目的在于保护该地区自然环境和文化遗产,使人们能够享受到当地原真的环境;三是划定"杰出自然美景区"(AONB),AONB 与"国家公园"都是在 1949 年《国家公园和乡村进入法》中提出的,二者所不同的是,"国家公园"政策是在全英国范围内执行的,而 AONB 政策是属于联合王国层面即在英国部分地区(主要是英格兰、威尔士、北爱尔兰)所采取的保护措施[7],虽然 AONB 并不像国家公园那样具有一些特殊的法定权力,但在 2000 年《乡村与路权法》中明确了两者具有同等地位。

3.3 区域层面的管理指导

如前所述,"杰出自然美景区"的划定是英国对乡村环境保护的重要手段之一,科茨沃尔德地区于 1966 年划定为"杰出自然美景区"(AONB),该地区的乡村保护规划可以堪称英国乡村典型。组织该地区管理工作的机构是科茨沃尔德保护委员会,不同于地方议会,其管辖权不受行政区域的限制,从而能从较大的区域层面协调科兹沃尔德 AONB 整体事务,保证各方利益不冲突和各个项目的顺利进行。

为维持 AONB 区域的保护管理有计划、有针对性地进行,当地保护委员会制订了相应的"管理计划"并进行定期审查,"管理计划"每 5 年更新一次,以保证切实地关注该区域的保护和发展情况。保护委员会需要根据"管理计划"规定相关政策原则,对科茨沃尔德 AONB 的规划和开发过程中的所有事项向各地方当局提供准确的咨询和建议,以保证该区域规划建设活动和保护 AONB 自然环境并行不悖。

除了保护自然空间环境,保护委员会还兼顾着当地居民的生产生活发展:为增加村民生产力和保证乡村的可持续发展,免费向村民提供可再生能源和农村技能方面的信息;为发扬当地传统文化和方便村民更深刻了解该区域的特征,每年组织一系列传统工艺课程(如干石墙、石灰砂浆、树篱堆砌等施工方法指导)。

3.4 地方层面的规划实施

英国地方政府一般分为两个层级：一个是地区，一个是郡，两者之间并不存在行政隶属关系，但行政权力和服务职责有一定划分，地区议会一般负责房屋建设、规划申请、地方规划等服务，而郡议会主要负责社会性服务，如教育、医疗等。本文讨论内容主要在规划层面且范围是科茨沃尔德地区，因此以科茨沃尔德地方议会为例。

在科茨沃尔德 AONB 管理计划的政策框架下，科茨沃尔德地方议会针对该地区制定了"科茨沃尔德地区地方规划"，以对该地区土地使用和开发做出指导性意见和规范当地开发项目的实施。比如其中针对当地开发项目的"设计指南"有着宏观、中观、微观三个方面的详细说明：在自然环境、聚落和街道宏观层面，要求新项目的开发必须仔细研究其所处的环境背景，并在设计中有所反映，使项目融入环境背景中。例如在科茨沃尔德的传统街道中有着各种规模和风格的建筑物，它们以一种节奏感和谐地存在着，因此这就要求处于街道环境中的新建或改造建筑既要遵从这一秩序原则，又要利用新技术新材料体现一定的时代特征(图6，图7)。在建筑的规模、比例和风格的中观层面，要求新建建筑应该从人的角度认真斟酌其尺度和比例，避免在人的视线中因体量过大而突兀，建筑风格和材料要继承传统样式的基本

图6 改造建筑成为街边亮点　　图7 新旧建筑材料和形式对比

特征,在此基础上反映出自身建筑特色(图8)。在建造材料和工艺技术微观层面,从墙体材料、屋顶材料、门窗材料、装饰材料和临街界面等各方面给出处理建议,例如,对于临街界面,建议在房屋前的花园内应采用较低形式的传统边界(如干石矮墙)处理,并利用树植灌木遮挡以柔化建筑物沿街正立面[10]。

此外,为了让建造者能对当地传统建筑特征更清晰地了解和准确地运用,针对当地最典型的几个建筑特征的细部,"设计指南"中还提供了详细的建造指引,该指引不仅说明了传统建筑特征细部的具体构造方式,还对新材料的运用进行了示意[11]。

4 对中国乡村保护启示

4.1 构建层级式的规划控制体系

英国对于乡村保护规划构建了国家—区域—地方的层级式框架式政策系统,从宏观到微观建立了一套全方位的政策系统,从村落整体环境到街景与界面乃至建筑与细节都进行很好的控制。《城乡规划法》从国家层面提供城市和乡村的空间协同发展框架,"保护区"划定以及委员会在区域层面对乡村自然环境、历史景观和建筑形成较为集中的保护,同时对地方规划给予建议和指导,以协调上下级规划政策,保证发展和保护并行;"地方规划"则从地方层面更为细节地给出规划发展建议和具体实施方式,保证规划能够实施落地。

与英国相比,我国乡村治理方面的政策法律建设还不健全,现有相关的法规政策内容还停留在生态保护的宏观层面,没有细化到具体的实施层面,难以形成有效的指导[12]。虽然现今许多乡村在规划实施层面利用导则的方式来进行指导,但也只是单纯从物质空间出发对建筑立面和环境进行改造,而忽略对村落文化、产业、当地特色等因素的综合思考。只有从自身特点出发,从村落整体层面进行考虑,分类分级地进行村落治理和保护,这样才能避免"千村一面",才能更好地针对不同情况进行工作实施。

4.2 强调地方自治和多方参与

英国城乡规划体系主要用于开发指导意向,具体管理工作则通过开发控制进行,把具体的决策留给地方相关部门,给予了地方政府和规划部门很大的自由裁量权。同时英国乡村规划政策的实施也是一个"自下而上"的过程,项目的开发和政策制定都需要公示以充分征求社区居民的意见,充分满足居民需求和建议;通过与NGO组织的合作,接受其监督和反馈,从而更好地执行和完成规划目标。

而我国的乡村政策与规划主要还是以"自上而下"的方式主导,民众以及地方组织的参与感较低。乡村发展治理应该是一个主动积极的过程,乡村的保护和发展不应该仅仅是物质外壳的保留,其内涵是生活气息和特征的全然延续,这需要政府和民众的共同努力、共同治理,只有民众参与了乡村治理和建设过程,才能使其具有归属感,才能更好更用心地去维护乡村环境。同时在乡村保护上应多联合社会力量群策群力,例如可以开展一些志愿者保护活动,这样不仅发动了群众参与,普及了乡村保护的重要性,还为政府分担了部分任务。

4.3 强化规划政策的实施性

英国就"地方规划"从宏观到微观层面对各种项目的设计建议进行了详细说明,涵盖内容广泛全面细致,甚至对于当地施工技术都有参考意义。参照这样的详细设计指南,各项开发项目能够找到政策依托进行规范设计,保证了政府对村落整体风貌的控制,同时在规划项目实施过程中不断通过公示征得居民意见反馈进行调整,有效保障了规划项目顺利落地。

我国乡村的规划实施还缺乏指导性,未对当地项目开发所遵循的原则进行明确界定,从而导致乡村规划出现"多地移植""生搬硬套"的现象。当地政府应根据乡村自身的条件、特色产业、当地传统对当地规划进行原则指导,甚至可以针对施工细节做出当地特色参考说明。关于规划的落地实施,应广泛联系民众征求规划意见,接受监督和意见反馈,尤其对于中国乡村条件复杂、产权不明晰等状况,只有通过详尽的规划细节和有力的实施保障,才能保证规划更精确地落地实施。

5 结语

在目前我国乡村振兴的背景下,乡村建设更加迅猛,但乡村发展问题也日益突出,乡村规划面临体系不完善、实施难等问题,无法精确指导规划项目,妥善对待原有环境和历史传统,导致乡村环境和其自身特色也在这个过程中消逝着。文章通过从国家—区域—地方三个层次对英国最美乡村——科茨沃尔德的规划体系和规划相关政策进行研究,得出乡村规划中构建层级式规划体系、强调地方自治和多方参与、强化规划政策的实施性三个因素,对于当下中国在国土空间规划背景下努力达到乡村发展和保护相平衡具有一定借鉴意义。

参 考 文 献

[1] 闫琳.英国乡村发展历程分析及启发[J].北京规划建设,2010(1):24-29.

[2] 龙花楼,胡智超,邹健.英国乡村发展政策演变及启示[J].地理研究,2010,29(8):1369-1378.

[3] 贾宁,于立,陈春.英国空间规划体系改革及其对乡村发展与规划的影响[J].上海城市规划,2019(4):85-90.

[4] 吕晓荷.英国新空间规划体系对乡村发展的意义[J].国际城市规划,2014,29(4):77-83.

[5] 赵紫伶,于立,陆琦.英国乡村建筑及村落环境保护研究——科茨沃尔德案例探讨[J].建筑学报,2018(7):113-118.

[6] 张松,陈鹏.英国城乡规划体系中的保护区评估与管理[J].城市建筑,2015(10):28-31.

[7] 田丰.英国保护区体系研究及经验借鉴[D].上海:同济大学,2008.

[8] Cotswolds Conservation Board. Factsheets Four Cotswolds Conservation Board[EB/OL]. [2020-02-20]. https://www.cotswoldsaonb.org.uk/wp-content/uploads/2017/07/cotswolds-conservation-board-2.pdf.

[9] Cotswolds Conservation Board. Cotswolds AONB Management Plan 2018—2023[EB/OL]. [2020-02-20]. https://www.cotswoldsaonb.org.uk/wp-content/uploads/

2018/12/Management-Plan—2018-23. pdf.

[10] Cotswold District Council. Cotswold District Local Plan(2011 to 2031)[EB/OL]. [2020-3-10]. https://www. cotswold. gov. uk/planning-and-building/planning-policy/adopted-local-plan/local-plan—2011-to-2031/.

[11] Cotswold District Council. Historic building features[EB/OL]. [2020-4-2]. https://www. cotswold. gov. uk/planning-and-building/cotswold-design-guidance/historic-building-features/.

[12] 韦悦爽.英国乡村环境保护政策及其对中国的启示[J].小城镇建设,2018(01): 94-99.

数据经济时代流乡村的发展实践及其转型研究*

姚瑾凡[1]　陈静媛[1]　毛丽丽[2]　张云彬[1]

（1 安徽农业大学林学与园林学院　2 华中科技大学建筑与规划学院）

【摘要】 传统乡村长期处于产业、人口和资本资源缺失的劣势地位,乡村转型面临挑战。数据经济时代的到来给乡村发展带来了新机遇,网络购物带动乡村产品发展,网红村带动了乡村视觉消费。本文通过案例比较分析法总结了六座传统乡村向网红村、淘宝村等流乡村发展转型的内容及机制特点,即以乡村本身资源禀赋为核心,通过数据经济技术推动,在乡村经济、社会和空间层面创新转型,以期为数据经济时代乡村振兴实践和理论提供创新性启发。

【关键词】 乡村振兴　数据经济时代　流乡村　乡村转型　发展实践

1　引言

习近平总书记在全国脱贫攻坚总结表彰大会上强调,乡村振兴是实现中华民族伟大复兴的一项重大任务。随着数据经济时代的快速发展,乡村产业发展迎来了新的机遇。2019 年我国农村网民规模为 2.25 亿人,占整体网民的 26.3%。2019 年上半年,全国贫困县网络零售额达 659.8 亿元,同比增长 18.0%。越来越多的农民拥有了自己的网络店铺和自媒体平台,分享

---

*　本文发表于《小城镇建设》2021 年第 7 期。

"流乡村"（Country in Flows）是新兴的移动互联网时代的产物,是实体分散、虚拟集聚的空间,它虽然保持乡村的风貌,但已经进入区域甚至全球的产业分工体系,大量的淘宝村、网红村和著名的旅游目的地村庄都属于这一类型[1]。

基金项目：2020 年度安徽省重点研发项目《基于韧性乡村的大别山区乡村建设风险评估与规划设计关键技术研究》（项目编号：202004a06020014）。

数据经济时代的红利,淘宝村①、网红村②等流乡村应运而生[1-2]。随着乡村发展新动能被激活,乡村的产品、文化、空间的价值也被重新定义。越来越多的乡村挖掘自身资源禀赋,形成产业集聚和空间转型[3],在经济、社会及空间方面与传统乡村形成鲜明对比[4]。

2 传统乡村发展的困境

乡村在产业、人口和资本上的资源欠缺,使其在现代化发展中处于劣势。传统乡村在现代工业和城市化转型中面临一系列挑战[5]。

2.1 乡村经济贫困

乡村地理位置偏僻、农民受教育水平不高、资本不足的劣势条件导致其产业发展难以突破。传统乡村主导产业以一产种植业或二产制造业为主。单一的产业结构制约着传统乡村的产业转型升级[5],传统乡村整体经济收入水平较低,难以摆脱经济贫困的局面[6]。

2.2 乡村人口外流

传统乡村的经济衰落引起严重的青壮年劳动力外流现象[5]。人口外流一方面限制了乡村传统就业形式的创新,使得村民只能延续传统以务农或手工制造为生;另一方面限制了乡村社会的知识更新[5-7],使得社会活动延续传统的面对面交流方式,乡村社会信息交流效率低下,城市现代化发展成果难以进入村民的生活。最终导致传统乡村发展的内在动力不足[8]。

2.3 空间功能单一

传统乡村属于一种自给自足的聚落空间,乡村土地利用以满足村民农业生产和居住为主,空间功能较为单一。生产用地多为基本农田或农耕地;村庄

---

① 阿里研究院对"淘宝村"的认定标准主要包括:(1)经营场所:在农村地区,以行政村为单元;(2)销售规模:电子商务年销售额达到1 000万元;(3)网商规模:本村活跃网店数量达到100家,或活跃网店数量达到当地家庭户数的10%。

② "网红村"表述最早出现在2015年,目前并没有严格的界定。部分学者认为网红村是新媒体流量注入乡村景观所形成的乡村新气象,即通常利用移动互联网宣传具有视觉冲击力和吸引力的景观,从而达到吸引外部资源、发展旅游经济的目的[2]。

集体建设土地主要用于承担村民生活[8]，以居住或基本文化活动功能为主。

3 数据经济时代乡村发展的新机遇

3.1 乡村产业发展

互联网发展促进了网络购物的兴起，为传统乡村的产业发展带来了新机会。网络购物将乡村产品信息进行了迅速广泛的推介。如湖北省十堰市下营村的绿松石手工艺制品、云南省大理白族自治州新华村的手工银饰、河南省许昌市郭店村的社火道具等都在网络购物的带动下得到市场的关注，获得迅猛发展。在共青团中央、阿里巴巴、新浪微博联合举办的"2018 脱贫攻坚公益直播盛典"中，4 个小时内，来自 50 个贫困县的 102 个农产品亮相淘宝直播，在线观众达到 1 000 万人，销售额超过 1 000 万元。网络购物的发展促进了乡村产品的对外流通，为乡村产品发展提供了新方式[2]。

3.2 乡村视觉消费兴起

数据经济的技术发展促进了视觉消费时代快速到来[9]。网络视频的爆发式增长，微博、抖音、快手等热门社交 App 点燃了新形式的网红经济，社交媒体下的"乡村视觉消费"成为乡村振兴的新机遇[10]。乡村拥有较好的自然环境及乡村文化底蕴，具备发展网红经济的良好基础。网络媒介可以将乡村的农产品、乡村风貌、乡村日常生活等内容向社会各界进行全方位展示，是乡村"网红景点"、乡村旅游打卡地塑造的重要渠道，能够为乡村发展休闲旅游创造机遇[2]。2016 年 5 月，"去哪儿网"作为国内旅游业门户网站，与斗鱼直播联合推出旅游直播平台，通过"线上线下"一站式运营模式将网络粉丝向用户转化，获得了很好的效果。仅抖音数据显示，2019 年乡村文旅产业的"打卡经济"全年打卡 6.6 亿次，其中贫困县相关视频被分享 3 663 万次。

4 流乡村发展的新实践

4.1 淘宝村的发展实践

青岩刘村位于浙江省金华市义乌市江东街道，是典型的电子商务产业集聚区。2006年青岩刘村抓住电商机遇,凭借毗邻义乌最大的货运市场——江东货运市场的区位优势,迅速发展电商产业,成为全球最大的日用消费品网货采购中心和全国网商集聚中心。

尚庄村位于河南省许昌市长葛市官亭乡,以蜂业为特色产业。在电子商务的影响下,该地区所生产的蜂产品与蜂机具通过网络向全国各地销售[11]。2015年,尚庄村被认证为"2015年中国淘宝村",成为中国首个以出售蜂产品和蜂机具为主的淘宝村[2]。尚庄村通过产业提档升级和外贸发展方式转变,促进蜂产品产业化、集群式发展和出口商品结构优化,成为全国最大的蜂产品集散地和出口基地,实现了从传统乡村向新乡村的转变。

丁楼村位于山东省菏泽市曹县大集镇。以农业生产为主,经济基础薄弱。2009年开始尝试通过淘宝网开设网店销售演出服,在电子商务的驱动下,丁楼村从几乎零基础的农业村迅速发展成为以加工演出服销售为主的复合功能乡村,是电商驱动乡村转型的典型案例(表1)。

表1 淘宝村典型案例特征分析

村庄名称	类型	用地面积	区位类型	依托资源类型	电商经营产业
浙江青岩刘村	商贸类	0.31平方公里	距离义乌市中心区4.9公里、距义乌国际商贸城6.7公里	依托货运市场	日用消费品网货采购中心
河南尚庄村	农贸类	约1.53平方公里	毗邻郑州航空港,交通区位优势显著	依托农特产品	出售蜂产品和蜂机具
山东丁楼村	工贸类	约1.07平方公里	村地处菏泽市曹县大集镇,无明显交通区位优势	依托产业优势	加工演出服销售

淘宝村改变了传统乡村的交易功能[4]。与以面对面为基础的传统线下交易不同,淘宝村借助电商平台,线上完成展示、选择等一系列交流活动,打破了传统的地理邻近限制,在一定程度上能够化解乡村在地理区位上的劣势,使得乡村也能够成为一种集聚性的"交易场所"[12]。

淘宝村提升了传统乡村的产品价值。电子商务打破了以农产品批发为主的乡村市场的主导地位,促进了乡村产品的销量提升,为乡村提供了广阔的交易场所。此外,电子商务为乡村产品的多元化发展带来契机,乡村产品的价值被重新赋予,多元化、特色化的乡村异质性产品体现了乡村的独有魅力。淘宝村推动了传统乡村的产业创新。网络信息的快捷反馈为乡村的产业创新提供了机会。互联网促进了乡村与外界的知识、信息交互[4]。村民利用互联网技术支撑下的强大销售能力与物流的快速运输能力,成就了乡村的产业革新。特色产业村层出不穷,为乡村经济的困滞提供了新的发展思路(图1)。

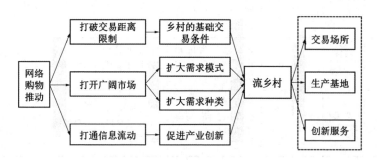

图1　网络购物推动流乡村转向机制图

资料来源:作者根据参考文献[12]改绘

4.2　网红村的发展实践

十八洞村位于湖南省湘西土家族苗族自治州。因交通受限、信息闭塞,村民生活贫困。2013年,习近平总书记在这里提出了"精准扶贫"的重要思想。之后,十八洞村以苗族原生态文化、"亚洲第一奇洞"的网络宣传走红。十八洞村依托互联网优势发展乡村旅游,实践发展创新扶贫模式,完成了从深度贫困苗乡到小康示范村寨的变身。

梅家坞村地处浙江省杭州市西湖风景名胜区西部腹地,是一座有着六百多年历史的古村,有"十里梅坞"之称,是西湖龙井茶一级保护区和主产地之一。梅家坞村通过网络平台拓展茶叶宣传并走红,打响了梅家坞村乡村休闲旅游品牌,成为杭州城郊最富茶乡特色的农家自然村落和茶文化休闲观光旅游区。

王家岭村位于浙江省宁波市奉化区尚田镇南部,本身并无特色优势,经济贫困。2016年,王家岭村引进3D壁画这一项目,邀请画家在村庄房屋墙壁上做壁画,自此游客络绎不绝。同年,其被央视新闻报道并走红,成为远近闻名的乡村新旅游目的地(表2)。

表2 网红村典型案例特征分析

村庄名称	类型	面积（平方千米）	村庄区位	村庄特色	网红特征	产业特征
湖南十八洞村	村貌格局型	9.45	紧临吉茶高速、209、319国道，距县城34千米，距州府38千米，矮寨大桥8千米、高速出口5千米	村落风貌格局、古建筑风格	亚洲第一奇洞	以乡村旅游主线的多产业基地
浙江梅家坞村	自然风貌型	约0.19	地处浙江省杭州市西湖风景名胜区西部腹地	自然风景地势、特色自然村景	十里梅坞	茶产业及旅游业
浙江王家岭村	艺术介入型	1.6	靠近甬临线和甬台高速公路，与尚田镇中心约15公里之距	艺术壁画、涂鸦形成的人造景观	3D壁画	没有培育主导农业产业，以毛竹为生，向网红旅游转型

有学者将网红村所富含的空间分为三个层次，首先是物质空间层面，第二是认知空间层面，第三是社会空间层面[10]。网红村使传统乡村的物质空间视觉化[10]。流乡村的特色空间营造是网红村发展的根本基础，浙江杭州文村在著名建筑师王澍的设计改造下一举成名，网络上称为"艺术的村落"[13]；宁波市王家岭村，通过开放村民住宅的墙壁，请画家创作壁画而走红。网红村的物质空间景观具有一定的视觉吸引力。

网红村使传统乡村认知空间平面化[9-10]。乡村作为一个复杂的社会系统，具有立体丰富的个性与表达，人们对于它的认知也应该是多维的。而网红村的认知空间是以宣传为目的人为建构的，进而趋于单向化、平面化，成为了一种符号意象[9]（图2）。

湖南十八洞付　　浙江梅家坞村　　浙江王家岭村

图2 网红村符号意象云词图

网红村将传统乡村社会空间消费化[9]。随着个人社交平台和拍照设备的发展,网络照片在社交平台上的作用力不断强化,以"网红打卡"为主的社交分享越来越广泛化。通过互联网社会的交流分享,网红村迅速链接到广大的消费市场,使其自身也成为了一种消费热点(图3)。

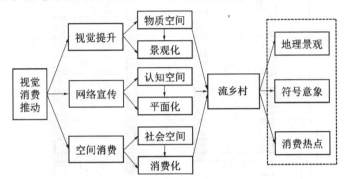

图3 视觉消费推动流乡村转向机制图

资料来源:作者根据参考文献[9]改绘

5 流乡村转型的路径机制及内容

5.1 转型的路径机制

在数据经济时代的外部动力和村庄资源禀赋的内部支持下,淘宝村和网红村这两类流乡村完成了线上内容的供应和线下空间的承载。在物质要素和非物质要素的双向流动下,传统乡村在产业结构、人口社会和土地利用等不同地域结构方面发生改变。最终带来传统乡村经济、社会和空间上的乡村功能新变化[14],这一转向的路径机制是乡村社会经济系统及地域空间格局对数据经济时代乡村发展的一种响应[14](图4)。

5.2 流乡村转型的内容

5.2.1 乡村经济转型

乡村产品的市场范围扩大。传统乡村的市场范围受地理区位的因素影响较大,往往局限在乡镇、市县或省内。淘宝村和网红村代表的流乡村则以互联网优势突破了地域限制,以网络为媒介衡量,市场范围可以扩大至全国至全球

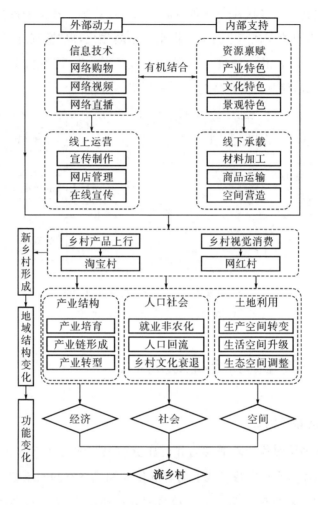

图 4 流乡村转向路径机制图

市场[14]。例如,淘宝村浙江青岩刘村是全球最大的日用消费品网货采购中心,河南尚庄村则通过网络向全国各地销售;而网红村大多面向市场呈周边向外扩散的态势,借助网络吸引了全国各地的旅游者。乡村产业结构实现调整。传统乡村产业结构往往较为单一,以一产种植业或二产加工制造业为主导[5],三产服务业较少涉及,同时欠缺三产融合的动力。淘宝村和网红村代表的流乡村往往是由三产商业服务业为主[15],一产种植业和二产加工制造业的规模可根据市场的需求调整,有较强的准确性,形成了三产融合的结构(表 3)。

表3 流乡村典型案例的经济转向对比

流乡村类型	村庄名称	传统产业	旧产业结构	特色资源	发展规划	新产业结构	新兴产业	市场范围
淘宝村	浙江青岩刘村	销售日用品	三产商业为主	日用品商贸	网店第一村	三产商业为主,二产加工制造为辅	网店租赁,配套一条龙、电商培训	全球
	河南尚庄村	蜂产品生产	一产	特色蜂产品	全国蜂产品主要集散地	三产与一产融合	电商培训,配套产业	全国
	山东丁楼村	种植水稻和烤烟为主	一产为主,二产少量	服饰加工	电商人才孵化基地	三产为主,二产加工制造业融合	网店+服饰加工销售	全国
网红村	湖南十八洞村	农业	一产为主	村落风貌格局、古建筑风格	全国生态文化村	三产旅游业为主,一产为辅	旅游业、民宿业	全国
	浙江梅家坞村	茶业	一产为主,二产少量	自然风景地势、特色自然村景	杭州市园林绿化村	三产旅游业为主	旅游业、民宿业	全国
	浙江王家岭村	无主培育产业	一产及外出打工为主	艺术壁画、涂鸦形成的人造景观	乡村新旅游目的地	以二产毛竹加工为主,向三产旅游转型	旅游业、配套产业	全国

资料来源:作者根据网络资讯统计

5.2.2 乡村社会转型

（1）就业跨越

传统乡村的村民以务农或者外出务工为主要的就业方式,形式单一[15]。而在淘宝村,村民纷纷跨越原有角色,成为网络电商。他们一方面在实体空间中承担物流配送人员和产品推销员等角色,开展生产活动;另一方面参与到网络商贸的工作中,在虚拟空间中承担多样化的职业角色,例如卖家、网络客服、网络技术员等。在网红村,村民摇身一变成为视频主播、网络大咖,展现了传统乡村到新乡村的村民就业新跨越。

（2）社会活动

传统乡村社会交流相对闭塞,往往以村内线下交流为主,乡村社会对外的知识更新困难,而转型后的淘宝村、网红村的村民与互联网打交道频繁,生活更早步入现代化[6]。流乡村在乡村文化生活、家庭艺术追求上与传统乡村出现差异。与传统乡村的日出而作、日落而息的生活方式相比,淘宝村、网红村这类流乡村的生活方式呈现年轻化、现代化特点。

5.2.3 乡村空间转型

（1）生活空间

传统乡村的生活空间与生产空间往往相互独立,互不干扰,生活空间的功能也较为单一。而淘宝村及网红村这类流乡村是以产业发展转型推动了乡村转型,必然对传统乡村进行了空间上的重构。在淘宝村,加工和仓储空间开始出现[16],村民在自家房屋和庭院基础上改造而成的家庭作坊,形成一种"产居混合"的空间结构[17]。而网红村的转型是以美化、吸睛为方向,因此,美化即成为了网红村空间的新的生产功能[13]。

（2）生产空间

淘宝村增加了相关的服务业配套[3],相较传统乡村,淘宝村的空间功能集合了生产及配套服务,更加混合多元。网红村则将生产空间和生活空间复合,以视觉生产作为主要的空间生产对象[9](图5)。

（3）生态空间

乡村的生态空间以山林、湖泊等自然环境为主。淘宝村和网红村的产业发展及延伸对原有乡村生态空间利用提升提出了新的发展需求[12],应探

索如何在发展村庄产业的同时,保护和利用好乡村生态空间。

图 5　淘宝村空间转向图
资料来源:作者根据 2020 年 BIGMAP 电子卫星图自绘

5.3　转型对比总结

　　通过梳理淘宝村与网红村两类流乡村的现状,研究发现其产生原因与信息技术的发展有直接关系。由于自身的资源条件限制发展,传统乡村亟需转型,而互联网为乡村突破地理区位的发展局限创造了一个关键契机,提供了一个便捷实惠的创业平台。淘宝村与网红村在转型过程中,逐渐与传统乡村发展产生差异,形成了一种特殊形态(表 4)。

6　结论与讨论

　　数据经济正快速推动乡村产业的融合发展,而淘宝村和网红村的成功实践也代表了数据经济时代乡村振兴的一种新模式。以数据经济技术推动传统乡村在经济、社会、空间层面的自下而上的转型,让乡村"活起来"和"火起来"已成为乡村产业振兴的重要发展方向。本文通过案例分析研究,总结了乡村在转型过程中发生的三个方面的重要改变:第一,乡村经济跨越,从单一的农业工业产业转化为电子商务集群;第二,乡村社会跨域,从传统的生产生活方式转变成现代化的新生活方式;第三,乡村空间重构,从以农业生产、居住为主的乡村空间在空间生产带动下转变为一种多元复合的空间形式。此外,研究也发现,在转型过程中,流乡村也有维持原传统乡村状态的方面:第一,乡村的转型是由村民自下而上自主探索形成[15],因此以村民

表 4　乡村转型的对比总结

对比内容		淘宝村	网红村	传统村庄
经济产业	市场范围	空间阻隔消除,市场范围以网络为基础,扩大至全国物流配送区域	空间阻隔消除,市场范围以网络为基础,扩大至全国网络布点区域	受地域区位影响,局限于县市或省内
	产业结构	以商业服务业为主,一产及二产规模受商业信息反馈影响,三产融合明显	以商业服务业为主,产业生态化发展,三产融合明显	以一产种植业或二产制造业为主,产业较为单一
社会文化	就业形式	网络电商为主,就业非农化	网络博主及乡村旅游为主,就业非农化	以一产为主的乡村以农业为主,二产为主的乡村以制造业为主
	社会活动	线上活动空间扩展	线上活动空间扩展	线下空间活动为主,线上活动较少
空间结构	生活空间	产居混合的空间模式	生活空间也成为生产空间一部分	生活空间相对独立
	生产空间	生产空间的种类和规模扩大	生产空间复合化发展	生产空间独立,高度集约化
	生态空间	生态空间保护与发展并行	生态空间保护与发展并行	生态空间压缩,保护匮乏

资料来源:作者自绘

作为发展主体的核心不变[6];第二,熟人社会、生产生活一体化等乡村的核心要素依然是乡村技术更新、资源共享的重要基础,因此乡村的核心要素仍然延续;第三,乡村发展的过程是外部信息强化和挖掘传统乡村资源特性的过程,因此乡村的资源特性依然是乡村发展的关键。淘宝村和网红村两类流乡村的实践证明:通过把握移动数据经济时代的机遇,使村民参与、学习新技术和新产业,在虚拟空间实现乡村的集聚发展,是未来传统乡村转型的重要方向。

参 考 文 献

[1] 罗震东.新兴田园城市:移动互联网时代的城镇化理论重构[J].城市规划,2020,44(3):9-16,83.

[2] 罗震东,项婧怡.移动互联网时代新乡村发展与乡村振兴路径[J].城市规划,2019,43(10):29-36.

[3] 罗震东,陈芳芳,单建树.迈向淘宝村3.0:乡村振兴的一条可行道路[J].小城镇建设,2019,37(2):43-49.

[4] 张英男,龙花楼,屠爽爽,等.电子商务影响下的"淘宝村"乡村重构多维度分析——以湖北省十堰市郧西县下营村为例[J].地理科学,2019,39(6):947-956.

[5] 王萍.村庄转型的动力机制与路径选择[D].杭州:浙江大学,2013.

[6] 彭兵.政府主导的乡村社区发展[D].杭州:浙江大学,2010.

[7] 李小杰,何静.社会资本变迁视域下的乡村治理困境及其突围[J].甘肃理论学刊,2015(2):64-67.

[8] 房冠辛.中国"淘宝村":走出乡村城镇化困境的可能性尝试与思考——一种城市社会学的研究视角[J].中国农村观察,2016(3):71-81,96-97.

[9] 朱旭佳.视觉景观生产与乡村空间重构[D].南京:南京大学,2019.

[10] 朱旭佳,罗震东.从视觉景观生产到乡村振兴:网红村的产生机制与可持续路径研究[J].上海城市规划,2018(6):45-53.

[11] 李燕菲.蜂产业淘宝村网商集聚过程与形成机理研究[D].开封:河南大学,2019.

[12] 陈宏伟,张京祥.解读淘宝村:流空间驱动下的乡村发展转型[J].城市规划,2018,42(9):97-105.

[13] 陈芳芳,罗震东,何鹤鸣.电子商务驱动下的乡村治理多元化重构研究——基于山东省曹县大集镇的实证[J].现代城市研究,2016(10):22-29.

[14] 罗震东,何鹤鸣.新自下而上进程——电子商务作用下的乡村城镇化[J].城市规划,
　　2017,41(3)：31-40.

[15] 张嘉欣,千庆兰,陈颖彪,等.空间生产视角下广州里仁洞"淘宝村"的空间变迁[J].
　　经济地理,2016,36(1)：120-126.

[16] 许璇,李俊.电商经济影响下的淘宝村产居空间特征研究——以苏州市 4 个淘宝村
　　为例[C]//中国城市规划学会,杭州市人民政府.共享与品质——2018 中国城市规
　　划年会论文集(18 乡村规划).北京：中国建筑工业出版社,2018：109-121.

乡村振兴背景下浙北传统村落保护发展探索

——以嘉兴市传统村落保护发展的对策研究为例

韩锡菲

（嘉兴市规划设计研究院有限公司）

【摘要】 全国层面的传统村落保护工作已经全面铺开,浙江省正风风火火地推进乡村发展的浙江经验,而嘉兴市的传统村落保护发展刚刚起步,从近几年传统村落评定及后续实施发展情况来看,形势不容乐观,单纯依靠评价体系标准、相关规划,不能有效推动保护发展及后续传统村落的培育扩大。必须让该工作的三大参与主体,即提供技术支撑的技术团队、负责项目落实的实施主体、宏观指导工作推进的主管部门形成共识,拧成一股力量,方能让嘉兴的传统村落在先天条件不足的情况下,走出一条符合嘉兴情况的保护发展路径,实现既保留传统、展现嘉禾风貌,又让村落得到可持续发展。本文通过分析嘉兴传统村落的发展背景和相关特征,结合乡村振兴大背景,以梳理围绕该工作三大主体的责任与困惑为出发点,从体现特色、保障落地、加强保护和促进发展四个重要目标着手,为三大主体提出主要的意见建议,最终为三大主体制定相互关联的网格化工作框架,以此助推嘉兴市传统村落保护发展工作。

【关键词】 传统村落 保护 发展 嘉兴

1 概况

传统村落,又称古村落,指村落形成较早,拥有较丰富的文化与自然资源,具有一定历史、文化、科学、艺术、经济、社会价值,应予以保护的村落。2012 年 12 月,国务院下发《关于加快发展现代农业活力的若干意见》,传统村落第一次出现在党和国家重要文件中,从 2012 年开始至今,住房与城乡建设部、文化部、财政部等多部委联合公布了中国五批共 2 666 个传统村落名录,多地也相继开展了相关的省、市试点评比工作,积极推进传统村落建档、立法等制度改革。

嘉兴市在浙江省的政策指引下开展了"千万工程""美丽乡村""农房改造示范村建设""美丽宜居示范村"等不同侧重点的相关村庄工作,取得了一定成绩。而直到 2017 年,嘉兴市的建林村、马厩村、汾南村等 12 村入选浙江省省级传统村落名单,2019 年民合村、路仲村、新民村 3 个村入选国家级传统村落名单,全市传统村落保护发展工作才真正全面铺开。从这两三年全市传统村落评定及培育、各村实施发展情况来看,形势不容乐观:相关规划因特色不凸显、传导性差等导致无法精准落地;基层因缺少政策激励和难以把握保护与发展的关系,工作积极性不高;全市传统资源薄弱加之大规模村落撤并对其的破坏,让后续培育工作难上加难;监管措施未跟上,加剧了全市传统村落保护与发展工作的停滞不前。目前国内关于传统村落的研究主要集中在传统村落本体或其中的某一部分,包括传统民居、传统文化、保护开发、村落景观、空间结构等方面,而对于逻辑串联宏观指导—规划指引—实施落地等工作环节涉及的参与主体各方责任和工作内容这类探讨相对较少。

笔者以梳理围绕该工作中提供技术支撑的技术团队(主要指规划编制团队)、负责项目落实的实施主体(主要指镇村干部)、宏观指导工作推进的主管部门(主要指建设主管部门)三大参与主体的困惑与责任为出发点,从体现特色、保障落地、加强保护和促进发展四个重要目标着手,为三大主体提出主要的意见建议,寄希望于通过三方形成共识和共同努力,让嘉兴的传统村落在先天条件不足的情况下,在践行"浙江经验"的同时结合嘉兴实际情况,走出一条自己的保护发展路径,实现既保留传统、展现嘉禾风貌,又能让传统村落得到可持续发展。这样一方面可以为嘉兴的传统村落保护发展提供指导,另一方面也希望为市域层面的城乡融合和乡村振兴提供决策参考。

2 嘉兴传统村落发展背景

2.1 活跃的乡村经济与相对薄弱的保护意识

嘉兴市位于杭嘉湖平原,地势平坦,乡村经济活跃,城乡居民收入比全省最低,农民喜好拆旧迎新,对于旧物的保护意识不够,使得遗留下来的传统建构物较少。加之早期农民向往洋房、地方政府缺少农房风貌管控,新建农房风貌多掺杂红绿瓦、罗马柱、尖屋顶等洋房建筑元素或现代风格,具有传统风貌的黑瓦白墙农房逐渐沦为配角,甚至出现全村只剩一栋传统建筑被周边不中不洋农房包围的窘境。嘉兴的乡村,在城镇化道路上加速前进的同时,传统的村庄风貌也在加速地消逝(图1)。

图1 嘉兴乡村日益减少的破损的传统农房和越来越多的洋房

2.2 丰富完善的规划体系与欠缺的保护规划

嘉兴乡村地区有一套丰富完善的规划编制体系,无论是县市区层面的宏观规划还是落实到各行政村的详细规划,已有十多项,这些规划从不同的侧重点引导着村庄方方面面的发展建设,但相关保护发展的专项规划近年来才开展,早前的规划缺位加剧了乡村传统元素的消失和破坏。以笔者调研的平湖市赵家桥村为例,一部分传说在代代口口相传过程中,由于村民搬迁、老人去世,出现了历史记忆的断层,无法追溯具体内容和相关的位置,这些承载着村历史文化的美好传说已经消失在历史长河中。

如此情况在很多村庄都出现了,大部分村庄没有开展类似村志的撰写工作,而在以往的各类村庄详细规划中,历史文化资源的系统整理、记录、保护、传承不是必要工作内容，往往容易忽略。

表 1　嘉兴市在乡村层面已经开展的各类规划

规划类型	主要内容
县域乡村建设规划	统筹区域的村庄体系、类型、配套、风貌等
村庄布点规划	确定地区的村庄体系和规模
村庄建设规划	村庄建设用地规划设计
土地利用规划	保护农田，对不合理用地调整
农业规划（经济发展规划）	村庄经济、农业发展
乡村振兴规划	统筹村庄的产业、生活等多方面的改善提升
美丽宜居示范村规则	整治村庄公共环境与配套设施
旅游规划	村庄旅游发展规划设计
美丽乡村	村庄景观布局和设计
农房设计图集	对地区的农房风貌进行分析并设计农房图集保障
农房设计落地	方案有效指导农房建设
传统村落保护实施保护发展规划	对有价值的资源进行统筹保护并发展，确定具体建设方案

2.3　相关保护修复工作缺少专项资金和政策推动

赵家桥村有一条 400 年历史、作为该村起源的集镇老街，现状村民已人去楼空，老房子年久失修，破损严重，急需开启保护修复，而面对投入资金、实施主体、相关权属等复杂问题，因缺少资金支持和政策推动，修复工作一直未能进行，只能先通过划定保护范围线的方式进行控制（图 2）；同样问题也出现在其他村落中，嘉善县汾南村的周家老宅是一幢围合式的传统农房，目前无人居住，破旧不堪，村委和房屋主人几经交涉，都未能达成共识，修复工作一度搁浅（图 3）。

2.4　特色村庄"村村搞农旅，家家农家乐"但特色不显

一旦村庄成为美丽乡村、美丽宜居示范村、历史文化名村等特色村，在通过一系列建设后，都免不了发展乡村旅游，但是同质化的旅游策划、雷同的乡村风貌、扎堆的低端民宿，湮没了原有的村庄特色，导致大部分特色村

图2　平湖市赵家桥村400年历史的老集镇　　　图3　嘉善县汾南村周家老宅

旅游发展都不尽如人意。传统村落作为一类有特色的村庄,同样面临这样的问题和窘迫,建设项目多注重面子工程且特色不显,缺少竞争优势,无法吸引更多客流和回头客。

2.5　大规模自然村落撤并将对保护工作产生影响

嘉兴市的乡村分布散,乡村建设用地占比较大,因此乡村规划历来强调土地的集聚节约,无论是正在编制的嘉兴市国土空间规划,还是已经完成的嘉兴市村庄布点规划,都提出大规模的村落撤并。未来全市乡村,将从现状的一万多个自然村,缩减至一千余个,在这些被撤并的村庄里,是否有基于历史价值保护而需要保留,有望成为传统村落的,而已经成为传统村落的,是否有足够的用地资源保障,这些都需要我们审慎思考并及时做出回应。

2.6　乡村振兴战略的嘉兴传统村落保护发展实践

目前国内关于乡村振兴战略背景下传统村落保护发展的研究较少,嘉兴市作为全国城乡融合发展示范区,在一系列涉农改革中,浙北乡村的传统村落应以"乡村振兴"发展战略为总目标,发挥平原水乡传统村落独特的资源优势,延续历史文脉,改善村民的生活水平及生活环境,发展乡村经济,创新机制,积极回应传统村落的乡村振兴新模式。

3 嘉兴市传统村落的总体特征

不同于浙江省其他市县的传统村落,嘉兴市的传统村落体现出浙北乡村明显的劣势及独特魅力。

3.1 传统村落数量稀少

从全国全省层面分析嘉兴市的传统村落规模,可以发现嘉兴市传统村落家底非常薄弱。全国五批传统村落名录中,嘉兴只有 3 个村入选,占比全国总数的 1‰,占比全省总数的 1%(图 4);省级传统村落名录中,嘉兴的传统村落数量远低于浙西南、浙西、浙中和浙东(图 5)。资源的稀缺性使得保护工作变得异常重要并非做不可,如果不及时进行干预和抢救,未来嘉兴乡村将没有能寄予乡愁的地方。

3.2 物质资源留存较少

从单个传统村落呈现的有形资源看,在数量和质量上,与浙江中西南部地区的丽水、衢州和金华市内一些传统村落成片成规模的传统风貌区相比,也不占优势。国家级传统村落新民村,遗留下来的古建构筑物,只剩一条老街、一座老宅、一个石库门、一座庙和若干古桥古树(图 6)。

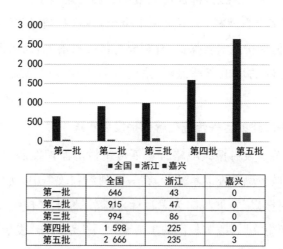

	全国	浙江	嘉兴
第一批	646	43	0
第二批	915	47	0
第三批	994	86	0
第四批	1 598	225	0
第五批	2 666	235	3

图 4 全国传统村落名录数量浙江、嘉兴占比情况

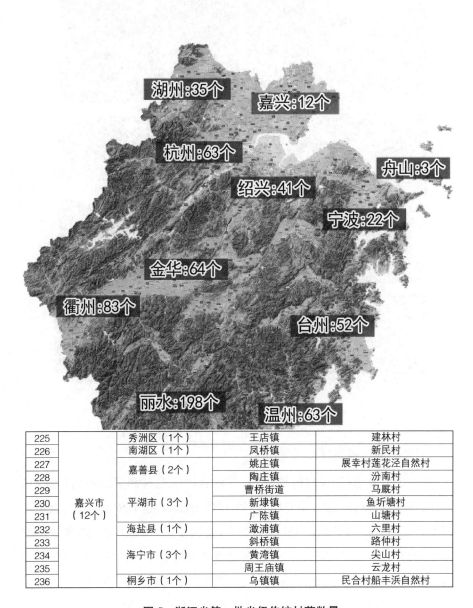

225	嘉兴市 （12个）	秀洲区（1个）	王店镇	建林村
226		南湖区（1个）	凤桥镇	新民村
227		嘉善县（2个）	姚庄镇	展幸村莲花泾自然村
228			陶庄镇	汾南村
229		平湖市（3个）	曹桥街道	马厩村
230			新埭镇	鱼圻塘村
231			广陈镇	山塘村
232		海盐县（1个）	澉浦镇	六里村
233		海宁市（3个）	斜桥镇	路仲村
234			黄湾镇	尖山村
235			周王庙镇	云龙村
236		桐乡市（1个）	乌镇镇	民合村船丰浜自然村

图5　浙江省第一批省级传统村落数量

朱家古楼　　　　　　　　　　百里长廊

樟树　　　　　　张思桥　　　　张思桥近景

百年山茶花树　　　李大康桥　　　　马经桥

河岸上镶嵌的玉兔宝石　沈家老宅(文化礼堂)外立面　正面沈家老宅内部

图6　嘉兴市新民村有形资源

3.3　整体格局保留完好

值得庆幸的是,现有的传统村落、美丽宜居示范村和美丽乡村,都保留了浙北乡村独特魅力的格局和肌理,既有背山而居,也有依水而建、农田环绕,形成了山、水、林、田、房、桥六大要素,尤其是水、田、房、桥,体现了浙北乡村的独特美丽,河汉纵横交错,湖荡星罗棋布,与广袤平坦的农田浑然天成,而建筑沿河沿路成条形或簇状布置,建筑街巷尺度宜人,五步一木桥,十步一古桥,空间变化丰富,是浙北乡村大地最富有趣味的地方(图7)。

总的来说,嘉兴市传统村落尽管家底薄弱,但是基于保护平原水乡的独特价值、解除传统村落可能被撤并的风险、抢救即将消失的传统资源、保障传统村落可持续发展等多方考量,开展传统村落的保护发展工作意义非凡,而建立从上至下、自下而上的无缝对接工作框架机制,让三大参与主体统一共识,明确责任和重点,则是这项工作顺利推进的前置条件。

图7　嘉兴市南梅村、嘉善县汾南村乡村风貌

4　工作建议

笔者结合嘉兴市传统村落的发展背景和现状特征,梳理了在工作开展中技术团队、实施主体、主管部门的各方困惑,并试图提出解决策略和明确各主体的任务重点(图8)。

<技术层面>	<实施层面>	<管理层面>
与其他规划的关系?	保护＝限制发展?	如何制定行动计划?
方案的重点是什么?	具体需要做什么?	相关工作如何落实?
方案的作用是什么?	资金人力哪里来?	如何开展监督工作?
方案的"嘉兴特色"?	能带来哪些效益?	需要哪些要素保障?

图8　技术团队、实施主体、主管部门的不同困惑

4.1　技术团队

作为该工作的技术支撑队伍,重点是从技术角度,明确传统村落保护发展规划的意义、作用和重点,并提出专业的工作框架,思考如何保障规划的

落地,促进村庄的可持续发展。

4.1.1 厘清规划的地位、作用并体现嘉兴特色

传统村落保护发展规划与其他村庄类规划既相互独立,又有交叉重叠冲突,但不可相互取代。传统村落保护发展规划是基于保护角度出发的传统村落未来发展建设方案,是实施传统村落乡村振兴战略的重要载体。应着眼于保护乡村整村风貌、提高传统民居生命力、传承乡村优良文化基因、提升乡

图9 嘉善县蒋村被荷叶围绕的水乡农居

村经济活力,以此确定需要开展哪些保护工作、建设项目、活动策划和产业发展引导。最终的目的是展示嘉兴特色的小桥流水农居、红船旁江南传统村落,并通过发展乡村经济,助力乡村振兴、城乡融合,实现传统村落可持续发展(图9)。

4.1.2 三级传统村落保护体系

通过前期全市层面的摸底,发现大部分市县级主管部门、乡镇领导并不清楚该工作的前因后果,因此,我们提出开展三级传统村落保护体系,全市县区层面开展传统村落保护发展总体纲要,统筹全市县区未来5年的传统村落挖掘、申报、评定、保护等工作,协调村庄布点、乡村振兴、国土空间等规划的相关内容,落实相关要素;镇层面,根据上位总体纲要,统筹本镇的传统村落相关推进工作,并充分挖掘本镇传统村落的特点;村层面则是开展详细的保护发展规划。如此,可有效自上而下地将总要求、总目标传达至基层,各行政村也可以充分展示个性化的元素(图10)。

4.1.3 开展相关课题研究

建议同步开展相关课题研究,辅助该工作的顺利进行。目前嘉兴市已开展全市传统村落抢救性调研工作,对全市村庄做大排查,根据市级传统村落评价体系,梳理嘉兴市有较丰富历史自然价值的村落,作为储备资源建立传统村落储备库,并从保护角度向市国土空间规划和市村庄布点规划提出

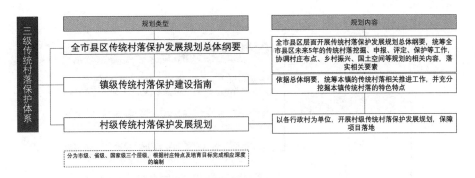

图 10　三级传统村落保护体系

反馈和相关调整意见。另外,针对传统村落可持续发展、风貌引导、建筑修缮等重大问题,建议开展保护发展战略探索、传统村落风貌管控研究和控制、传统村落建筑修缮等课题研究。笔者曾参与嘉兴地区的一些农房风貌研究,通过前期的风貌特征分析总结,制定风貌管控和负面清单,对于指导后期具体方案实施,确有一定作用(图 11)。

图 11　对嘉善县汾南村的农房风貌研究

4.1.4　有效管控引导

为促进规划的实施,必须加强规划的"好用、管用",传统村落的保护也适合形成刚性管控和弹性引导,便于镇村在建设实施过程中清楚地知道能做、不能做、适合做、不宜做。刚性管控的对象和内容包括:对于文保单位(点)、历史建筑、传统风貌建筑群,需要划定保护范围线,确定建设控制地带;对于山、水、农、林、田、街巷、道路等特色格局,建议划定保护范围线,并确定街巷空间的合适比例;明确可建设活动的范围和禁止建设活动范围;禁止产业发展的负面清单及其他认为对传统村落发展有破坏的行为。另外,针对村庄整体风貌、农房/公建风貌、非遗活动策划、场所精神营造、产业发展等,建议积极引导(图 12)。

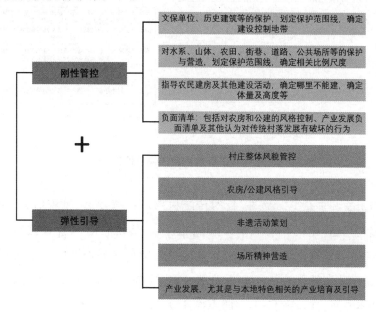

图12 传统村落相关管控要求和内容

4.1.5 多样化规划参与和规划表达

在规划开展形式上,积极促成多部门联合、多规划对接和多群体参与的方式,强调共同缔造。在规划成果表达上,应形成多样化的规划成果样式,

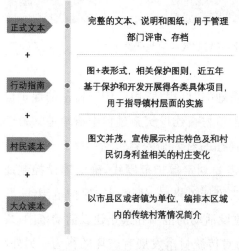

图13 不同的规划成果形式

让不同人群能够无障碍阅读规划,制作包括用于审议存档的全套规划文本,以图表为主要表达形式、较为简洁的乡镇版和村民版,以及社会大众读本(图 13)。笔者过去曾在村庄规划过程中,开展过一些针对村民的规划宣传会,并制作简明扼要村民读本供村民翻阅,效果良好,村民积极参与,镇村接受度较高(图 14)。

4.1.6　引导可持续发展

特色村庄在前期发展阶段,都有一定规模的资金投入建设,在村域环境、公共设施、居住环境等各方面进行了完善提升,但到了中后期,应该转变"伸手要"的发展模式,形成独立造血功能。在传统村落规划中必须加强村落保护与产业发展的良性互动,用活历史文化资源,达到既能保护传统村落的历史文化和景观风貌,又能拉动当地经济增长效益的双赢效果:形成文化产业为村落精神内核,适度发展旅游产业作为对外展示窗口,保持和提升农业生产,将传统村落内的特色生活、文化、风貌、格局、建筑、农产品等通过传承、转换、活化,培育特色产业,形成差异和特色化发展,方能实现产业的自我振兴和村庄的可持续发展(图 15)。

4.2　实施主体

作为该工作的执行者,需要转变观念,并落实上级意见要求,依托专业技术团队,依规开展建设工作,积极调动村民参与该项工作的积极性。

4.2.1　转变观念

在笔者接触的乡镇干部中,有相当比例的干部谈到保护就色变,把保护视为"限制发展",有一定的抵触情绪。归根起来,一是缺少资金来源,二是以为保护就是当文物一样的死的保护。所以除了提供相关的保障要素,首先要让乡镇干部加强保护意识,认识"以保护促发展",传统村落只有通过保护性的再开发,挖掘村庄特色,激发活力,集聚人气,方能促进产业发展,带动村庄可持续性发展。要强调传统村落的活态保护和活态发展,在严格保护空间肌理和空间结构前提下,进行适当的修复和改造,植入匹配功能以适应新的生活生产方式,体现具有时代印记的传承式保护。

4.2.2　加强执行

乡镇干部要积极上传下达各类政策要求,做好市级部门与村委之间的沟通桥梁作用,积极完成挖掘、申报、培育传统村落等相关工作,并争取体现本镇传统村落的特色特点,辅助解决村级问题;邀请专业团队编制科学合理的规划;村委应严格按照规划执行相关保护和建设工作,同时加强规划的宣传,组织村民学习、讨论、参与进规划工作,将本村特色、发展定位融入村规民约中,把科学的规划以日常化的形式植入村民的思想中。

图 14 笔者在嘉善县汾南村开展的村规宣传会和为平湖市赵家桥村村民制作的村民读本

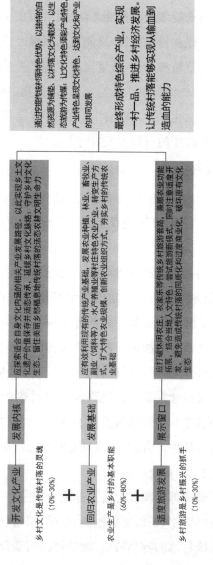

图 15 村庄产业发展的方向、占比和相关内容指引

4.2.3 加强驻镇驻村规划师制度

2017 年,嘉兴市秀洲区试点驻镇规划师制度经验为全国全省提供了一个样板,这样的成功经验也应推广到乡村地区。通过聘请驻村规划师,全程指导传统村落相关工作,向村民宣讲规划政策,让村民了解本村的特点和发展情况,对相关规划建设提出专业的建议和质量把控,并全程监督工程实施。

4.3 管理部门

作为该工作的总指挥,任务最为艰巨,首先应出台保护工作指导意见,让保护工作有章可循,明确任务和重点,加强统筹组织领导、监督管理、技术指导;另外,要加大相关要素保障和加快信息平台搭建。

4.3.1 出台保护工作指导意见

嘉兴市已明确了传统村落评价体系标准,并在着手出台传统村落保护工作指导意见,将会明确近期工作计划、责任主体和相应任务,同时探索建立多部门统筹协调机制,加强监督管理。比如,形成建设部门牵头,自然资源、农业农村、文化旅游等部门参与的多部门协同工作机制;在意见中提出把保护发展工作纳入各乡镇(街道)年度目标责任制考核,并明确奖惩机制;提出每年举行传统村落优秀行动方案评选会、组织考察验收工作,对于表现优秀的主体部门进行绩效考核加分。对不作为、乱作为的传统村落及相关责任主体予以批评警示和绩效考核扣分。

4.3.2 加强技术保障

邀请专业技术团队科学编制规划、完善评审和后期考察验收机制;成立专家工作组,加强对传统村落保护发展的技术指导和巡查监督。开展学术研究,加强与省市高校、研究机构的合作等。进一步培育人才队伍:在嘉兴农村建房泥木工匠的团队基础上开展乡土建设人才,建立人才库;培育从事传统建筑修缮修复的专业技术人才队伍,以及具有相应资质的泥木工匠,为保护利用工作提供充足的人才和技术保证。

4.3.3 加强要素保障

加强各要素向传统村落倾斜:市财政每年统筹安排一定的专项资金,主要用于课题调研、规划编制、修缮维护、环境整治、基础设施改善、文化挖掘、村落建档和宣传教育;把农村建设用地指标和土地综合整治项目结余指标、相关惠农政策向传统村落内的建设和产业发展需要倾斜；将传统村落纳入市机关企事业单位疗休养定向选择旅游点、年度红色教育基地、年度传统村落宣传教育基地等，增加曝光度和村集体收入。

4.3.4 搭建大数据平台

嘉兴在全国范围内首创了农民建房建设管理信息平台，实现了农房建设的规划、审批、设计、信息管理等功能线上统一操作。在这个基础上，按照传统村落建档要求，结合数字乡村建设工作的推进，建议率先在全省建立嘉兴市传统村落信息化、可视化电子数据库，实现相关信息收集记录、分析研究、监督管理和公众展示等功能。

5　结语

传统村落的形成需要经过时间的沉淀和自然人文的孕育，而针对传统村落的保护发展工作同样是一个漫长艰辛，需要全方位多角度多资源的投入、探讨、实践、修正等的过程，本文仅仅结合笔者在嘉兴乡村十余年的伴随式规划服务经验和与乡镇干部、主管部门频繁沟通对接中获取的信息，试图从客观实际的角度，以工作顺利推进为目的，通过为主管部门制定工作计划，延伸到技术团队的技术服务和实施主体的落实任务，将纵向工作进行横向串联，最终制定三大主体的网格化工作框架(图16)，寄希望通过三方的共同努力，统筹全局、政策保障、科学规划、精准落地、监督管控，让嘉兴市内各级传统村落规划、保护、建设全面落实，形成一批能够完美彰显"红船旁的江南民居"特色的示范乡村，实现传统村落的振兴发展！

参 考 文 献

[1] 董翊明,余建忠,张恒芝,等.从"一个人的村庄"回归"多个人的村庄"——供需耦合的浙江传统村落结构性供给侧改革思路[C]//中国城市规划学会,沈阳市人民政府.规划60年：成就与挑战——2016中国城市规划年会论文集(15乡村规划).北京：中国建筑工业出版社,2016：296-307.

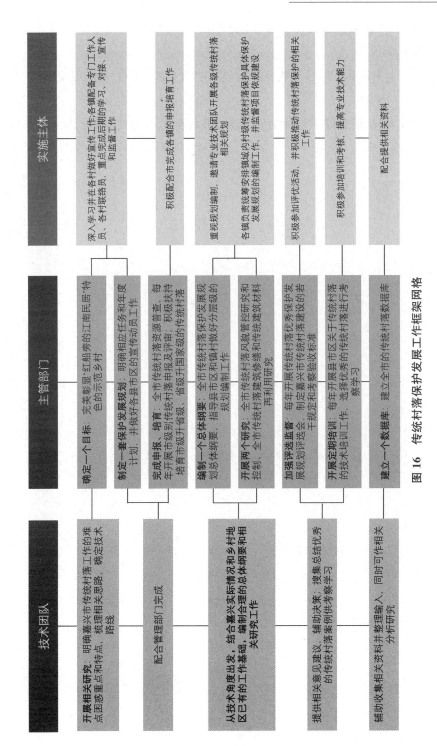

图 16　传统村落保护发展工作框架网格

［2］李梦雪."后传统村落时代"的乡村保护机制与发展策略研究［D］.济南：山东建筑大学,2019.

［3］王路.村落的未来景象：传统村落的经验与当代聚落规划［J］.建筑学报,2000,25(11)：16-22.

［4］胡燕,陈晟,曹玮,等.传统村落的概念和文化内涵［J］.城市发展研究,2014,21(1)：10-13.

基于"微介入"的传统村落公共空间更新策略[*]

李 强 赵 琳

（北京工业大学城建学部）

【摘要】 本文以传统村落中的公共空间作为研究对象,以"微介入"式更新改造理念为核心,在梳理国内外渐进式更新改造理论的基础上,提出"微介入"理念的内涵:介入元素以最微小的影响切入介入点中,以此带来介入点整体优化的过程;基于此,通过对北京市房山区水峪村公共空间进行调查研究,推演出村落中的杨家大院、石碾广场、入口广场三处公共空间作为更新的介入点,并通过引入与介入点契合的介入元素,对介入点进行了整体优化,以此提出"微介入"式更新改造策略:谨慎的内部功能更新置换、介入式的特色地方感营造、渐进灵活的规划动态调整。据此,将理念与实践结合互相印证,以期能为后续传统村落中公共空间的有序发展提供理论指导与借鉴。

【关键词】 "微介入"更新改造 传统村落 公共空间 乡村规划

1 引言

随着城镇化进程的不断加快,对于传统村落的更新保护受到越来越多的关注,相关研究也逐步深入到保护其内部空间要素层面,其中公共空间的更新保护对于传统村落而言具有更重要的意义。村落中的公共空间发挥着

———————————
* 基金名称:北京社科重点项目,建设用地减量化视角下北京集体用地土地开发权配置与管控研究(项目编号:19GLA001)。

两个重要的功能,它不仅是村民产生共同记忆的精神场所,同时也是村民进行生产生活的主要物质空间,其发展变化关乎着乡村传统文化传承和村民生活质量。目前,针对公共空间的更新改造存在较多问题。随着村民生活需求的变化,很多公共空间的使用功能已不能满足居民现有的需求,导致部分公共空间无人问津;此外,传统村落中的文化元素未能在公共空间中彰显,公共空间出现同质化的现象,进而导致村落失去其特有的文化特色;在改造方式上,存在大拆大建式的大规模改造等问题。因此,在公共空间更新改造的过程中,需要以村民的需求为主要策略导向,采取渐进式的更新改造策略,并处理好现代化更新和文化传承发展之间的关系。

国外学者基于对大规模改造的反思和改进,进而提出了渐进式更新策略,如城市有机更新、谨慎更新、城市针灸、城市触媒等理论。以渐进式更新理念作为理论指导,国内学者提出了"微介入"式的改造方法,并将该方法运用到指导传统村落公共空间改造的更新策略中。本文通过对北京市房山区水峪村公共空间进行实地调查,选择了杨家大院、石碾广场、入口广场作为"微介入"改造策略的介入点,并加入与之契合的介入元素,以此提出了"微介入"式更新改造策略,以期能为村落公共空间更新改造提出良性优化策略,进而为后续的传统村落公共空间的有序发展提供理论指导与借鉴意义。

2 "微介入"的理论内涵与实践原则

2.1 "微介入"理论的起源与发展

城市更新理论起源于国外的城市更新运动。19 世纪初—20 世纪末,受工业革命和"二战"的影响,西方国家展开了城市更新运动,以大规模的城市改造为规划理念,给城市带来了诸多破坏,学者开始对这种模式进行反思和改进。进而在可持续发展的思潮影响下,西方国家的城市更新理论得以跟进和发展,如增长管理、精明增长等理念的出现。随着对城市更新理念的探索和延伸,渐进式更新理念应运而生,大部分学者又基于渐进式更新理论提出了城市针灸理论、城市触媒理论和"谨慎更新"原则等。同时,国内学者针对城市更新改造也提出了诸多理论与策略。20 世纪 70 年代,吴良镛提出了"有机更新"

的概念；2004年，北京市委市政府首次提出"小规模、渐进式、微循环"的更新模式；2006年，俞孔坚在相关理论中诠释了反规划理论[1]；2015年，广州市提出将探索"微改造模式"，并据此启动了微更新类相关项目。

以上述理念策略为基础，国内学者提出了"微介入"更新改造的理念，并对其理念和策略进行了探究。睢放步提出尊重、适度、延续是"微介入"的内核与特征[2]；王兰从产业、规划、景观和建筑的角度论述了"微介入"的具体实施措施；郑舒韵认为"微介入"主要是针对村落形态、公共空间及居民单元这三个因素的把控，来达到更新改造目的[3]。郭海鞍认为"微介入"是一个包含选点、推演、实施或修复、容错、修正、开放式设计等过程的规划策略[4]。现今，"微介入"策略还未有明确的概念和实施机制，对其的探索和研究正进一步延展和深化(图1)。

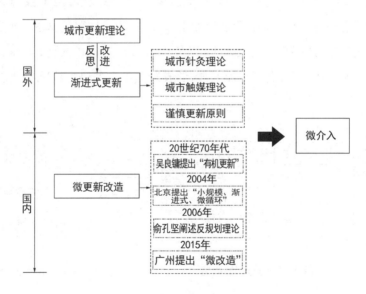

图1 "微介入"策略起源及发展

2.2 "微介入"理论的内涵

基于对"微介入"理念与策略的理解，笔者认为"微介入"更新是介入元素以最微小的影响切入介入点中，以此带来介入点整体优化的过程。具体来论述，"微介入"的核心内涵在于其两个不同的主体，一为介入点，二为介入元素。主体的选择是整个策略的基础和重点，首先介入点和介入元素的选择需要经过现场调研、过程推演、理论分析三个步骤,介入点的选择可以是建筑、公共空间等场所,介入元素的选择需最大程度地与介入点契合,并且要符合微小的特征,如景观、文化等元素。"微介入"的过程,其实就是使介入元素切入介入点中,以最小的影响带动介入点整体完善的过程,但这个切入并不仅仅是简单地将二者放置在一处,要真正意义上做到介入点与介入元素的融合,达到介入元素与介入点之间形成相互促进的关系。"微介入"更新的优势在于对局部介入点和介入元素的选择具有灵活性和经济性,同时局部介入点的优化又可带动周边地块的发展(图 2)。

2.3 "微介入"理论的更新原则

雷楠针对"微介入"式改造提出了八点保护更新原则[9]。参考以上研究,并基于"微介入"理论的内涵,本文从微观、中观、宏观三个层面提出了"微介入"策略的更新原则:微观层面上,以维护场地内特有风格、延续建筑原始肌理为更新原则;中观层面上,以传承发扬空间特色文化、培养居民良好场所感为更新原则;宏观层面上,以形成渐进灵活的动态规划为更新原则(图 3)。

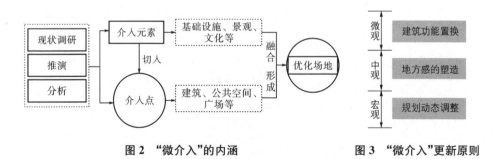

图 2 "微介入"的内涵　　　　　　图 3 "微介入"更新原则

3 基于"微介入"理念更新改造北京市房山区水峪村公共空间

3.1 水峪村"微介入"主体的选择

3.1.1 水峪村基本概况

水峪村是北京市 5 个中国历史文化名村之一,21 个中国传统村落之一。

水峪村位于北京市西南 80 公里处的房
山区南窖乡,全村面积 846 公顷,村庄
总共 622 户,人口 1 302 人。水峪村整
体沿"窖"形地势呈线性分布,民宅顺应
山谷地势呈线性延伸,南部的东村和西
村被称为水峪旧村,古建筑多分布于旧
村之中,北部为水峪新村,有大量居民
居住在新村之中(图 4)。本次研究的选
取点为水峪旧村,因为其本身具有深厚
的历史文化底蕴,且现状村落公共空间

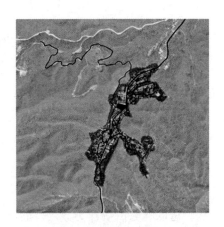

图 4 水峪村现状图

存在诸多问题,很大程度上无法满足居民的生活需求,为进一步改善这些问
题,研究选择水峪旧村中数个公共空间进行"微介入"式更新改造。

3.1.2 介入点的选择

基于对水峪村公共空间、文化要素和民众满意度的现状调研,并在宏
观、中观、微观三个原则引导下,推演出本次"微介入"策略的介入点。对于
介入点的选择,首先是考虑外部整体形态保留较为完整,只需进行局部功能
更新置换的的公共空间或建筑群;其次是选择空间本身或空间内包含文化
底蕴却少人问津的公共空间;最后,依据居民满意度调查结果,选取现状中
居民满意度较低的公共空间。据此标准,选择了水峪村内杨家大院、石碾广
场、入口广场三处公共空间作为本次"微介入"更新改造的介入点。

（1）杨家大院

杨家大院是明清时期所遗留下来的古建筑,是一座四进庭院,共有
36 间居住房间,建筑外部较为完整地保留了古建筑特有的装饰和形态,其
内部不仅包含多户居住人家,还有部分空置的房间和场地。杨家大院建筑
内部以居住功能为主,但相关配套基础设施及场地内的环境已无法保证居
民的生活品质;同时杨家大院也是水峪村一项较为著名的游览点,但内部游
览功能较为单一。基于上述考量,选择杨家大院作为介入点,以期能通过加
入新的介入元素,达到提升居民的生活品质、增添场地的内部活力的目的
(图 5)。

（2）石碾广场

石碾是水峪村极具特色的历史文化遗产。石碾广场位于在村庄东部，以石碾为核心，周围地块形成了一个开敞的公共空间。石碾本身具有十分浓厚的文化底蕴，但在现今的规划中未能很好地突出这一点，在对居民的调查中也发现，很多居民对这项文化遗产知之甚少。此外，石碾广场周围也缺乏相应的绿化和配套设施，这就导致了石碾广场指向性和舒适性较弱，未形成独特的场所感。大多数居民不愿意去石碾广场的原因在于，场地内无遮蔽物及配套设施，空间也不具趣味性，因而造成了石碾广场无人问津的现状。选取石碾广场作为介入点的原因在于，首先其具有深厚的文化底蕴，依托介入元素的介入，可以更好凸显该地区的文化特征，并为居民带来独特的场所感，以此也能带动周边地区的活力（图6）。

图5　杨家大院现状图

图6　石碾广场现状

（3）水峪村入口广场

水峪村入口广场位于东村和西村的连接处，其形态呈条状，广场中心配置有舞台，是进行民俗活动表演的场地，周边还配备了相应的停车场、健身设施和儿童活动设施。因水峪村整体呈人字形分布，现状入口广场的位置偏南部，北部的居民与广场的距离较远，由此造成了居民使用的不便利，很多居民对入口广场的位置满意度较低。选取入口广场作为介入点主要是基于对宏观层面规划建设时序的思考，考虑公共空间的建设应随着村落整体形态的变化和居民的需求而作出改变（图7）。

图7　入口广场现状

3.1.3　介入元素的选择

基于上述水峪村内部介入点的选择，对杨家大院、石碾广场、入口广场的介入元素进行选择，该介入元素不仅考虑到实体的元素，也有基于对文化等意识形态因素的考虑，但意识形态最终也是依托于物质环境或具体的措施来体现。

基于杨家大院的现状问题，考虑以基础设施和文化功能作为其介入元素。基础设施介入元素主要是以点阵的方式插入介入点中。具体来说，就是在更新和修缮基础设施时，不考虑对现行设施的拆除和改建，而以加入低影响开发的基础设施为主要方式,如增添绿色基础设施、雨水回收系统等设施。文化功能的介入元素主要是以功能置换的形式切入介入点中,如针对现状内部破旧住所或闲置场地,将其功能转换为文化用途,具体形式可作为文化展览点。

针对石碾广场问题的分析,考虑将绿化景观、文娱设施、文化展览作为介入元素。绿化景观的介入主要是以种植具有遮蔽效果的树木并辅以相应的景观小品的形式完成;文娱设施的介入是以增添配套休憩设施为主要方式;此外,对于石碾自身蕴含的文化底蕴,通过宣传和展览的方式进行传播。

入口广场更新改造策略是从宏观层面的规划建设时序进行考虑,以时间节点作为介入元素。现今北部地区的居民对于入口广场的使用率和满意度较低,部分原因是村落的向北扩张与原有的规划产生了一定的冲突,现有的广场已无法满足居民的日常生活需求,因而提出在后续更新改造的规划中,以居民满意度作为评价标准,分不同时间节点对公共空间进行优化。

3.2 基于"微介入"式的更新改造策略

依据上述选择的介入点和介入元素,结合水峪村现状和居民调研,提出"微介入"的更新改造策略,但该策略的提出并不仅仅适用于某一个村落,提出策略的目的是希望以点带面,为有相同问题的村落公共空间提供更新改造方向。

3.2.1 谨慎的内部功能更新置换

古建筑外部形态的历史感与内部陈旧的基础设施是一对基础矛盾,一定程度上为居住其中的居民带来诸多不便,而对内部的大拆大改又会破坏建筑原有肌理;同时,古建筑本身具有极其丰富的文化底蕴,需要依托相应的文化功能得以展现。因而,对古建筑进行"微介入"更新改造,能有效缓解这种矛盾。杨家大院的"微介入"更新改造策略,以基础设施布点更新与文化功能置换为介入元素,通过布点式的基础设施的更新,有效缓解了古建筑内部与外部之间的矛盾,既不损坏外部肌理,又尽可能地为居民带来了更好的居住感。此外,在不影响居民的日常生活的前提下,将部分闲置或居住功能置换为文化功能,可以更好地丰富场地内功能的多样性,并进一步传承其文化底蕴。

3.2.2 介入式的特色地方感营造

地方感对于公共空间来说是一个重要的因素，它影响着居民对该空间的认同感，而地方感的形成大多依赖于该场地特殊的文化底蕴抑或是该场地异于其他场地的特殊性。因而，在进行更新改造时，如何介入特色文化，塑造场地地方感，是一件尤为重要的更新手段。石碾广场的"微介入"改造策略，以绿化景观、文娱设施、文化展览作为介入元素，首先有效提升了居民对周边环境的舒适感程度，只有居民有停留在这个空间的意愿之后，才能进一步去发挥场地内文化因素的作用，文化展览其实就是将文化以实体的形式表征出来，使居民更能融入其中，进而激发居民对该场地的场所感。由此，可以更为充分地发挥石碾的文化效应，以点带面促进周围地区的文化活力。

3.2.3 渐进灵活式的规划动态调整

村庄规划的实施是一个长期的过程，早期学者认为将规划实施成果与编制方案进行比对，差距最小的方案就是最成功的实施，是最成功的建设时序[10]。但现今，由于规划的长效性特点与居民动态的需求之间产生了矛盾，诸多问题产生，因而在更新改造时，渐进式的规划时序及动态的规划设计，可一定程度上缓解这种矛盾。

入口广场就面临规划的公共空间与居民动态需求不符的情况。因而基于入口广场的"微介入"更新策略，提出了渐进式规划构想，具体来说，就是将整段的时间划分为更微小的时间节点，以小时间节点介入整个场地的更新设计之中。如前期设计时，以居民满意度为标准，每五年进行一次更新方案的设计和修正；或是建设实施阶段，以一年为一个阶段，分期对更新方案进行建设，以此增强了规划的灵活性和动态性，并提升了居民对更新方案的满意程度。

4 结语

本文依托"微介入"更新理念对北京市房山区水峪村公共空间更新改造

提出具体策略,发现进行谨慎的内部功能更新置换、利用介入元素打造特有地方感、开展渐进灵活式的规划动态调整等策略一定程度可缓解水峪村公共空间的现状问题。同时,采用"微介入"策略更新改造传统村落公共空间过程中,既尊重了原有的历史文脉积淀,也符合现有时代的发展规律,适应了现代化的需求。望本文采用的方法和提出的策略可以为村落公共空间更新改造提供有意义的借鉴和参考。

参 考 文 献

［1］俞孔坚,李迪华,刘海龙,等."反规划"之台州案例[J].建筑与文化,2007(1):20-23.

［2］眭放步.基于微介入策略的传统村落保护发展研究[D].武汉:武汉理工大学,2017.

［3］郑舒韵.传统村落改造中的微介入式设计研究[D].广州:华南理工大学,2018.

［4］郭海鞍.基于文化传承的微介入乡村规划策略研究[J].中国工程科学,2019,21(2):27-33.

［5］李雪莹,施六林,王艳,等.传统村落公共空间的特征对美丽乡村建设的启示[J].农学学报,2018,8(9):84-88.

［6］张健.传统村落公共空间的更新与重构——以番禺大岭村为例[J].华中建筑,2012,30(7):144-148.

［7］吴良镛.北京旧城与菊儿胡同[M].北京:中国建筑工业出版社,1994.

［8］眭放步.基于微介入策略的传统村落保护发展研究[D].武汉:武汉理工大学,2017.

［9］雷楠.张家桐美丽乡村规划[D].北京:清华大学,2014.

［10］梁婷.村庄规划的建设时序研究[D].武汉:武汉理工大学,2008.

基于要素活化与流动的乡村振兴新思路

夏菲阳

（重庆大学建筑城规学院）

【摘要】 近年来,中央政府颁布多样政策和文件以保证农村农业有优先发展,从而实现乡村振兴,破解城乡二元结构。本文选取战旗村、大山村、舍烹村三个不同地理位置和资源禀赋的案例,以文本分析、数据分析、图表演绎等方法深入梳理三者在乡村振兴路径中的共同经验。研究发现,三者均通过组织上的重构带动资源重组,并在政府和市场的驱动下形成现代化产业体系,以此为联结点构建了城乡要素双向流动体系。基于此,本文提出了基于要素活化—要素流动的乡村振兴新思路:(1)乡村建立经济组织和治理组织以实现资源重组,从而充分活化乡村内部要素,形成"自下而上"的乡村发展机制;(2)政府与市场需形成协调配套机制,与乡村内在动力共同作用构建现代化产业体系;(3)乡村以现代化产业体系为城乡联结纽带,形成城乡互为支撑补充的要素流动体系。要素活化与要素流动两者共同构成乡村振兴的实际内涵。

【关键词】 要素活化与流动 乡村振兴 战旗村 大山村 舍烹村

1 引言

中华人民共和国成立之初,在全面工业化的战略下农村剩余价值被最大程度地压榨,通过农业税、工农产品"剪刀差"使农业剩余价值不断地流出,城市在要素充足的条件下慢慢崛起,城乡之间的差距不断拉大,形成了城乡二元结构。2003 年,党的十六届三中全会揭开了统筹城乡发展的序幕,从 2006 年的中央一号文件到 2017 年的乡村振兴战略再到 2018 年的中央一号文件,城乡统筹发展和农村农业优先发展已经成为三农问题中的基本认识。当下,城乡二元结构已经成为我国社会发展和经济发展的严重障碍。

学术界近年来针对城乡二元结构进行了大量的研究,提出乡村振兴的各种模式与方法。有的学者从城乡要素流动角度切入,温铁军认为土地、劳动力和资金流出农村是"三农问题"恶化的根本原因[1],王颂吉等人提出城乡二元经济结构转型滞后正是由于城乡要素错配[2],学界普遍认为城乡要素的合理流动有助于乡村振兴。由此,在政策建议层面,一些学者提出建立市场与政府的功能互补机制以扫除要素流动障碍,重视乡村的内在价值和资源挖掘以构建双方流动体系[3-5];此外,也有学者从加强农村基础服务设施、健全农村金融服务组织、重视内部人才培养与外部人才引进等方面提出建议[6,7]。

研究在各方面均有建树,但以构建城乡要素流动体系来实现乡村振兴的研究往往忽略了了乡村最基本的内源性问题,即是乡村组织核心的极端弱化,造成乡村对要素控制的乏力和发展动力的疲软。换言之,城市与乡村本身即处于不对等地位,天然弱质性的乡村如何才能形成与城市平等互换的要素流动体系。此外,部分研究的案例是已经步入消费发展阶段的发达地区乡村,其发展模式与无区位优势也无资源优势的广大农村腹地可能存在差异。因此本文选择三个不同地理位置、不同资源禀赋、不同发展条件的三个乡村——战旗村、大山村、舍烹村,通过对其振兴路径的分析,梳理出解决乡村内源性问题和构建城乡要素流动体系的普遍性规律,从而为其他地区乡村振兴提供一定的借鉴。

1 研究案例概述

1.1 战旗村

唐昌镇战旗村位于郫都区、都江堰市、彭州市三市县交界处的腹心地带(图1),处于成都一小时交通圈内。全村面积 2.06 平方千米,529 户,1 704 人。2004 年以来,战旗村通过系列的集体产权改革重新焕发活力,形

成农商文旅融合发展的产业
体系,在探索下走出了农民自
主参与城乡统筹的高水平振
兴之路。2018—2020 年,战旗
村先后被评为"中国美丽休闲
乡村""四川省乡村振兴战略
工作示范村"等。

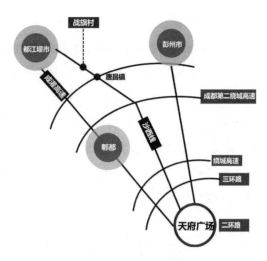

1.2 大山村

大山村地处南京市高淳区
桠溪镇蓝溪行政村,位于"国际
慢城"景区的中间地带(图 2),

图 1 战旗村区位图

现有居民 203 户,人口 532 人,占地约 140 亩,拥有丰富的自然资源和人文资
源,是一个山水、田野、村舍和谐共生的自然村落。从前大山村是高淳东部丘
陵不起眼的小山村,劳动力人口流失严重。2011 年,随着"国际慢城"的品牌
落地,大山村在政府的全面扶持下大力发展以农家乐为主导产业的乡村生
态旅游,成为"江苏省最具魅力休闲乡村""江苏五星级乡村旅游区"。

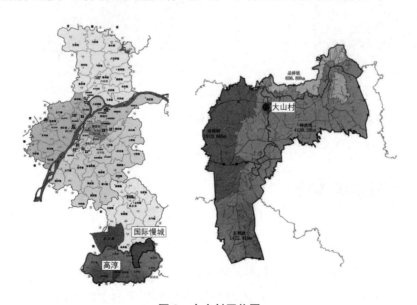

图 2 大山村区位图

资料来源:北京土人景观和建设规划设计研究院

1.3 舍烹村

舍烹村位于贵州省六盘水市盘州市普古乡(图3),全村域总面积6.1平方公里,包含6个自然村寨,1 246人。从前舍烹村是一个藏在大山深处的贫穷没落小山村,全村人均年收入仅700元,80%劳动力外出打工,基础设施极其落后。2012年,从舍烹村走出去的企业家陶正学怀着"乡愁"回到家乡,以"三变"思路带领村民们一起走向乡村振兴。当下,舍烹村已形成山地特色农业和乡村生态旅游为一体的综合性产业结构,当初那个贫穷落后的小山村蜕变成为"中国十大乡村振兴示范地""三变发源地"。

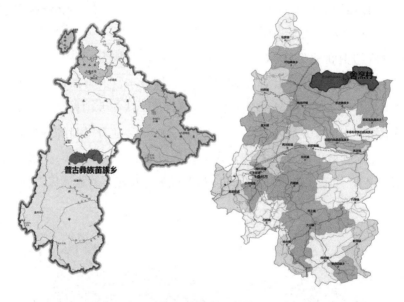

图3 舍烹村区位图

2 乡村组织重构

2.1 战旗村

(1)战旗村农业股份合作社:整合土地

2006年,在村集体企业集凤资产管理有限公司的支持下,战旗村开启了大面积的土地流转工作。村委通过集凤公司注资50万元,农户以市价每亩土地 720 元的折价入股,成立战旗村农业股份合作社。农户可享受"三金"福利:每亩保底收入 800 元＋50％土地增值分红＋稳定工作收入。因此,全村 90％以上的农户加入合作社,80％以上的土地实现了流转。合作社的成立意味着村里闲散的土地得以整合,为乡村的产业发展提供了前置条件。

(2) 战旗资产管理有限公司:集体资产运营

2011 年,战旗村率先推行农村集体资产确权改革,将全村包括经营性资产、资源性资产、公益性资产在内的集体资产一并确权分给 1 704 名村民[8],并且成立了战旗资产管理有限公司。此次确权改革固化了农民的正当财产权利,实行一定时期内的"生不减,死不退"。战旗资产管理公司的成立也有利于土地的集中经营,实现土地生产要素的利益最大化。

2.2 大山村

慢城管委会与慢城公司:权利与土地整合

2011 年,高淳政府对国际慢城设置了地方外派机构——慢城管委会,直接管理国际慢城的相关事务[9]。此外,还成立了政府旗下的全资子公司——"高淳国际慢城建设发展有限公司",以此作为投资经营平台。随后,慢城公司和村委统一签订流转合同,将农户手中的闲散土地流转到了慢城公司旗下,由其进行土地的统一管理和运营,慢城公司将向村民支付租金并且提供就业。慢城国际管委会的成立意味着慢城的发展能够避免垂直行政干预带来的诸多限制,而慢城公司整合了土地资源并且其国资背景意味着更低的投资风险,有利于促进社会资本下乡。

2.3 舍烹村

(1) 农民专业合作社:资金土地聚合

舍烹村以建立股份制农民合作社的形式最大限度地整合资金和土地。农户可以选择资金入股或者是土地入股。若是资金入股,企业家陶正学承诺"出资多少配套多少",并且"风险我承担,盈利大家享";若是土地入股,则需与合作社签订 30 年的土地流转合同,入股的农户享受三方面收入:土地固定分红＋收益分红＋岗位工资。2012 年,舍烹村注册成立普古银湖种养殖农民专业合作社,注册资金合计 2 000 万元,其中陶正学个人出资加配套资金共 1 270 万元,农民闲散资金 730 万元,但合作社农户占股 73%,陶正学个人仅占股 27%。

(2)娘娘山旅游开发公司:一体两翼的联合模式

由于农业资本回报有较多不确定性,陶正学放弃了大面积种植经济作物的计划,决定开启"农业产品+生态旅游"的一体两翼产业模式[10]。2013 年,舍烹村注册成立贵州娘娘山高原湿地生态农业旅游开发有限公司,旗下设立了旅游部负责娘娘山旅游度假园区旅游产业的开发,农业部负责经济作物的规模种植,从而建立起"一+三"产业共同抵御风险的联合体机制。

(3)联村党委:统筹共治

舍烹村在治理结构上与其他村有所不同。舍烹村按照"地缘相近"的原则与娘娘山脚下的其他七个村庄建立了"共享共建型"的联村党委。陶正学被推选为联村党委书记。在原村村民自治主体、集体资产产权不变的前提下,用联合体的凝聚力量统筹区域内的集体资源和资金,共同投资建设娘娘山度假园区。联村党委成立意味着多元主体的利益诉求和发展目标得到了整合,各村也就拥有了持续发展的活力。

3 乡村发展模式

针对农村存在的组织核心极端弱化的问题,三村均在一定程度上进行了组织上的重构,不仅加强了对乡村生产要素的控制力和运营效率,也提高了乡村内源的治理能力,为三村的发展提供了内生动力。基于组织重构,三村形成了三种不同的发展模式,并且在政府和市场的作用下逐步形成了乡村的现代化产业体系。

3.1 战旗村——"村两委+企业+合作社"的振兴模式

战旗村实行了"村+企+社"的振兴模式。以村两委和合作社为内在主体,意味着乡村治理能力的提升和闲散资源的整合。一方面,全村在基层党组织的领导下实行分权而治,即包含党总支部领导权、村民代表大会决策权、村委会执行权、村民监督委员会监督权、集体经济组织独立经营权的合作共治管理模式,并且实行增值收益的村集体与村民8∶2分配[11],另一方面,农民土地入股合作社将村庄闲散的土地整合,不仅为产业的发展提供了先决条件,自身也获得了稳定的收入。

"企"则是战旗村以集体资产运营公司为独立平台,在政府和市场的驱动下使城市的资本、技术、人口等要素输入乡村,从而实现村集体资源的合理配置和增值保值。为了降低资本投资风险,郫都区政府成立了多样基金组织,搭建了"农贷通"融资平台,以此吸引了多家社会资本下乡。从2007年至今,战旗村在政府保障下统一经营村集体建设用地,以股份合作、租赁、收取营业费用等多种方式与多家社会知名企业合作(表1),引进了榕珍菌业、妈妈农庄等龙头企业以发展现代化农业园区,引进了战旗生态田园村、战旗第五季香境、乡村十八坊等文化旅游项目,逐步打造出农商文旅一体化的产业体系。同时,战旗村利用大数据、物联网等新技术,与"京东云创等知名品牌公司合作,搭建"人人耘"种养平台,实现农特产品"买进全川、卖出全球"的精准营销。

表1 战旗村资金投入与作用统计表

主体	资金来源	收益方式	作用/产业类型
村庄	村集体资金	/	新型住区建设
	村集体资金	入股分红	入股成立战旗土地合作社、战旗资产管理公司
社会资本（以战旗投资管理公司为平台招商）	四川大行宏业集团有限公司	收取定额租金	成都第5季—战旗生态田园村、妈妈农庄
	北京东升农业技术开发有限公司		
	四川迈高旅游公司	入股分红	战旗第5季香境
	其他公司	收取营业流水5%～20%为使用费用而免租金	乡村十八坊
政府	成都小城投融资	/	榕珍菌业、满江红等龙头企业
	搭建系列基金和融资平台	/	发展壮大集体企业、推动金融贷款
金融机构	抵押贷款	/	发展资金

总体来说,战旗村以"村+企+社"的模式进行乡村发展,形成了农商文旅一体化的产业体系(图4)。一方面农民获得了稳定的收益,另一方面集体经济在产业发展下不断壮大,使乡村拥有了发展的内生资本。2018年,战旗村80%的村民实现当地就业,人均可支配收入达2.84万余元,高于成都市农村居民人均可支配收入22%,高于四川省53%(图5)。

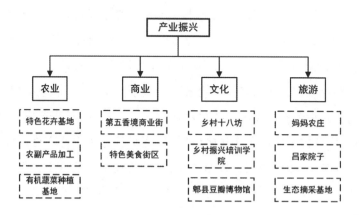

图4　战旗村产业体系图

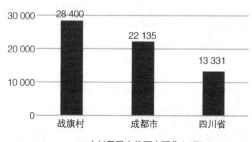

■农村居民人均可支配收入(元)

图5　战旗村2018年人均可支配收入统计图

3.2　大山村——"政府+企业+农户"的发展模式

大山村"政府+企业+农户"的振兴模式充分体现了政府与市场对乡村振兴的帮扶作用。在大山村发展前期,政府充分发挥行政主体的作用,以项目资金入村和对点帮扶两种方式促使大山村逐渐在生态旅游领域站稳跟脚。2011年到2013年,政府投入超过1 000万元[9]的项目资金对大山村的民居进行"徽派"风格的整体翻新,并且进一步完善村庄的基础设施和旅游服务设施。同时,从县到镇的两级政府发动各部门对大山村的 6 家农家乐示范单位进行点对点帮扶(表 2),户均扶持金额为 7 万元左右。第一批农家乐颇见成效之后,大山村的民宿发展势如破竹,截至 2018 年,大山村拥有农家乐经营户 42 户,农产品门店 8 户,能接待将近 4 000 人就餐,319 人住宿[12]。

表 2　大山村农家乐示范单位帮扶表

农家乐	镇对接单位	县接待帮扶
建峰农家乐	国税、供电、地税、工商、土管、派出所	宣教口(约 12 单位)
春牛农家乐	农服中心、水利站	计经口(约 18 家单位)
金财农家乐	企管中心、经管站	党群口(18 家)
长青农家乐	计生办、开发办	财贸口(15 家)
建福农家乐	建管所、集镇办	政法口(8 家单位)
红星农家乐	财政所、民政办	农水口(8 家)

资料来源:赵晨.超越线性转型的乡村复兴[D].南京大学,2014.

而在发展后期,尽管基础旅游设施已逐步完善,但是专业运营的缺失使国际慢城陷入"有资源无产品"的困境中。因此政府以慢城有限公司的经济主体身份,与捷安特集团、青岛枫彩、南京旅游集团等社会企业以股份合作模式进行市场运营,在大山村内引入了多样化的旅游产品(表 3)。2014 年,国际慢城管委会将慢城的独家运营权授予景域集团,大地艺术节、金花节、全民竞走等活动的推出使慢城的形象逐渐立体,人流量的增加也带动了大山村农家乐住宿和餐饮的发展。

表 3　大山村合作项目统计表

公司	项目	领域
南京国际慢城建设发展有限公司	大山慢客中心、小芮家国际慢城蜗牛村	交通换乘、休息、纪念品销售、轻奢住宿
青岛枫彩公司	枫彩园	景观观赏、婚纱摄影基地
捷安特股份有限公司	生态绿道	观光、娱乐
南京旅游集团	半城.大山房车度假区	特色住宿、休闲活动
景域集团	大地艺术节、金花节	旅游产品

总体来说,政府始终以行政主体和经济主体的身份贯穿大山村的振兴过程,不仅进行基础设施建设和农家乐运营技术传授,还以慢城公司为平台引入社会资本参与。由此,大山村建立起景观农业和休闲度假两大产业体系(图6),原村村民回流明显,并且引发外来创业人口的聚集。2018年,全村农民人均收入为29 000元,分别高于南京市和江苏省农民人均可支配收入12.88%和28.12%(图7)。

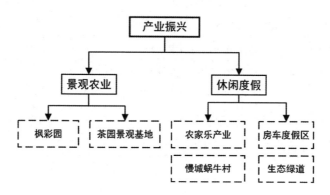

图6 大山村产业体系图

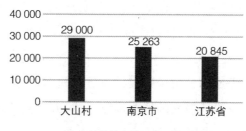

图7 2018年大山村人均可支配收入统计图

3.3 舍烹村——"联村党委＋合作社＋公司＋园区"的发展模式

舍烹村在组织重构的基础上走出了"联村党委＋合作社＋公司＋园区"的振兴道路。

"联村党委＋合作社"的内生主体使舍烹村在最大限度上实现了区域内的资源整合和统筹发展,各村集体、合作社将集体建设用地和村庄闲散资金入股建设园区,"公司＋园区"则为舍烹村提供了良好的运营平台,政府投入巨额项目资金进行园区建设和基础设施建设,社会资本与娘娘山公司形成合作关系共同开发旅游产品,因此娘娘山度假园区正式竣工(表 4)。其中陶正学在园区建设中的各种投资实际共计约 5 亿元,政府实际投资除园区建设外还新修高速公路、隧道等基础设施,投资总额高达 80 亿元,远高于财务账面统计数额[10]。

表 4　舍烹村项目资金来源及作用统计表

主体	资金来源	金额/面积	收益方式	作用/产业类型
村庄	农户闲散资金	730 万元	土地固定分红 + 收益分红 + 工作收入	成立合作社, 农户战股 73%
	八村村集体资金	2 500 万元	入股分红	园区建设
	八村集体建设用地	8.5 万亩		
社会资本	企业家陶正学资金	5 亿	运营主体收益	注资合作社、注资旅游公司、投资园区建设等
	深圳市苏氏山水特艺坊科技有限公司	1 亿	入股分红	园区温泉小镇建设
政府	县旅文投公司	1.64 亿	入股分红	园区温泉小镇建设
	项目资金	3.5 亿	/	园区建设、基础设施设
金融资金	担保、抵押贷款	6 550 元	/	园区建设

舍烹村"联村党委 + 园区 + 公司 + 合作社"的发展机制实现了多方主体的共同受益。一方面,八村联合党委将村集体建设用地和资金入股建设园区,在公司的运营下获得收益分红,促使村集体经济不断壮大;另一方面,村民将土地、资金入股合作社当股东,享受土地增值分红,并且可以入园就业当工人,多方的收入让村民们的生活越来越好。由此实现了园区发展、村集体事业发展、农民致富三位一体,同步推进。如今,舍烹村成功构建了"特色农业 + 生态旅游"的产业体系(图 8),全村人均纯收入从 2011 年的 700 元上升到 2018 年的 1.67 万元,且分别高于六盘水市和贵州省农村人均可支配收入 40% 和 41.8%(图 9)。

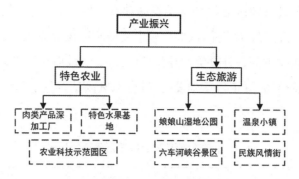

图 8　舍烹村产业体系图

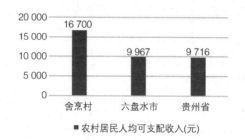

■ 农村居民人均可支配收入(元)

图 9　2018 年舍烹村人均可支配收入统计图

4　三村乡村振兴规律梳理

4.1　内生动力：组织重构与资源重组

三村的地理位置、资源禀赋以及发展模式各自存在不同,但是在其循序渐进的发展过程中仍能找到相似点——三村均通过组织上的重构带动资源上的重组(表 5)。在经济组织上,战旗村、舍烹村成立了股份合作社,大山村成立了慢城有限公司,整合了农户手中闲散的资金和耕地。在治理组织上,战旗村成立了村监会和村民代表大会,舍烹村成立联村党委。各类组织的重构意味着农村"资金散,资源散,思想散"的现状被重新洗牌,从而使农村生产要素充分活化,解决了乡村内源性动力不足的问题。一方面,集中的土地统一经营能形成一定的规模效应,能有效地解决农地抛荒,有利于发展现代农业和非农产业;另一方面,各经济组织和治理组织的成立使农民成为股

458

东和村庄的主人,确保了农民在农村发展的主体地位,提高了他们参与乡村治理的积极性;此外,为了实现资源的保值增值,三村均成了一定程度上的资产管理运营公司,充分整合来自各方的资金投入,以专业的运营和统一的销售模式保证从资源到资产的良性循环。正是在多方面组织的重构的基础上,农村充分整合并且活化了土地、资本等生产要素,焕发了其内生动力,也为实现产业振兴提供了良好的基础条件。

表5　三村组织重构与资源重组统计表

村庄	组织重构	资源重组
战旗村	合作社	土地
		村集体资金
	集体资产管理运营公司	村域山地、林地等集体资源
		政府项目资金、金融贷款资金、社会资金
	村监事会、代表大会	村民参与监督和决策
大山村	慢城管委会	基本公共服务与管理
	慢城建设发展有限公司	土地
		政府项目资金
		社会资金
舍烹村	合作社	农户闲散资金
		土地
		企业家资金
	旅游公司	合作社资金、企业家资金、政府资金
		村域山地、林地等集体资源
	联村党委	八村村集体资金与资源
		财政项目资金
		金融贷款资金
		八村联合治理

4.2　外在推力:政府与市场的双驱动

横向对比三村的发展模式,可以发现三村发展模式中均包含了两种发展动力。一是基于乡村组织重构的内生动力,其意味着乡村资源的整合和治理能力的提升,能够有效地利用资源;而另一方面则是政府与市场共同助力下的外在动力,通常以村资产运营公司为合作平台,助力乡村产业发展。政府为战旗村创建了基金组织和融资平台,从而化解了融资难、融资贵的难题,引入了更多的社会资本共同开发;大山村在不同阶段充分利用政府的行政主体和经济主体的身份,不仅使自己获得农家乐的技术扶持,也引入了大量的社会资本共同运营旅游产品;舍烹村主导的娘娘山园区的建设也离不开政府财政和金融贷款的强力支持。由此可见,乡村振兴是内外两动力的的共同作用。仅有外在动力的乡村振兴是城市对乡村的输血式反哺,无法避免输入的疲乏;而仅有内生动力的乡村振兴也会面临"缺资金缺政策"困境。只有内外动力的共同助力下,才能充分发挥组合效应,使乡村有长久的竞争力。

4.3 现代化产业体系:城乡要素双向流动的纽带

通常情况下,城市不断向乡村输入资本、技术,乡村却无法形成针对城市的要素输出,乡村与城市常处于不对等的地位。但是从三村的振兴过程来看,三个村庄以成熟的现代化产业体系为着力点形成了城市与乡村之间的双向要素流动体系(表6)。战旗村形成农商文旅一体化产业发展,大山村以特色农家乐为产业主导,舍烹村形成"特色农业 + 生态旅游"一体两翼的产业体系。乡村通过其产业发掘了其相对城市来说不可替代的作用——文化传承、生态维育和食品供应[13]。在其成熟的产业支撑作用下,乡村能够向城市提供特色又新鲜的蔬菜瓜果,也能让城市人得到独具风情的文化体验,更能为城市人提供休闲去处和焦躁慰藉。乡村的天然弱质性在产业的强有力支撑下消失,乡村拥有了向城市输入要素的能力,两者也就构成了互补对等的关系。

5 结论:基于要素活化与要素流动的乡村振兴

通过三个振兴实例对比和振兴规律梳理,本文提出基于要素活化与要素流动的乡村振兴框架,包括两个方面的内容。一是通过乡村经济组织和治理组织的重构促进农村生产要素的整合与重组,并且在政府和市场的外部推力下共同构建农村的现代化产业体系；二是乡村在现代化产业结构的基础上形成对城市而言的特有价值输出，从而建立城乡双向互动的要素流动体系（图 10）。两者共同作用，成为乡村振兴的内涵所在。

表 6 三村城乡要素双向流动统计表

案例		战旗村	大山村	舍烹村
产业结构		农商文旅一体化	景观农业＋休闲度假	特色山地农业＋生态旅游
城市要素输入		多样化的资金来源	多样化资金来源	多样化的资金来源
		原村劳动力明显回流	原村劳动力回流与外来创业人口聚集	原村劳动力明显回流
		现代化农业种植技术	农家运营技术	电商运营技术
乡村要素输出	食品供应	特色农产品和调味品（蓝莓、草莓、郫县豆瓣）	特色农副产品（酱鸭、香鸭、薰衣草）	特色高价值农产品（刺梨、猕猴桃、蓝莓）
	文化传承	乡村民俗文化	芮家宗族文化	少数民族风情文化
	生态维育	生态旅游产品与生态调蓄能力	慢风情旅游产品和生态调蓄能力	休闲度假旅游产品和生态调蓄能力

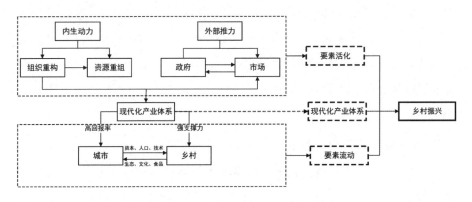

图 10 城乡要素活化与流动体系

5.1 活化乡村内部要素

传统乡村的衰败在于其内部土地的分散僵化、资本的长期流出和人口的单向输出。乡村的复兴除了需要政府等外界力量的扶持与推动,还需要通过内部的组织重构带动资源重组,从而实现农村生产要素的活化,使乡村具有发展的内生动力。没有土地承包经营权的流转就无法促进土地的整合和规模经营,也就没有现代化产业的发展;没有新型农村经济组织的建立,就不可能将农户与乡村发展形成利益联合体,充分调动其参与的积极性和主动性,更不可能不断地积累集体经济实力;没有乡村自治组织和联合组织的建立,也就无法形成对权利机构的监督和区域的共同发展。换言之,乡村需要在传统"自上而下"的体系之外培育"自下而上"的发展机制[14],以此保证农民的当家作主,破解乡村组织核心的薄弱,形成乡村持续发展的永久动力。

5.2　构建政府—市场协调配套机制

政府与市场都是乡村发展之路的重要驱动力,但各自存在不可忽视的弊端。政府财政支农政策本质上是强势的资源配置,过度干预会降低农村市场参与度和市场效率,不利于资本的自主性发挥;而资本下乡也是一把双刃剑,资本出于对自身利益最大化的追求往往因忽视了村民的能动性而导致企业和农民成为两种各自活动的主体;因此在乡村振兴之路上,两者需要形成协调配套机制,彼此多维联动,合力为乡村振兴提供动力。政府需要承担"先行者""与"约束者"的综合身份。以"先行者"主动打破乡村发展的恶性循环,保证财政支农的稳定性和强度;以"约束者"规范资本下乡行为,保障农民群体利益。当然,政府也需明确政府与市场的边界,充分发挥市场的积极性。

5.3　建立以产业为核心的城乡要素双向流动体系

在本框架下,农村现代化产业体系不仅是乡村振兴的核心所在,也是联系城乡要素流动之间的纽带。现代化产业体系是指单一纯农业业态向延伸产业链的多元业态转变,其作用一方面在于对劳动力的强吸纳能力,对资本的高回报率,因此城市资本、技术、劳动力将会向乡村扩张和聚集;另一方面在于乡村以此形成相对于城市的稀缺资源输出。由此,城乡在产业基础上形成了双向要素流动体系,城市和乡村两者形成了互动平等的关系(图11)。

可以看出,一二三产业融合的现代化农业产业体系成为了内生动力和外来推力的着力点,两股力量共同推动产业的持续发展,由此又不断地增强农村产业和城乡要素双向流动,形成乡村发展的良性循环。

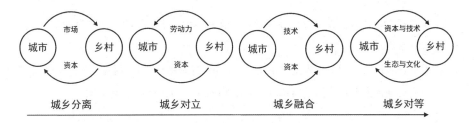

图 11　城乡资源流动方式及城乡关系变化图

参 考 文 献

［1］温铁军.农村改革要解决农业三要素流出问题[J].农村工作通讯,2013(1):36.

［2］王颂吉,白永秀.城乡要素错配与中国二元经济结构转化滞后:理论与实证研究[J].中国工业经济,2013(7):31-43.

［3］赵晨.要素流动环境的重塑与乡村积极复兴——"国际慢城"高淳县大山村的实证[J].城市规划学刊,2013(3):28-35.

［4］闾海,顾萌,葛大永.要素流动视角下的苏南地区乡村振兴策略探讨[J].规划师,2018,34(12):140—146.

［5］郭素芳.城乡要素双向流动框架下乡村振兴的内在逻辑与保障机制[J].天津行政学院学报,2018,20(3):33-39.

［6］刘云刚,陈林,宋弘扬.基于人才支援的乡村振兴战略——日本的经验与借鉴[J].国际城市规划,2020,35(3):94-102.

［7］杨贵庆.城乡共构视角下的乡村振兴多元路径探索[J].规划师,2019,35(11):5-10.

［8］李友民.乡村振兴:成都市郫都区战旗村的成效与启示[J].中共成都市委党校学报,2018(4):76-79.

［9］杨伊宁.乡村治理视角下的村落变迁[D].南京:南京大学,2017.

［10］杨慧莲,韩旭东,李艳,等."小、散、乱"的农村如何实现乡村振兴?——基于贵州省六盘水市舍烹村案例[J].中国软科学,2018(11):148-162.

［11］成都市郫都区战旗村土地制度改革经验与启示［EB/OL］.［2020-8-9］.http://www.gcdr.gov.cn/content.html? id＝35144.

［12］谢引引.基于空间生产理论的乡村旅游地聚落空间变迁研究［D］.南京：南京师范大学,2019.

［13］张京祥,申明锐,赵晨.乡村复兴：生产主义和后生产主义下的中国乡村转型［J］.国际城市规划,2014,29(5)：1-7.

［14］黄璜,杨贵庆,菲利普·米塞尔维茨,等."后乡村城镇化"与乡村振兴——当代德国乡村规划探索及对中国的启示［J］.城市规划,2017,41(11)：111-119.

后　记

　　中国城市规划学会小城镇规划学术委员会自1988年成立以来已经走过33个春秋,为国家小城镇发展、规划和相关研究工作作出了积极贡献。本次年会适逢国家建立国土空间规划体系的变革时期,选择"小城镇治理与转型发展"为主题,契合了"我国到2035年基本形成生产空间集约高效、生活空间宜居适度、生态空间山清水秀,安全和谐、富有竞争力和可持续发展的国土空间格局"的国土空间治理要求。本次会议邀请多位业内知名专家、学者分享了我国各个地域对于小城镇规划建设治理与转型发展理念的创新和实践探索,在线通过直播参加会议的人数高达15 000人次。本论文集所收录的29篇论文是经过国内小城镇领域专家的严格审查,在本次年会征文投稿的152篇论文中遴选出来的具有较高学术质量的优秀论文,其中6篇已在《小城镇建设》杂志上予以刊发并转载至本论文集,在此向各位作者表示祝贺。

　　本书的出版得到了同济大学建筑与城市规划学院、《小城镇建设》编辑部、同济大学出版社的大力支持,诚挚表示致谢。特别感谢《小城镇建设》编辑部张爱华主任、曲亚霖编辑和小城镇规划学委会秘书处陆嘉女士、谢依臻女士等为本书出版所做的辛劳工作,使本书得以按时出版。

　　本书的论文将被同时收录至中国知网(CNKI)会议论文库(已在《小城镇建设》刊发的6篇论文收录于学术期刊库)。

　　读者针对本论文集有何建议,可以直接发送邮件至小城镇规划学委会邮箱 town@planning.org.cn。

　　关于小城镇发展、规划、建设与研究的实践和学术前沿,读者可以扫描关注中国城市规划学会小城镇规划学委会公众号。